鄂尔多斯盆地油气勘探开发理论与技术丛书

苏里格气田开采特征与动态描述

中国石油长庆油田分公司勘探开发研究院　编

石油工业出版社

内 容 提 要

本书依托苏里格气田密井网试验区丰富的动静态资料，系统总结了致密砂岩气藏开采特征及储层参数变化规律，创新形成了基于干扰试井和动态约束的有效储层建模和井网优化技术，创新了致密砂岩气藏气井产能评价、递减分析方法，为致密砂岩气藏规模效益开发和精细化管理奠定了基础。

本书可供从事油气勘探开发的科研人员和大专院校相关专业师生参考阅读。

图书在版编目（CIP）数据

苏里格气田开采特征与动态描述 / 中国石油长庆油田分公司勘探开发研究院编 . —北京：石油工业出版社，2020.5

ISBN 978-7-5183-3944-0

Ⅰ.①苏… Ⅱ.①中… Ⅲ.①砂岩油气田 – 气田开发 – 研究 – 内蒙古 Ⅳ.① TE37

中国版本图书馆 CIP 数据核字（2020）第 053805 号

出版发行：石油工业出版社
　　　　（北京安定门外安华里 2 区 1 号　100011）
　　　网　　址：www.petropub.com
　　　编辑部：（010）64253017　图书营销中心：（010）64523633
经　　销：全国新华书店
印　　刷：北京中石油彩色印刷有限责任公司

2020 年 5 月第 1 版　2020 年 5 月第 1 次印刷
787×1092 毫米　开本：1/16　印张：14
字数：330 千字

定价：150.00 元
（如出现印装质量问题，我社图书营销中心负责调换）
版权所有，翻印必究

《苏里格气田开采特征与动态描述》编写组

主　　编：徐　文　余浩杰

副 主 编：肖　峰　赵忠军　刘莉莉

编写成员：范继武　刘会会　王文胜　廖红梅　李小锋
　　　　　刘鹏程　于占海　李义军　马志欣　李浮萍
　　　　　李　鹏　许珍萍　薛　雯　李进步　段志强
　　　　　孙岩岩　岳　君　朱亚军　杨　辉　王　哲
　　　　　刘　浩　尹　涛　张　伟　安红燕　罗建宁
　　　　　郑腊年　霍明会　李志超　张　波　江乾锋
　　　　　陈　新　吴　优　王　威　冯　敏　白玉奇
　　　　　张　晨　王树慧　罗金贵　郝晋美　靳锁宝

前 言

致密砂岩气是目前世界范围内开发规模最大的非常规天然气之一,在北美地区年产量超过 $1600\times10^8\mathrm{m}^3$;鄂尔多斯盆地苏里格气田是致密砂岩气藏的典型代表,也是迄今为止中国陆上储量最大、分布面积最广、年天然气产量最高的气田,其主要特征表现为储层致密、物性差、非均质性强、单井产量低,是典型的"四低"(低渗透、低压、低丰度、低产)气藏,规模效益开发给气田开发工作者带来了前所未有的巨大挑战。

该气田自2001年发现以来,中国石油长庆油田分公司坚持开发早期介入,加强地震储层预测,开展了包括二维、三维、二维多波、三维多波和三维三分量在内的地震试验;工艺上开展了以提高单井产量为目标的水平井钻井和大型压裂等开发试验,包括欠平衡钻井、小井眼钻井、CO_2压裂、排水采气等一系列新技术、新工艺,取得了显著的试验效果;地质气藏工程方面,主要开展了以落实气井产能为目的的短期试采、以有效砂体精细解剖为目的的加密井钻探、以储层连通性评价和井网优化为目的的干扰试井等先导性试验,基本解决了苏里格气田的认识问题,提出了"依靠科技、创新机制、简化开采、坚持低成本"的开发思路。

十多年来,中国石油长庆油田分公司充分发扬"攻坚啃硬、拼搏进取"的长庆精神,通过地质工艺先导性试验及管理创新,探索形成了以"储层综合精细描述、小井距密井网开发优化、富集区筛选与井位优选、快速钻井、直井多层水平井多段压裂及气井全生命周期精细化动态分析与管理"等为主体的配套开发技术,实现了年产 $230\times10^8\mathrm{m}^3$ 天然气的规模效益开发,至今已持续稳产近七年,气田地质特征和开采特征日趋明朗,相关气藏工程与动态分析技术日趋成熟。

本书以苏里格气田致密砂岩气藏为对象,系统总结了气田开采特征及其适应的动态描述技术。全书分为七章,第一章介绍了气田基本地质构造、沉积和储层特征;第二章总结了包括气田总体动态特征、开发过程中储层物性变化规律等开采动态特征;第三章主要介绍了致密砂岩气藏气水两相渗流特征及其应用;第四章总结分析了致密强非均质性砂岩气藏有效储层建模技术,包括以构型分析为基础的砂体精细解剖、确定与随机结合、分级相控、动态约束的有效储层建模技术;第五章通过干扰试井分析,结合数值模拟研究,总结了致密强非均质储层开发井网优化方法;第六章针对苏里格气田地质及生产特点,主要介绍了苏里格气田气井产能评价方法;第七章分析了产量递减分析方法的适用性,明确了苏里格气田产量递减规律。

本书是从事苏里格气田气藏动态分析工作者集体智慧的结晶。主要由徐文、余浩杰、肖峰、赵忠军和刘莉莉撰写,岳君、廖红梅、王文胜、孙岩岩、刘会会、李小锋、马志欣等参加了部分章节的撰写工作,范继武、于占海、李义军、王哲、刘浩、刘鹏程、尹涛、杨辉、张伟、安红燕、罗建宁、张波、李志超、江乾锋、陈新、吴优和王威等参加了相关研究和资料整理工作；全书最后由徐文统稿，徐文和余浩杰共同审定完成。在本书编写过程中，得到了中国石油长庆油田分公司勘探开发研究院、中国石油长庆油田分公司原苏里格气田研究中心各级领导和同仁的关注和大力支持，同时也得到国内相关院校、科研机构和石油工业出版社专家的帮助和指导，在此表示衷心感谢。

由于著者理论水平有限，书中存在不足或错误之处在所难免，恳请广大读者批评指正。

2019 年 9 月

目　录

第一章　苏里格气田基本地质特征 ································· 1
　　第一节　区域构造特征 ······································· 1
　　第二节　储层沉积特征 ······································· 2
　　第三节　砂体分布特征 ······································· 5
　　第四节　储层孔隙结构 ······································ 12
　　第五节　物性特征 ·· 16

第二章　气藏开采特征 ·· 21
　　第一节　气井分类 ·· 21
　　第二节　气田开采特征 ······································ 25
　　第三节　储层应力敏感性特征 ································ 36
　　第四节　气井产能指数特征 ·································· 44

第三章　气水两相渗流特征 ······································ 53
　　第一节　气水微观分布与流动特征 ···························· 53
　　第二节　气水相对渗透率曲线特征 ···························· 61
　　第三节　基于相对渗透率曲线的产水气井开采效果 ·············· 69

第四章　致密砂岩气藏地质建模 ·································· 78
　　第一节　建模方法概述 ······································ 78
　　第二节　储层构型精细描述 ·································· 86
　　第三节　气藏地质模型建立 ·································· 95
　　第四节　区块气藏模型 ····································· 113

第五章　开发井网优化 ··· 118
　　第一节　密井网区干扰试井解释 ····························· 118
　　第二节　基于干扰试井的井网优化 ··························· 128
　　第三节　气藏动态模型 ····································· 136
　　第四节　基于气藏模型的井网优化 ··························· 148

第六章　压裂气井产能评价 ····································· 158
　　第一节　压裂气井产能评价方法 ····························· 158
　　第二节　产能试井分析方法改进 ····························· 164
　　第三节　模拟法产能评价 ··································· 173

  第四节 基于动态参数图版的矿场快速产能评价 …………………………… 178

第七章 产量递减分析 …………………………………………………………… 185
  第一节 开发早期产量递减分析 ………………………………………………… 185
  第二节 递减指数变化规律 ……………………………………………………… 191
  第三节 边界控制流时间计算 …………………………………………………… 197
  第四节 边界控制流产量递减分析 ……………………………………………… 202
  第五节 产量递减控制技术对策 ………………………………………………… 210

参考文献 ……………………………………………………………………………… 214

第一章　苏里格气田基本地质特征

2000年在内蒙古自治区苏里格地区中部SC井的成功钻探,获无阻流量$120\times10^4m^3/d$,宣告苏里格大气田的发现。该气田位于鄂尔多斯盆地,属地台型构造沉积盆地,行政隶属于内蒙古自治区和陕西省,勘探面积约$5\times10^4km^2$。主力气层为下二叠统山西组山1段至中二叠统下石盒子组盒8段,埋藏深度为2800~3700m,以河流沉积为主,地层压力系数为0.77~0.91,储量丰度为$(0.8~1.6)\times10^8m^3/km^2$,储层大面积分布,是典型的低渗、低压、低丰度、强非均质性致密砂岩岩性气藏。

第一节　区域构造特征

鄂尔多斯盆地原属华北地台的一部分,位于中国东部稳定区和西部活动带的结合部位,基底为太古宇及古元古界变质岩系,其上覆中—新元古界、古生界、中—新生界沉积盖层。该盆地总体构造面貌为南北走向,呈东缓西陡的矩形向斜。根据现今构造形态和盆地演化史,盆地内可划分为六个一级构造单元,即伊盟隆起、渭北隆起、晋西挠褶带、伊陕斜坡、天环坳陷和西缘逆冲带,其中苏里格气田位于鄂尔多斯盆地二级构造带伊陕斜坡西侧。从盆地油气聚集特征讲是半盆油、满盆气,南油北气、上油下气。具体来讲,面积大,分布广,复合连片,多层系。因此,这个盆地有聚宝盆之誉。

根据钻井资料,结合地震解释成果,勾绘苏里格气田目的层底部构造图,揭示该区构造形态为一由东北向西南方向倾斜的单斜,倾角不足1°。在西倾单斜背景上发育多排鼻状构造,幅度一般为10m左右,宽度为2~3km。盒8段与山1段构造之间存在明显的继承性。不同构造部位10000余口井的资料研究表明,苏里格气田中东部气藏分布受构造影响不明显,主要受砂岩的平面展布和储集物性变化控制;西部局地受小断层错动影响使得局部小幅度构造格局发生改变,低缓的鼻隆构造对天然气聚集具有一定的控制作用(图1-1)。

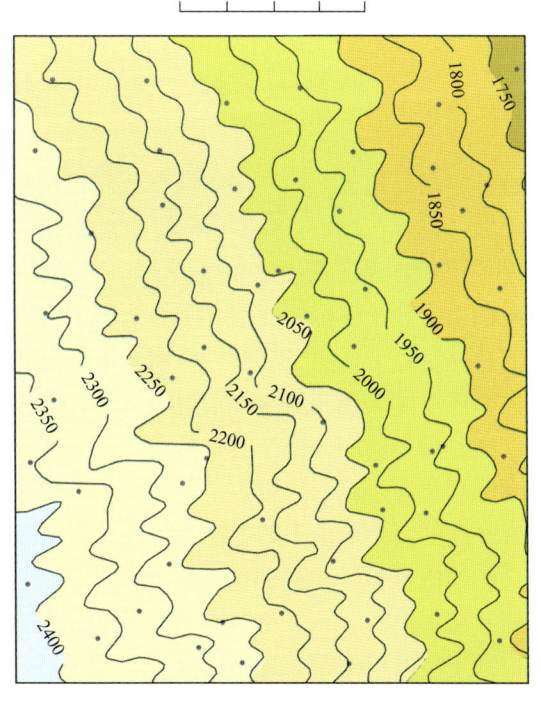

图1-1　苏里格气田TP8构造线(单位:m)

苏里格气田内小幅度构造发育，多为鼻状构造或其变形构造，局部发育凸起、凹陷和小型断层（图 1-2）。

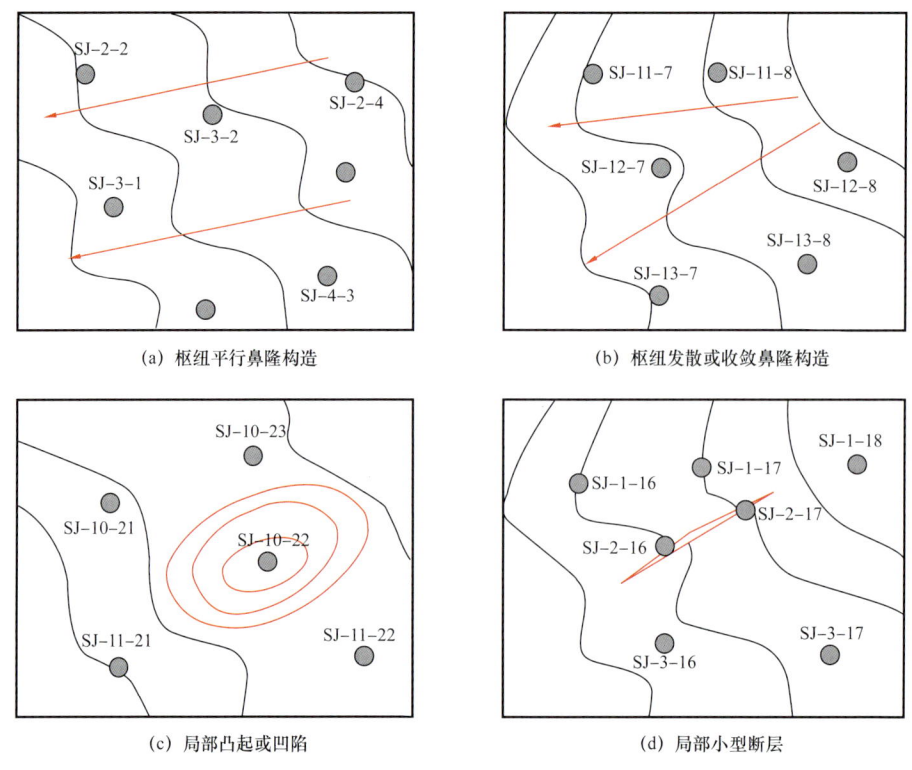

图 1-2　小幅度构造发育样式

第二节　储层沉积特征

苏里格气田盒 8 段、山 1 段气藏是以沉积相控制为主的岩性气藏，盒 8 段分为盒 8 段上亚段（盒 $8_{上}$）和盒 8 段下亚段（盒 $8_{下}$），盒 8 段—山 1 段的沉积体系为大型河流—冲积平原沉积体系（图 1-3）。盒 8 段、山 1 段沉积时期，物源为盆地北缘—西北缘的阿拉善—阴山古陆，该区山西组和下石盒子组古水流方向总体为南北向，但在古河道从北往南流的总体趋势下，由于局部古地貌的差异及水流能量变化的随机性，河流流向从北往南变化大，还可能出现西南向和东南向，以西南流向为主。

高分辨率层序地层学方法是研究储层沉积特征的重要技术手段之一，其理论核心是基准面的变化通过沉积物可容空间（A）与沉积物补给量（S）的比值（A/S）大小定量表征。可容空间的大小取决于基准面上升或下降的速率，沉积物补给量的大小与物源供给速度有关，影响因素包括物源区构造活动强度、沉积物搬运距离和沉积区的构造幅度。A/S 值一般用 0 和 1 作为沉积发生显著变化的定量表征界线，大于 1 表示沉积速度小于可容空间，沉积物发生退积作用，沉积规模相对减小；等于 1 表示二者保持平衡，沉积物发生垂向加积，垂向厚度增加，横向规模变化不大；在 0～1 之间表示沉积速度大于可容空间，沉积物发生进积作用，垂向厚度增加，横向范围增大，沉积规模相对增大；不大于0表示无沉积物产生，局部发生剥蚀作用，形成不整合面。

山1段可容空间较大，发育低弯度曲流河沉积，盒8下形成于A/S远远小于1（可容空间远远小于沉积物供应速度）的条件下，可容空间小，发育一套辫状河沉积，河道砂体相互叠置，辫状河道位于基准面旋回的底部；向上随着基准面上升，可容空间逐渐增大，至盒8上转变为曲流河沉积，砂体呈孤立状分布，侧向连通性变差。

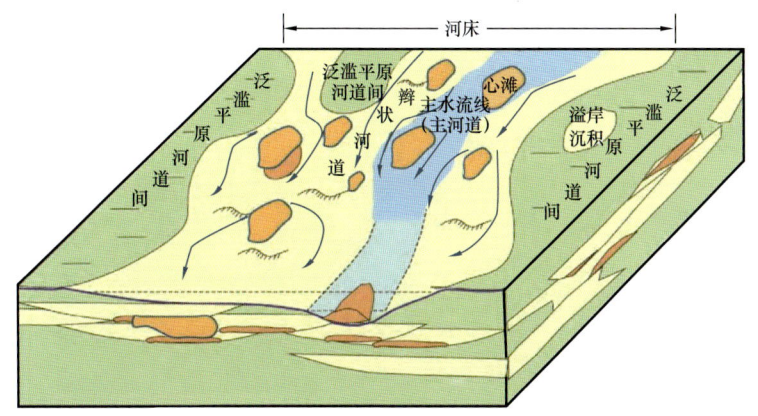

图1-3 鄂尔多斯盆地盒8段—山1段致密气藏沉积环境图

一、盒8下沉积特征

苏里格气田盒8下沉积时期，辫状河水动力整体较强，河道带交互汇聚频繁，主体以发育心滩、底部滞留和河道充填为主，河道分支间发育河道间泥质沉积及零星河间洼地，局部存在废弃河道、决口扇和泛滥平原沉积微相。河道快速侧向迁移，垂向多期叠置，形成典型的网状式辫状河沉积（图1-4）。

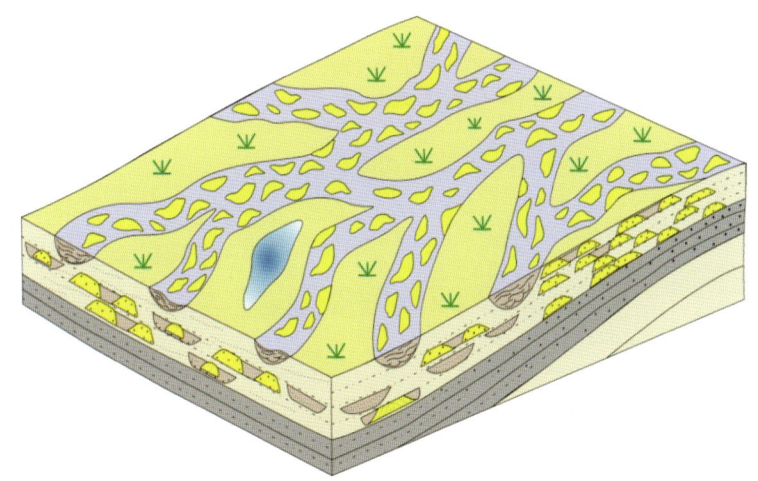

图1-4 鄂尔多斯盆地盒8下网状式辫状河沉积模式图

通过对盒8下单井、剖面和平面沉积微相的综合研究，结合卫星照片观察现代辫状河沉积（图1-5）认为，辫状河河道带规模控制了砂体的规模，而高孔隙度、高渗透率储层的分布主要受心滩分布的控制；心滩由下部高流态粗粒沉积和上部低流态沉积构成，其间为侵蚀界面所分隔，若改造彻底，心滩将被侵蚀而只剩下粗岩相；心滩分布规模大小不一，这可能决定了形成的储集体的规模也存在较大变化；辫状河河道带形成的砂体表现为侧向连续性好，但其内部砂体结构存在差异，剖面上表现为粗粒心滩与细粒河道的交替；心滩沉积时形成的沉积物厚度大、粒度粗，易形成较厚且物性较好的储层，而次级河道仅在充填小沙丘的地带形成物性较好的储层，但厚度薄、规模小，不易形成较好的储层。

盒8下平面上砂体规模大，复合河道砂体宽可达3～8km，单期一般达到了1～2km。由于砂体多期切割叠置，复合砂体厚度大，累计厚度可达30～40m，单期垂向厚度一般为5～8m。因此，盒8下砂体纵向分布较厚、横向展布较宽、规模较大，总体呈现"砂包泥"特征。

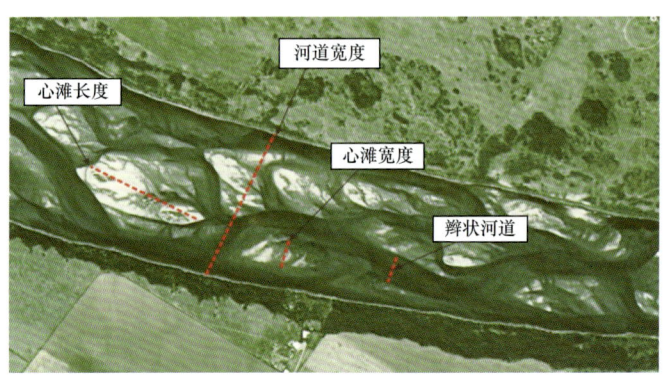

图1-5 现代辫状河沉积（卫星照片）

二、山1段、盒8上沉积特征

苏里格气田开发实践表明山1段、盒8上主要发育曲流河三角洲相，属于三角洲平原亚相单元，内部进一步细分为边滩、底部滞留、废弃河道、天然堤和道间泥等微相类型。曲流河沉积砂体宽度受河道迁移的幅度控制，在构造运动稳定时期，河道以侧向迁移为主，可以形成宽度较大的河道砂体（图1-6），该模式与松花江现代曲流河沉积卫星照片

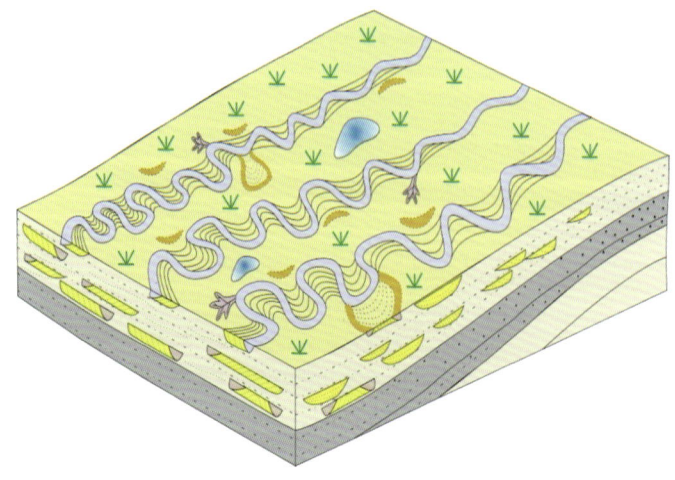

图1-6 鄂尔多斯盆地山1段、盒8上辫状河沉积模式图

对比（图 1-7），其沉积特征十分相似。曲流河河道中规模较大、粒度较粗、储层较厚的有利砂体主要为河床滞留砂体、边滩砂体，而天然堤砂体和决口扇砂体规模小、粒度细、厚度较薄，不利于有效储层发育。曲流河垂向砂体累计厚度较小，平面呈条带状，复合河道宽1~2km，单期河道宽300~500m，垂向孤立分散。

图 1-7　松花江现代曲流河沉积（卫星照片）

第三节　砂体分布特征

苏里格气田主力储层山1段、盒8段砂体总体上呈南北向展布，不同时期的砂体相互叠置、厚度较大，砂体发育类型和发育规模受沉积相控制。辫状河砂体呈块状厚层、大面积连片分布，垂向切割叠置，有效砂体被物性夹层或泥质夹层分割，但总体连通性好（图 1-8）。曲流河砂体明显呈孤立状、条带状分布，有效砂体多在点坝微相中发育，零散分布（图 1-9）。

一、宏观上砂体大面积连片分布，但非均质性强

鄂尔多斯盆地北部沉积物源供给充足，砂体延伸远，横向展布宽，砂体展布面积超过 $4\times 10^4 km^2$，这是形成大型岩性气藏的基础。苏里格气田储集砂体受高能河道心滩、边滩和河道底部充填等沉积微相控制，其内部砂体结构存在差异，横向上表现为粗粒心滩沉积与中—细粒河道沉积和含泥粉砂质废弃河道充填作用交替发育；其中粗粒砂体分布（有效储层）主要受心滩分布控制，而在河流交汇处易形成较宽的河道带和较大规模的心滩，是有利的沉积位置；单个心滩大小不一，相差可达数倍，按目前井网密度，规模较小的单个心滩，井控程度低，单纯依靠钻井很难对心滩边界准确界定，按目前钻井资料结果推测，大多数复合心滩宽度一般为0.5~1km，长度一般为1~2km；河道带之间往往发育泛滥平原、河间洼地和决口扇沉积，它们对发育于各河道中的储集砂体有强烈的分隔作用，是造成储层平面强非均质性的主要原因。

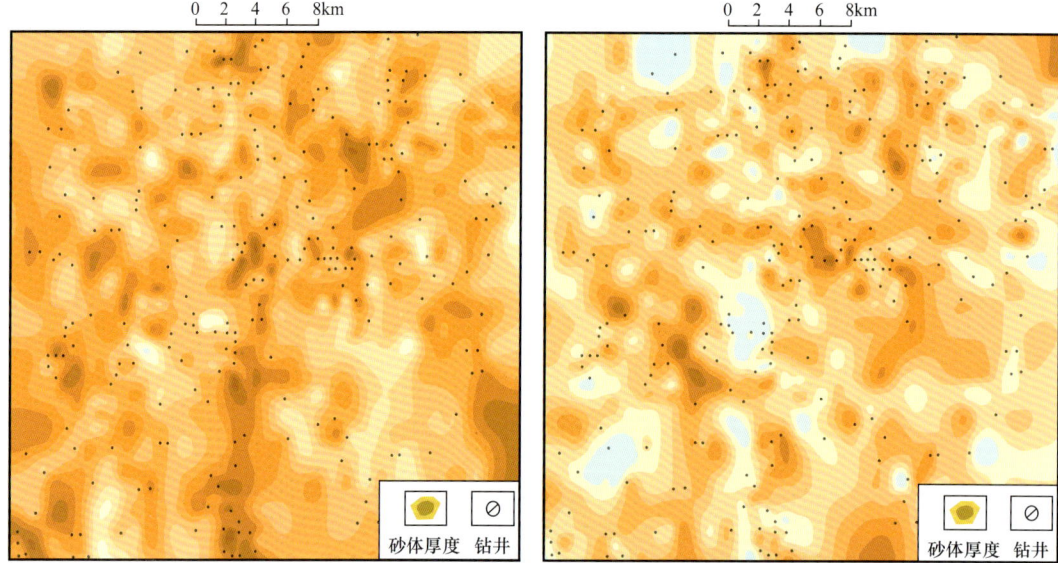

图 1-8 辫状河砂体厚度分布图　　　　图 1-9 曲流河砂体厚度分布图

苏里格气田上古生界气藏主要分布在盒 8$_\text{上}$、盒 8$_\text{下}$ 和山 1 段，这三个层段可进一步细分为 7 个小层（相当于砂层组）和 16 个砂体（表 1-1）。盒 8 段—山 1 段纵向分布 8～12 个砂体，砂体纵向多期叠置（图 1-10），按照砂体间接触关系，可分为孤立型、接触型、切叠型和拼接型四种类型，通过砂体剖面可以看出，垂直河道方向砂体连通性较差，沿河道方向砂体连通性较好（图 1-11，图 1-12）；受河道摆动影响，不同井区不同层位砂体的厚度差异明显，其中盒 8$_\text{下}$ 砂体发育最好，其次为山 1 段和盒 8$_\text{上}$。

表 1-1　苏里格气田上古生界气藏地层及砂体划分表

系	统	组	段	小砂层	砂体
二叠系	中二叠统	下石盒子组	盒 8$_\text{上}$	盒 8$_\text{上}^1$	1
					2
				盒 8$_\text{上}^2$	1
					2
			盒 8$_\text{下}$	盒 8$_\text{下}^1$	1
					2
					3
				盒 8$_\text{下}^2$	1
					2
					3

续表

系	统	组	段	小砂层	砂体
二叠系	下二叠统	山西组	山1	山1₁	1
					2
				山1₂	1
					2
				山1₃	1
					2

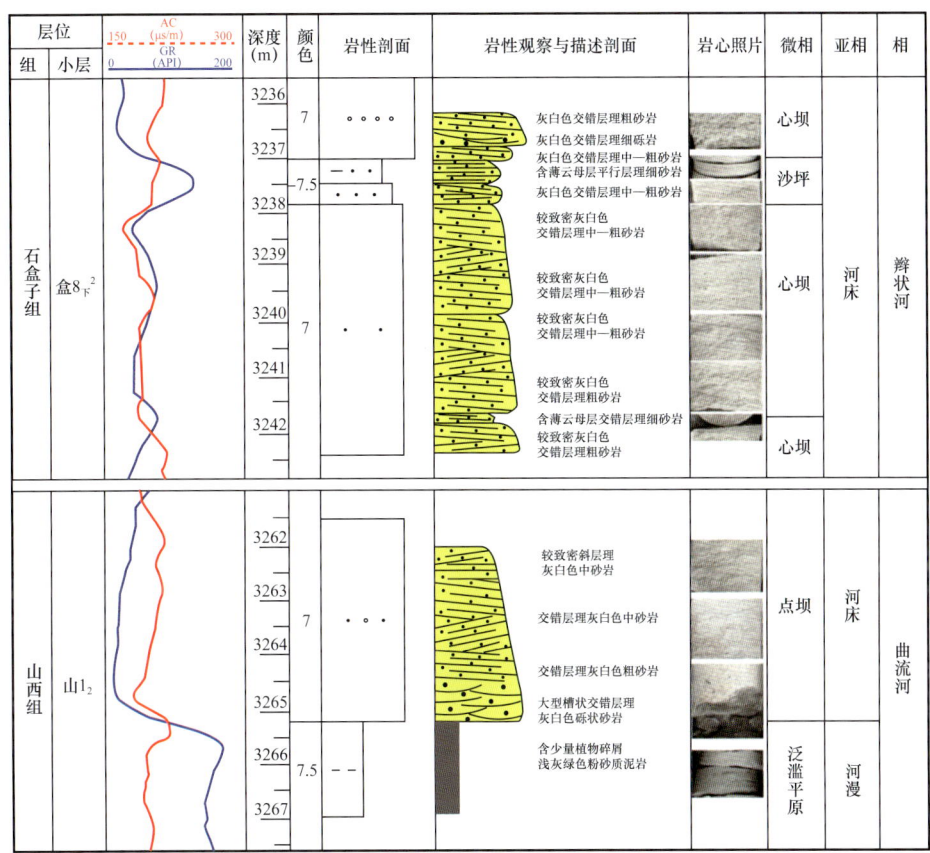

图1-10 岩心观察典型井沉积相对砂体的控制作用柱状图

二、有效砂体纵向多层且分散，横向连通性差

苏里格气田气井生产动态分析进一步证实了该区地质条件的复杂性，表现为砂岩虽然比较发育，但不是所有砂岩均可形成有效储层。不同的沉积相背景，决定不同的有效储层展布特征。主要含气的心滩、边滩微相被水道分隔为非连续相，有效储层呈透镜状零散分布，表现为"小甜点"的分布特点（图1-13），非均质性较强。生产过程中气井产量低、压力下降快，关井后压力恢复慢、恢复程度低，也反映储层连通性差、单井控制储量低的特点。因此，致密气开发需要在储量相对富集区内优选井位，以提高相对高产井的比例。

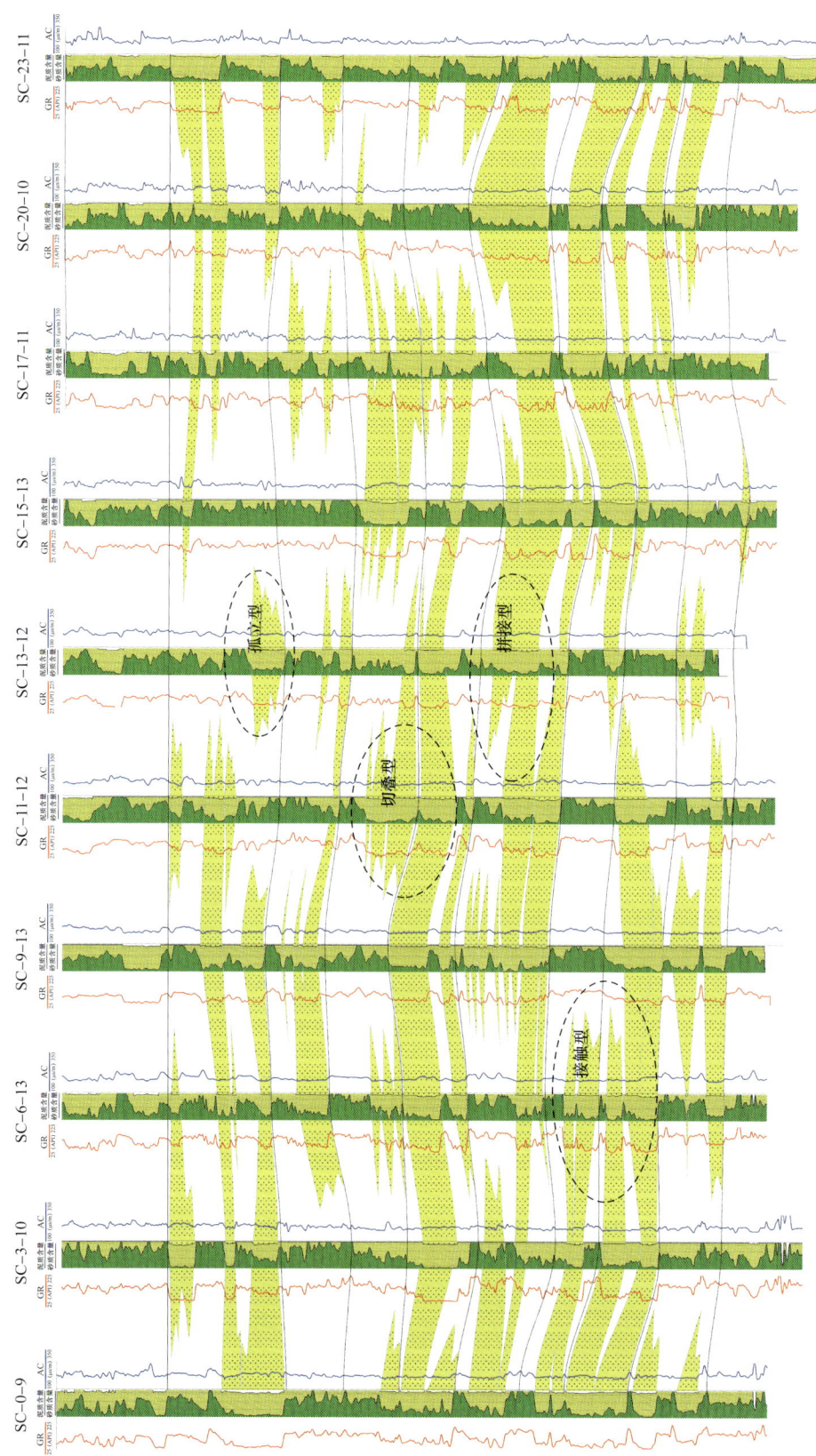

图 1-11 苏里格气田山 1 段—盒 8 段砂体剖面分布图（顺物源）

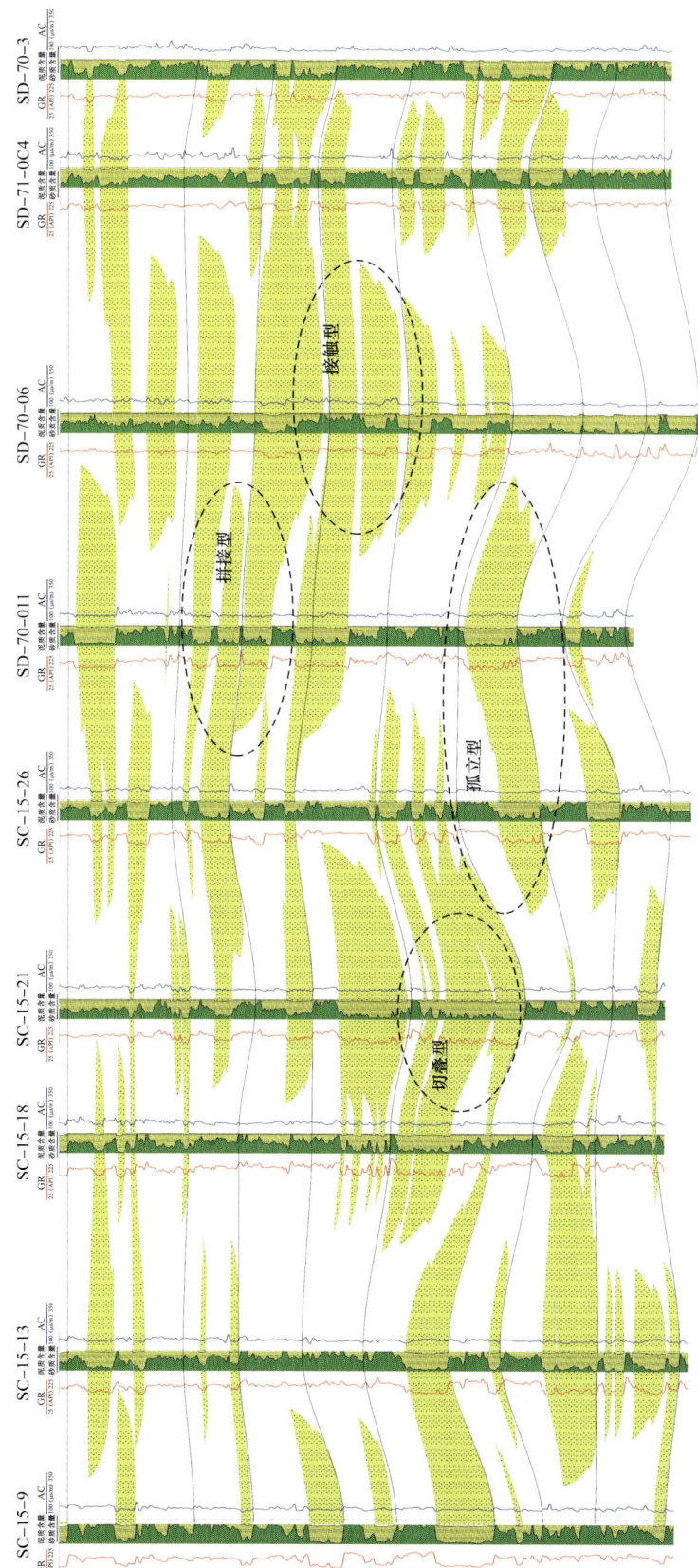

图 1-12 苏里格气田山 1 段—盒 8 段砂体剖面分布图（垂直物源）

— 9 —

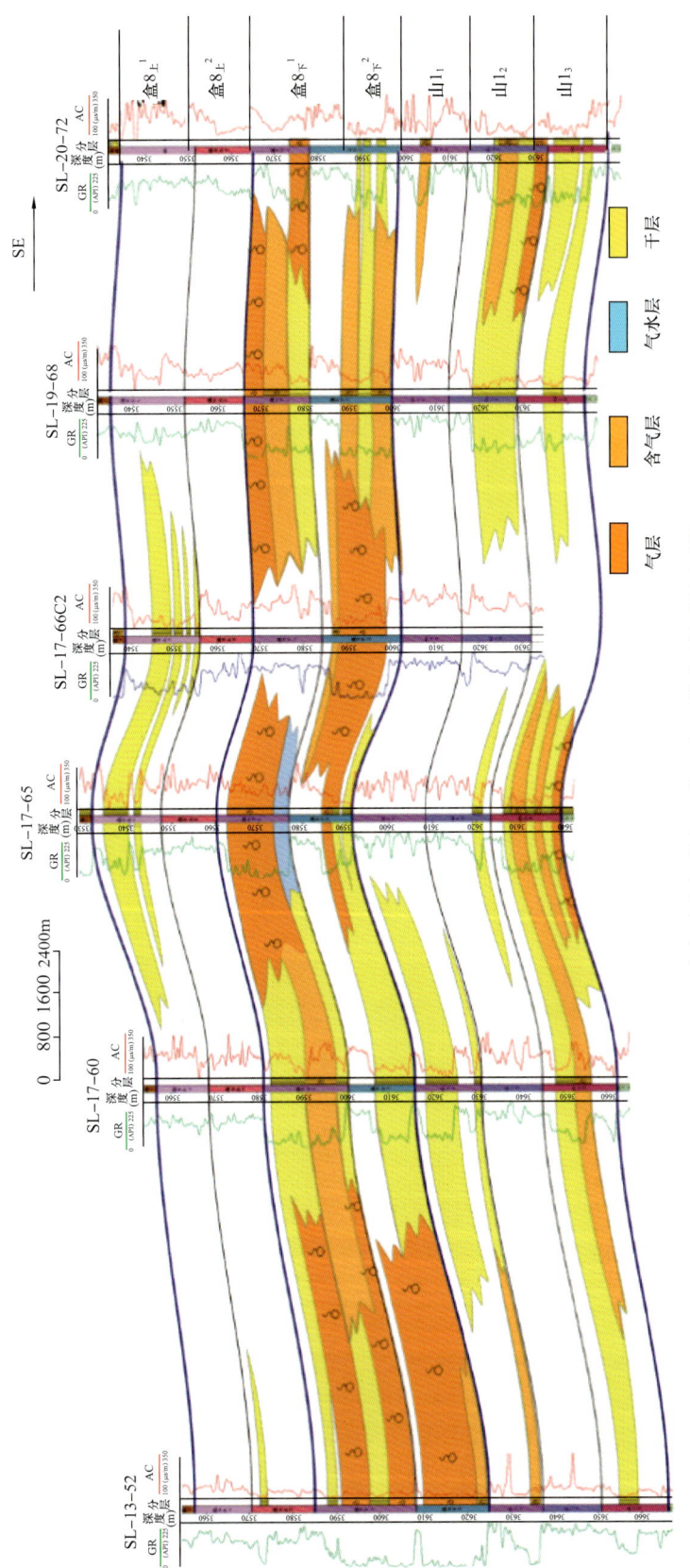

图 1-13 致密砂岩气藏山 1 段—盒 8 段典型气层剖面图

应用露头测量、加密井解剖和试井解释等多种动静态方法综合研究，发现苏里格气田山1段—盒8段7个小层的储层单期河道下切侵蚀，不同期次沉积有效砂体相互连通，依据河道下切程度和有效砂体连接方式，将有效砂体叠置模式分为孤立型、切割叠置型、堆积叠置型和横向局部连通型四种（图1-14）。其中，以孤立型为主，其占有效砂体比例的60%以上，在纵向、横向上孤立分布，与周围有效砂体不连通，厚度一般为2～5m，宽度为400～600m、长度为700～900m（图1-15）。切割叠置型：心滩与河道下部粗岩相有效砂体连通，砂体宽度在500～800m之间（图1-16）。堆积叠置型：高能水道叠置带内多个有效砂体堆积叠置，砂体间发育物性隔层，规模与切割叠置型基本一致。横向局部连通型：位于心滩内的有效砂体横向切割相连，局部可连片分布，规模略大。

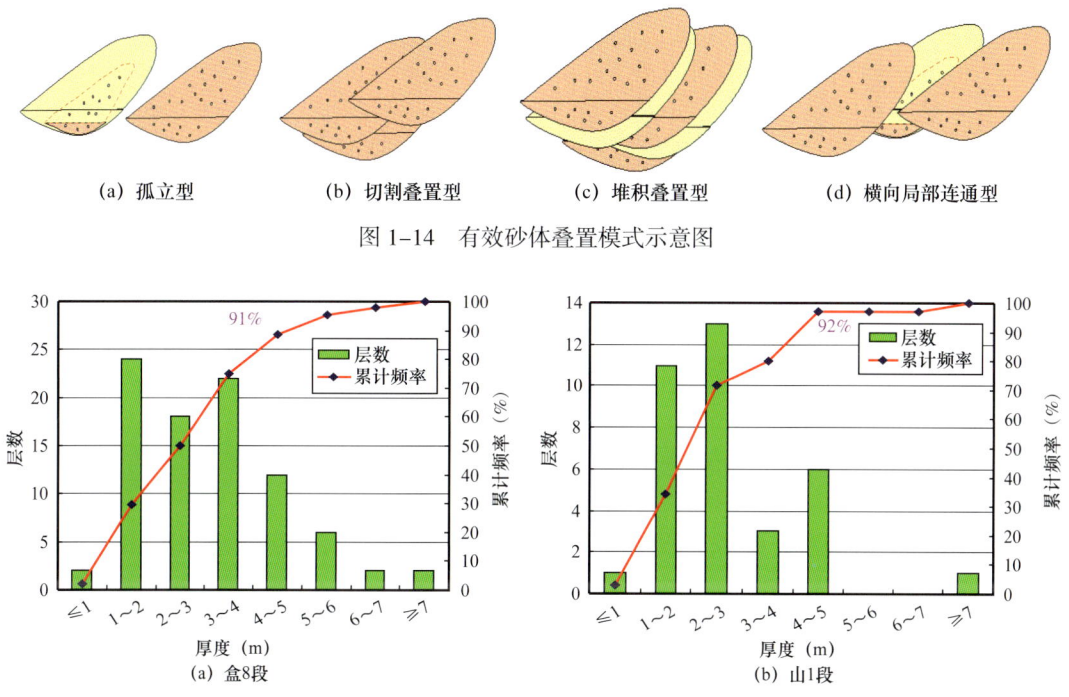

图1-15 苏里格气田中区盒8段、山1段各小层有效砂体厚度分布频率图

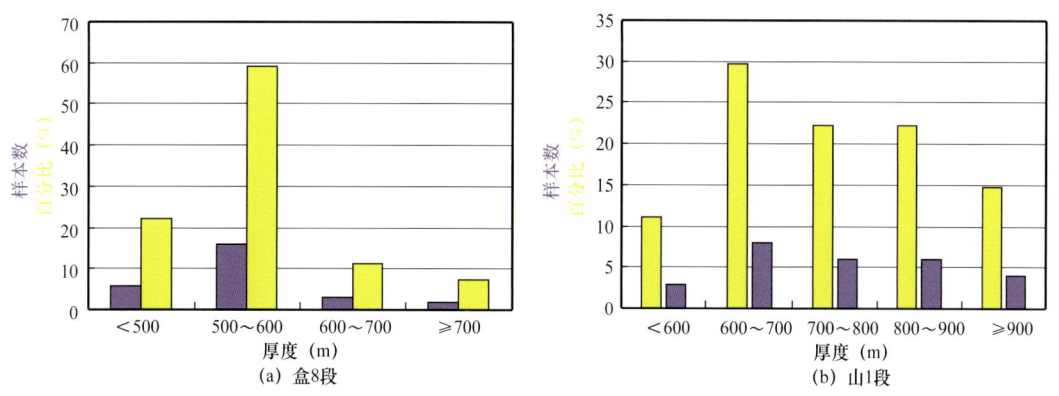

图1-16 苏里格气田中区盒8段、山1段各小层有效砂体宽度分布频率图

不同期次有效砂体间隔层、内部夹层发育，连通性较差。隔层厚度主要分布在4~10m之间，平均厚度为7.7m，部分井小层间的隔层厚度甚至达到了14m以上（图1-17），总体上各个单层间隔层厚度变化不大，隔层平面分布受沉积作用的明显控制。夹层分布形式相对简单，一般以层状形式出现，盒8段气层的夹层厚度平均为0.8m，山1段气层的夹层厚度平均为2.1m（图1-18），但厚层内部夹层分布相对复杂，纵向上与单砂层交错出现，横向上与单砂层延伸不协调，时断时续。

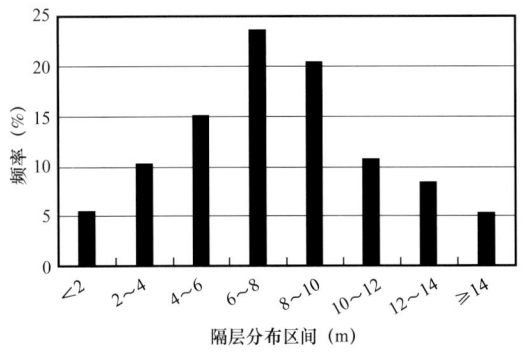

图1-17 隔层频率分布直方图

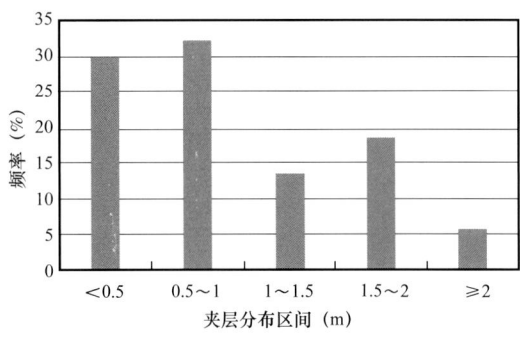

图1-18 夹层频率分布直方图

第四节 储层孔隙结构

苏里格气田气藏埋藏深，经受的成岩作用强度大。由山1段、盒8段含气储层铸体薄片、扫描电镜观察可知，强烈的压实作用、胶结作用使该区原生粒间孔大多遭受破坏，储集空间以次生孔隙为主，属于孔隙型储层，孔隙分布具有双峰的特征，孔隙结构具有"小孔喉、分选差、排驱压力高、连续相饱和度偏低和主贡献喉道小"的特点。此外，不同区带砂岩的孔隙类型大致相同，以溶蚀孔占比最大，但各孔隙类型占比不同，也是不同区带不同层位气井产能存在差异的主要原因。东部晶间孔占比明显大于中西部，中西部粒间孔占比明显大于东部。与山1段相比，盒8段溶蚀孔占比增大，晶间孔占比明显减小。所以，在开发过程中必须充分认识这一特点，制定合理的开发技术政策。

一、孔隙类型以颗粒溶孔、原生粒间孔为主，少量为粒间溶孔、晶间孔和微裂缝

孔隙分布主要分为两类，一类是孔径较大的颗粒溶孔，占整个孔隙空间的主体；另一类是孔径小的粒间溶孔、粒间孔和微孔隙。由于成岩压实作用强，颗粒排列紧密，喉道小，又有高岭石等填隙物充填粒间，形成了大孔细喉、渗透率低、孔隙结构非均质性较强的储层特征。

根据铸体薄片的观察，主要孔隙类型有原生残余粒间孔（图1-19）、颗粒溶孔（铸模孔）（图1-20）、粒间溶孔、粒内微溶孔、晶间孔等，另外还有少量的微裂缝、泥质收缩缝、粒内破裂缝（图1-21）等。其中，孔隙中颗粒溶孔占总孔隙的54.65%，孔径较大，一般为0.2~0.6mm；粒间孔占总孔隙的8.7%，孔径较小，一般为0.03~0.06mm；粒间溶孔占总孔隙的26.09%，孔径一般为0.05~0.15mm；微孔隙占总孔隙的10.56%，孔径小于0.01mm。

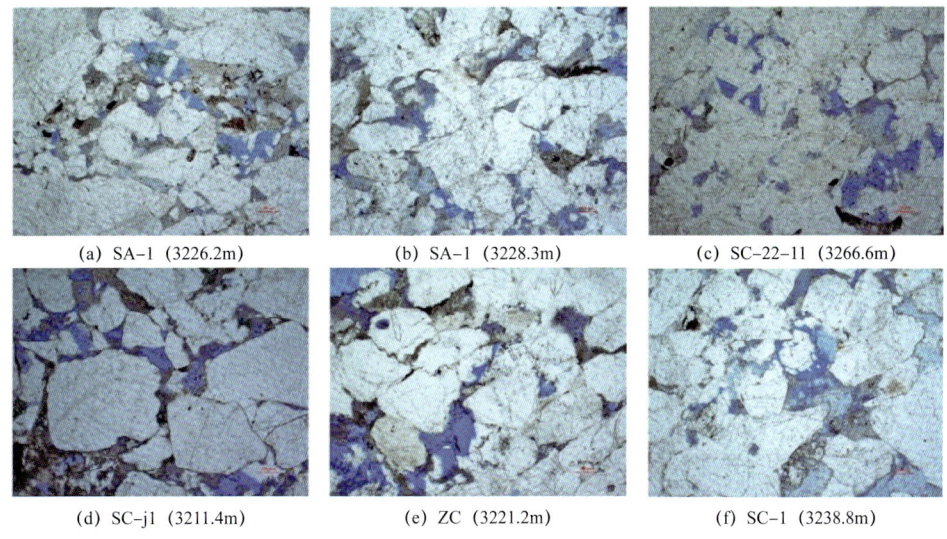

图 1-19 粒间孔隙

粒间孔的形成是矿物充填粒间孔隙后形成的残余粒间孔,如石英加大后的剩余粒间孔,但多数是假杂基(变质岩和沉积岩岩屑)溶蚀后经过进一步的调整后形成的粒间孔隙

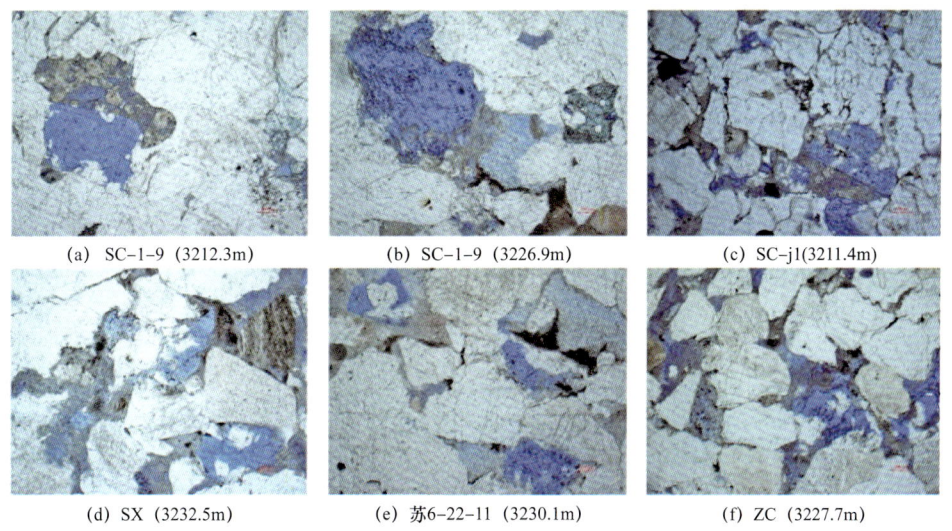

图 1-20 骨架颗粒溶孔与铸模孔隙

骨架颗粒溶孔及铸模孔隙,被溶蚀的骨架颗粒主要是千枚岩、板岩和砂泥岩岩屑,部分孔隙充填高岭石等自生矿物

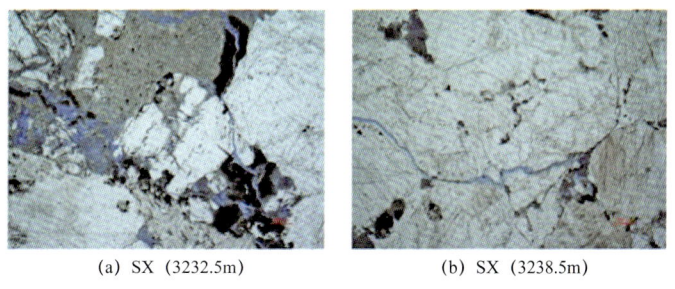

图 1-21 特大孔隙与裂隙

二、孔喉结构表现为"小孔喉、排驱压力高和主贡献喉道小"的特征

喉道大小与分布决定了储层岩石的渗透性,两块岩样的恒速压汞分析表明(图1-22),孔隙大小与分布差异不大,主要孔隙半径范围都在100~200μm之间,但喉道的差异却很大,1号样的喉道半径最大可达7.2μm,大于1μm的占了58%以上,因此渗透率较高,为6.44mD;2号样的喉道半径最大只有1.6μm,绝大部分在1μm以下(约占96%),因而其渗透性差,渗透率只有0.21mD。

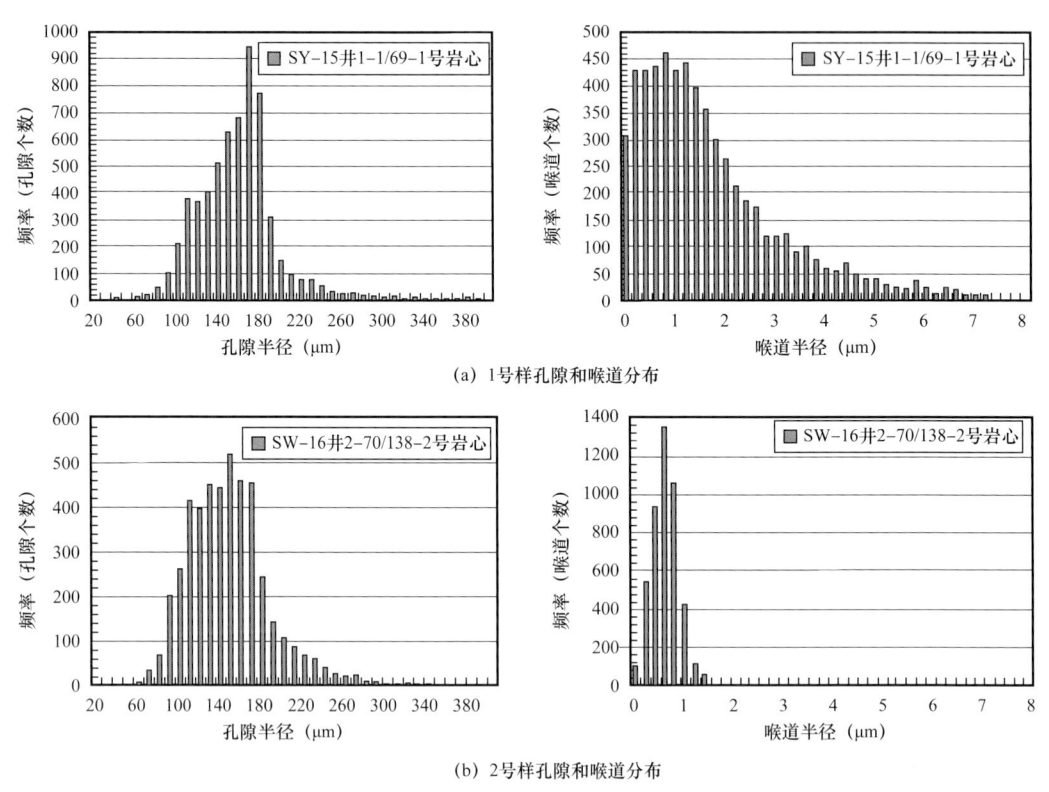

图1-22 恒速压汞孔隙分析

毛细管压力曲线形态主要受孔隙喉道分选和喉道大小控制,依此可定性分析岩石的孔喉结构变化特征。据岩样毛细管压力曲线分析(图1-23),山1段—盒8段排驱压力最小为0.22MPa,最大可达10MPa以上,一般小于2MPa;主力喉道峰值介于0.04~2.34μm之间,一般为0.29~2.34μm;主贡献喉道介于0.07~9.38μm之间,一般为0.2~2μm。连续相饱和度介于12.36%~36.77%之间,一般不超过20%,说明孔喉连通性较差。

三、孔隙结构以毛细管孔隙为主,储层分选差、非均质性强

依据岩石中的孔隙大小及其对流体作用的不同,可将孔隙划分为三种类型:超毛细管孔隙、毛细管孔隙和微毛细管孔隙。

(1)超毛细管孔隙:管形直径大于500μm,裂隙宽度大于250μm。在自然条件下,流体在其中可以自由流动,符合静水力学的一般规律。岩石中一些大的裂缝、溶洞及未胶结或胶结疏松的砂层孔隙大部分属于此种类型。

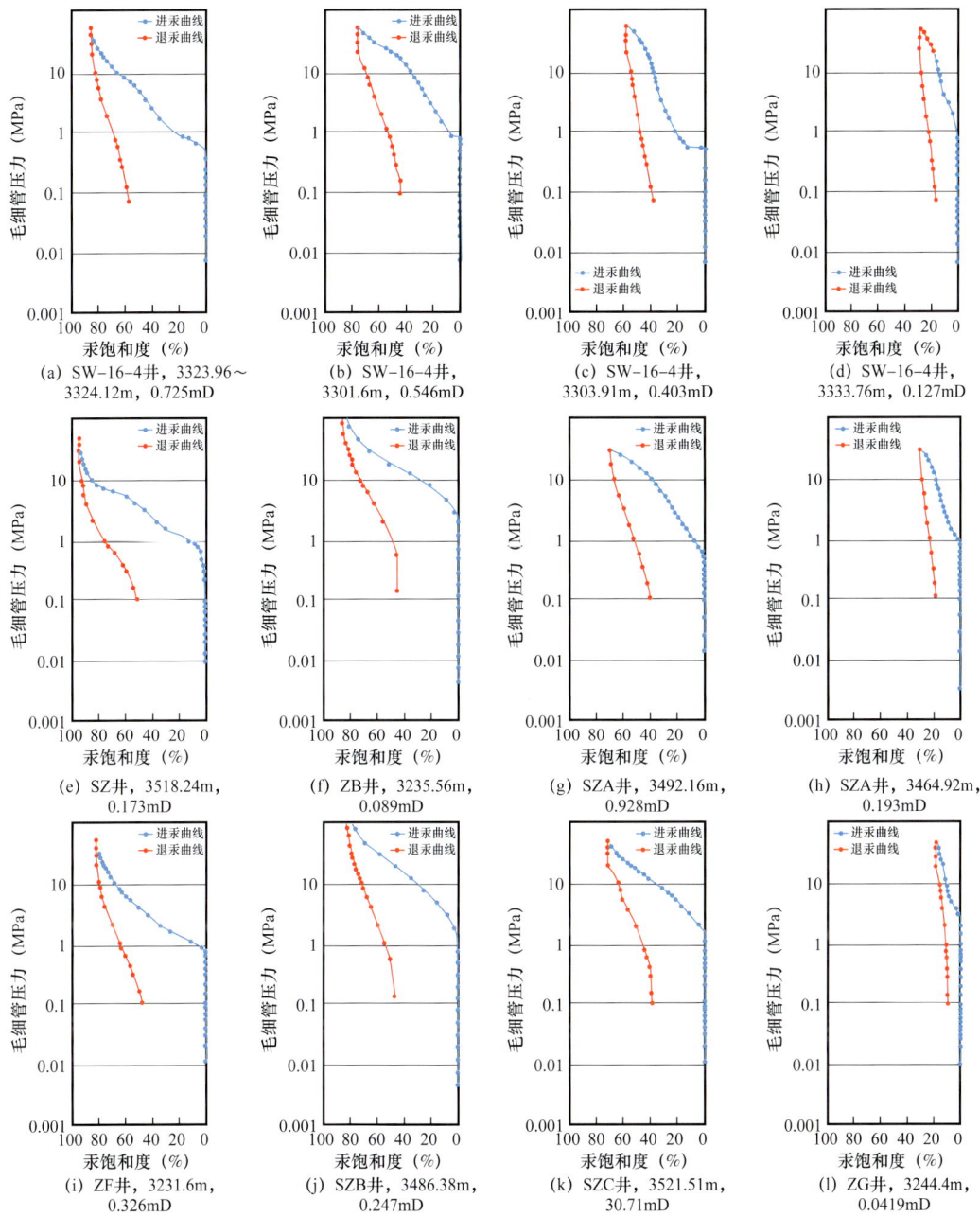

图 1-23　苏里格气田典型气井山 1 段—盒 8 段样品压汞曲线图

（2）毛细管孔隙：管形直径介于 0.2~500μm 之间，裂隙宽度为 0.1~250μm。流体在这种孔隙中，由于受毛细管阻力的作用，已不能自由流动，只有在外力大于毛细管阻力的情况下，流体才能在其中流动。微裂缝和一般砂岩中的孔隙多属于这种类型。

（3）微毛细管孔隙：管形直径小于 0.2μm，裂隙宽度小于 0.1μm。这种孔隙中，由于流体受周围介质分子之间的巨大引力，在通常温度和压力条件下，流体不能流动；增加温度和压力，也只能引起流体呈分子或分子团状态扩散。黏土、致密页岩中的孔隙即属于此类型。

岩心铸体薄片孔隙结构图像分析显示（表1-2），储层孔隙大部分属于毛细管孔隙，图1-24显示孔隙半径多分布在1～200μm之间，面孔率基本上分布在0.24%～3.95%之间，平均比表面为0.3～0.4μm^{-1}，平均孔隙半径为12.7～81.9μm，形状因子为9.55～11.48，分选系数为6.64～41.98，孔喉比较高，分选系数大，属于低孔微细喉储层，分选较差，非均质性较强，导致苏里格地区的孔隙结构复杂。

表1-2 苏里格气田山1段—盒8段图像孔隙结构参数表

井号	深度（m）	面孔率（%）	平均比表面（μm^{-1}）	均质系数	平均孔隙半径（μm）	平均形状因子	分选系数
SC-1	3342.93	3.95	0.3	0.63	81.9	9.57	38.76
SC-1-9	3312.03	1.94	0.3	0.53	38.4	10.43	19.26
SC-19-17	3320.79	0.93	0.3	0.54	35.3	10.14	22.56
SC-j1	3312.55	1.40	0.3	0.57	37.2	10.30	18.69
SX	3336.04	0.24	0.4	0.43	12.7	11.48	8.94
TD	3247.55	1.60	0.3	0.51	40.4	9.55	22.4
TC	3328.41	0.52	0.4	0.48	16.1	10.61	8.48
ZD	3208.2	2.22	0.3	0.56	64.7	9.87	41.98
ZC	3244.57	0.64	0.4	0.44	21.7	11.05	15.59
ZE	3231.9	0.29	0.4	0.60	13.6	11.41	6.64

第五节 物性特征

不同类型孔隙、喉道所组成的储集空间，其物性（尤其是渗透性）存在较大差异。以粒间孔为主的储层喉道粗，孔隙连通性较好，孔隙度大、渗透性好；对于粒间孔较发育的储层，如果粒间孔之间的连通性较差（主要由喉道类型决定），即使具有较大的孔隙度，渗透性也往往较差；溶蚀孔是成岩作用的产物，若与粒间孔之间连通较好，则形成较好的储集空间，表现出孔隙度较大、渗透性较好的特点；而对于粒间孔和溶蚀孔相对都比较发育的储层，若连通孔隙的喉道类型多为缩颈型喉道和管束状喉道（喉道整体细小），则渗透率性较差。苏里格气田储层整体具有大孔细喉、渗透率低、孔隙结构非均质性较强的特点，储层覆压渗透率大多在0.1mD以下（占85%以上），属于致密储层。

一、盒8段、山1段储层可分为三大类

储层的分类评价着重考虑储层对天然气的有效储集能力和渗透性，因此，孔隙度和渗透率是宏观表征储层物性的必要参数，微观参数的获取主要依靠压汞资料和图像分析资料。根据筛选的参数，结合常规物性、毛细管压力曲线等资料将盒8段、山1段储层分为三类。

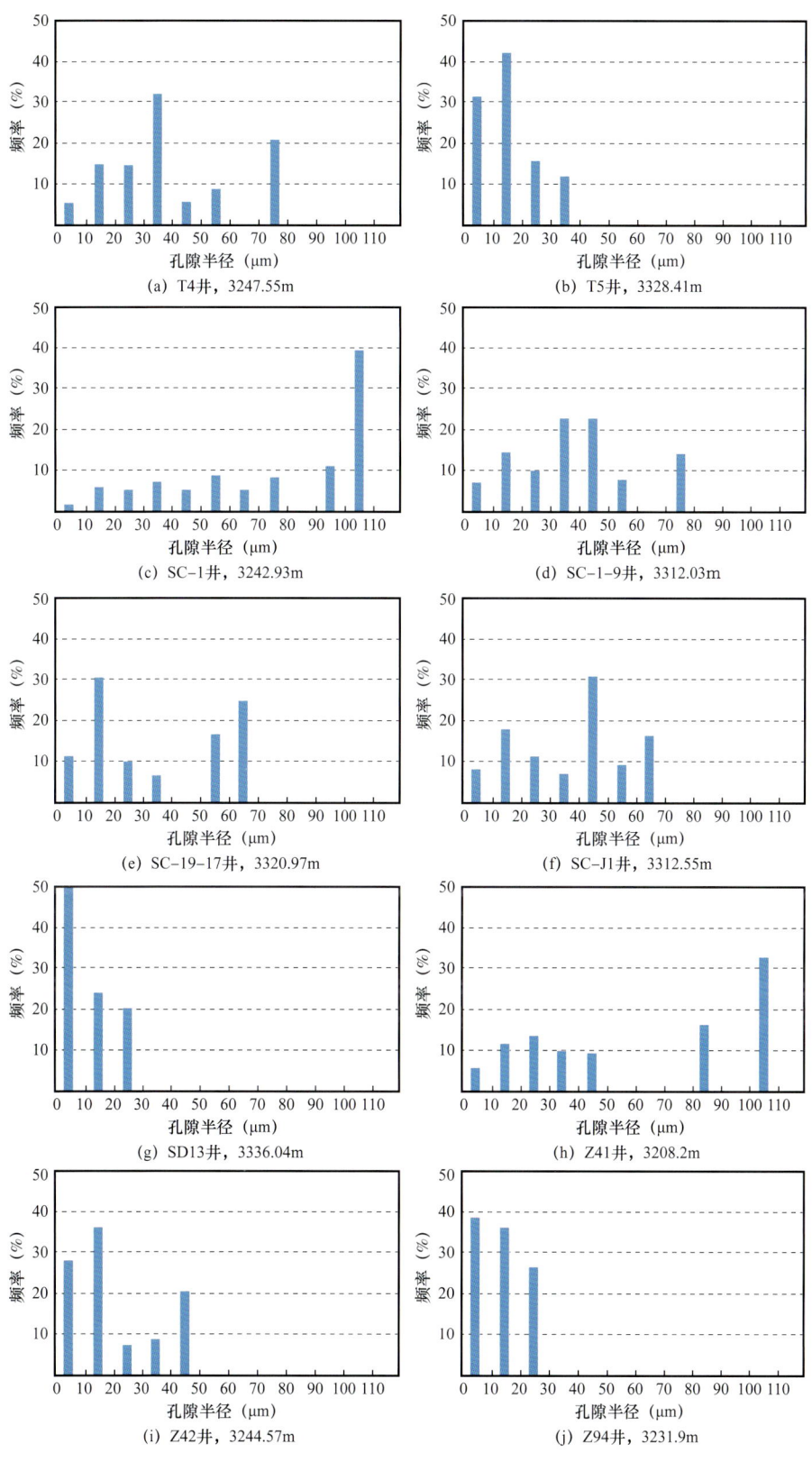

图 1-24 苏里格气田山 1 段—盒 8 段孔隙半径分布图

1. Ⅰ类——好储层

岩性为主河道心滩微相中的中—粗粒石英砂岩、岩屑石英砂岩、砾状石英砂岩和单成分细砾岩。特点是孔隙度大于12%，渗透率大于1mD，孔隙度与渗透率相对高，物性相对好，储集空间主要为溶蚀孔，并含有较多的微裂隙，大孔—粗喉组合，分选好，孔喉连通性较好，属中等产能储层。

2. Ⅱ类——较好储层

岩性为河道中的中—粗粒岩屑石英砂岩。特点是孔隙度与渗透率中等（孔隙度在9%～12%之间，渗透率在0.5～1mD之间），这类储层储集空间由溶蚀孔、晶间孔和微孔构成复合型孔隙网络，中粗孔—中喉组合，分选一般，孔喉连通性中等。在各个小层广泛分布，为最常见的储层类型。属中—低产能储层。

3. Ⅲ类——中—差储层

岩性为含塑性岩屑和杂基丰富的各类砂岩、含泥细—中粒岩屑砂岩。特点是孔隙度与渗透率低，中小孔—细喉组合，孔喉连通性中等，分选一般。其储集空间主要为少量溶蚀孔和杂基内微孔隙，以粒间孔丧失为重要标志，在各个小层均有分布，为常见的储层类型。该类储层孔隙度一般在5%～9%之间，渗透率一般在0.06～0.5mD之间。储集空间主要为少量溶蚀孔、晶间孔。一般为中—差低产能储层。

二、储层物性表现为低孔隙度、低渗透率，其中盒8下最好、山1段最差

根据2600余口井24000多个砂体测井解释物性统计（表1-3），鄂尔多斯盆地致密砂岩气藏盒8段、山1段储层平均孔隙度为6.37%，平均渗透率为0.32mD，总体上物性较差，属于低孔低渗和特低孔特低渗储层。相对而言，盒8下储层物性最好，平均孔隙度为6.89%，平均渗透率为0.42mD；盒8上次之，平均孔隙度为6.26%，平均渗透率为0.27mD；山1段最差，平均孔隙度为5.76%，平均渗透率为0.25mD。

表1-3 储层测井解释物性统计表

层位	孔隙度（%）			渗透率（mD）			样品数（个）
	最小	最大	平均	最小	最大	平均	
盒8上	0.10	16.75	6.26	0.01	4.73	0.27	7895
盒8下	0.60	17.59	6.89	0.01	5.64	0.42	9668
山1段	0.19	15.33	5.76	0.01	4.52	0.25	6802
平均/合计	0.10	17.59	6.37	0.01	5.64	0.32	24365

通过孔隙度、渗透率的相关性分析，盒8上、盒8下、山1段有效储层孔隙度和渗透率之间有良好的正相关关系（图1-25、图1-26和图1-27），相关系数 R^2 分别为0.9171、0.8506和0.8495。

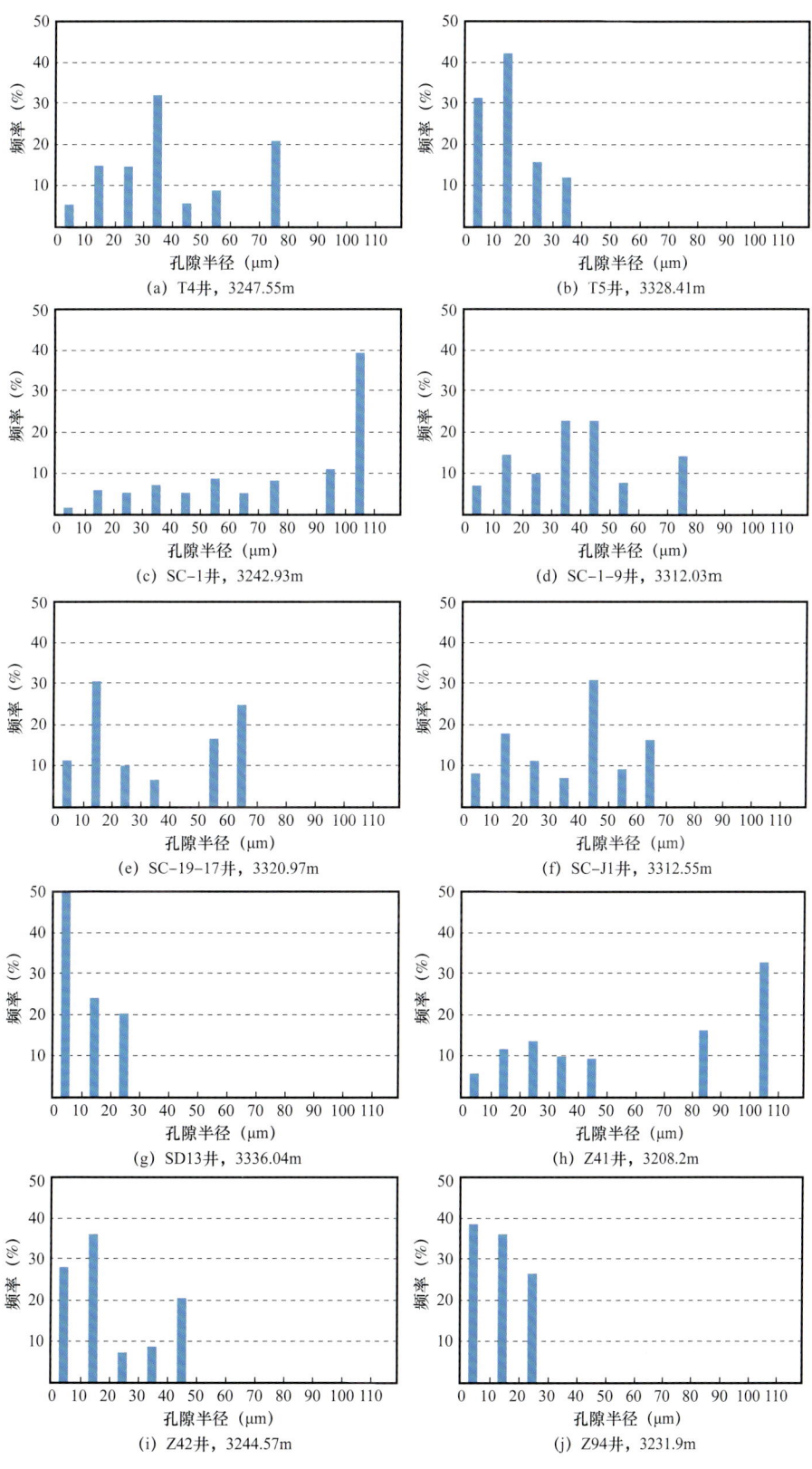

图 1-24 苏里格气田山 1 段—盒 8 段孔隙半径分布图

1. Ⅰ类——好储层

岩性为主河道心滩微相中的中—粗粒石英砂岩、岩屑石英砂岩、砾状石英砂岩和单成分细砾岩。特点是孔隙度大于12%，渗透率大于1mD，孔隙度与渗透率相对高，物性相对好，储集空间主要为溶蚀孔，并含有较多的微裂隙，大孔—粗喉组合，分选好，孔喉连通性较好，属中等产能储层。

2. Ⅱ类——较好储层

岩性为河道中的中—粗粒岩屑石英砂岩。特点是孔隙度与渗透率中等（孔隙度在9%～12%之间，渗透率在0.5～1mD之间），这类储层储集空间由溶蚀孔、晶间孔和微孔构成复合型孔隙网络，中粗孔—中喉组合，分选一般，孔喉连通性中等。在各个小层广泛分布，为最常见的储层类型。属中—低产能储层。

3. Ⅲ类——中—差储层

岩性为含塑性岩屑和杂基丰富的各类砂岩、含泥细—中粒岩屑砂岩。特点是孔隙度与渗透率低，中小孔—细喉组合，孔喉连通性中等，分选一般。其储集空间主要为少量溶蚀孔和杂基内微孔隙，以粒间孔丧失为重要标志，在各个小层均有分布，为常见的储层类型。该类储层孔隙度一般在5%～9%之间，渗透率一般在0.06～0.5mD之间。储集空间主要为少量溶蚀孔、晶间孔。一般为中—差低产能储层。

二、储层物性表现为低孔隙度、低渗透率，其中盒8$_下$最好、山1段最差

根据2600余口井24000多个砂体测井解释物性统计（表1-3），鄂尔多斯盆地致密砂岩气藏盒8段、山1段储层平均孔隙度为6.37%，平均渗透率为0.32mD，总体上物性较差，属于低孔低渗和特低孔特低渗储层。相对而言，盒8$_下$储层物性最好，平均孔隙度为6.89%，平均渗透率为0.42mD；盒8$_上$次之，平均孔隙度为6.26%，平均渗透率为0.27mD；山1段最差，平均孔隙度为5.76%，平均渗透率为0.25mD。

表1-3 储层测井解释物性统计表

层位	孔隙度（%）			渗透率（mD）			样品数（个）
	最小	最大	平均	最小	最大	平均	
盒8$_上$	0.10	16.75	6.26	0.01	4.73	0.27	7895
盒8$_下$	0.60	17.59	6.89	0.01	5.64	0.42	9668
山1段	0.19	15.33	5.76	0.01	4.52	0.25	6802
平均/合计	0.10	17.59	6.37	0.01	5.64	0.32	24365

通过孔隙度、渗透率的相关性分析，盒8$_上$、盒8$_下$、山1段有效储层孔隙度和渗透率之间有良好的正相关关系（图1-25、图1-26和图1-27），相关系数R^2分别为0.9171、0.8506和0.8495。

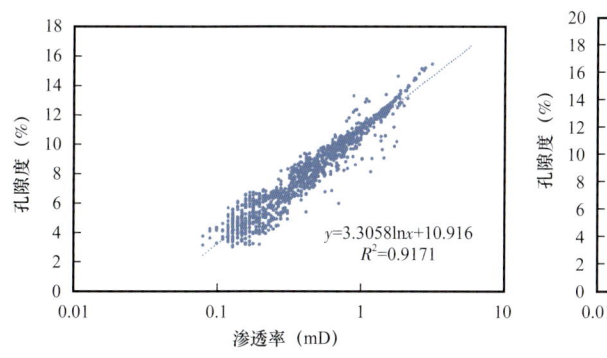
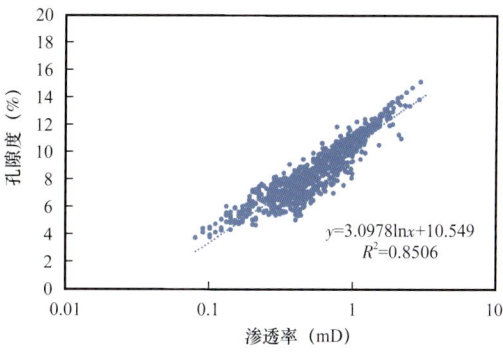

图 1-25　盒 8$_上$ 储层孔隙度与渗透率关系　　　图 1-26　盒 8$_下$ 储层孔隙度与渗透率关系

三、Ⅰ类储层发育少，大多为Ⅱ类、Ⅲ类储层

有效储层孔隙度主要分布在 5%~9% 范围内，占样品总数的 58.2%；其次分布在 9%~12% 范围内，占样品总数的 28.7%；超过 12% 的占样品总数的 9.5%；孔隙度小于 5% 的样品很少，仅占 3.6%（图 1-28）。

有效储层渗透率主要分布在 0.1~0.5mD 范围内，占样品总数的 68%；其次为 0.5~1mD 范围内，占样品总数的 16.4%；再次为大于 1mD，占样品总数的 10.1%；渗透率小于 0.1mD 的样品很少，仅占 5.5%（图 1-29）。

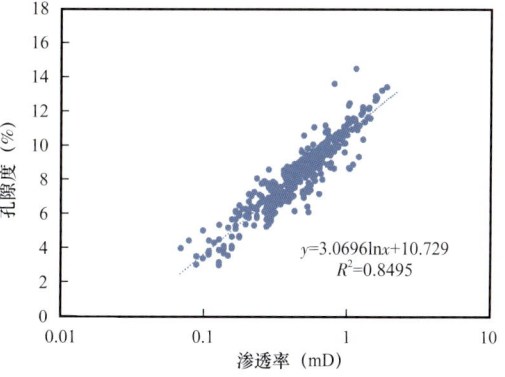

图 1-27　山 1 段储层孔隙度与渗透率关系

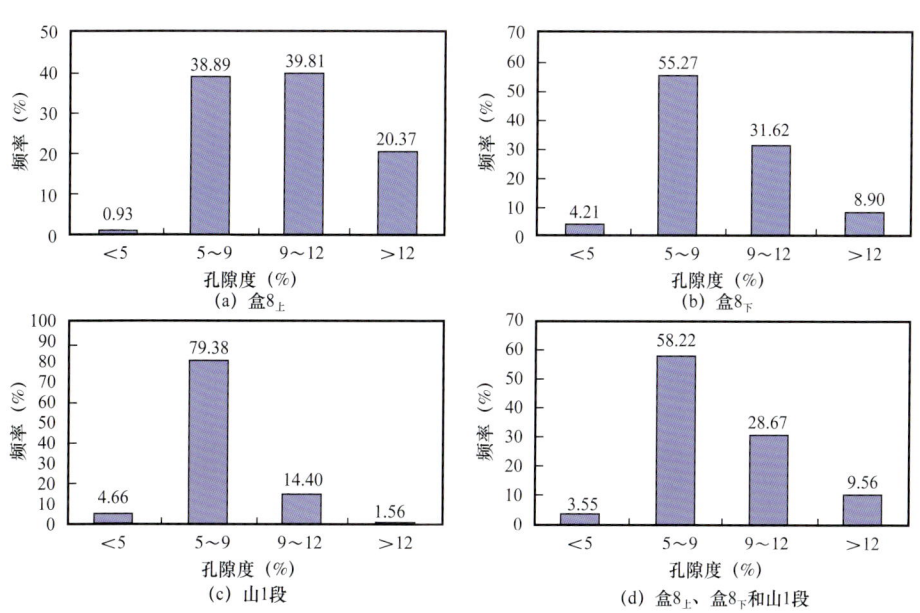

图 1-28　有效储层孔隙度分布直方图

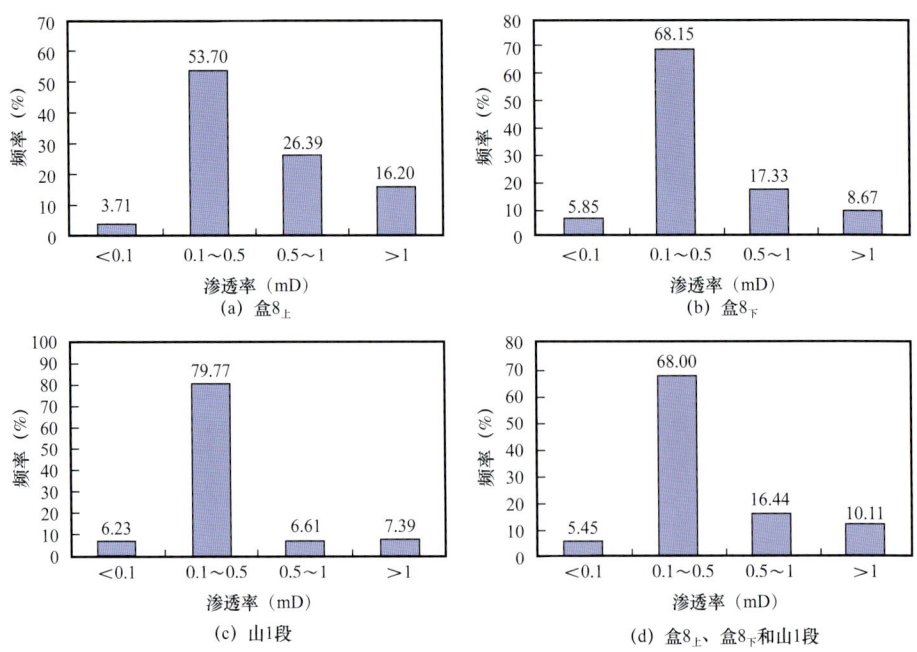

图 1-29 有效储层渗透率分布直方图

总体来看，有效储层平均孔隙度为 8.56%、平均渗透率为 0.49mD，物性较差，仍属于低孔低渗和特低孔特低渗储层。相对而言，盒 $8_{下}$ 储层物性最好，平均孔隙度为 9.78%，平均渗透率为 0.67mD；次为盒 $8_{上}$，平均孔隙度为 8.62%，平均渗透率为 0.45mD；山 1 段最差，平均孔隙度为 7.45%，平均渗透率为 0.39mD（表 1-4）。

表 1-4 有效储层测井解释物性统计表

层位	孔隙度（%）			渗透率（mD）			样品数（个）
	最小	最大	平均	最小	最大	平均	
盒 $8_{上}$	3.15	17.59	8.62	0.03	4.64	0.45	562
盒 $8_{下}$	3.83	17.75	9.78	0.07	4.63	0.67	2687
山 1 段	3.41	15.33	7.45	0.06	4.52	0.39	1011
平均/合计	3.15	17.75	8.56	0.03	4.64	0.49	4260

第二章 气藏开采特征

对致密气藏而言，其开采特征是储层物性及改造效果的综合体现。苏里格气田虽然含气面积大，但储层致密、有效砂体叠置关系复杂、储层非均质性极强。经过十多年的试验评价和开发生产，目前已达到 $230 \times 10^8 m^3$ 年生产规模，且已稳产近七年，气藏动态特征逐渐显现，总体表现为单井产量低、递减快，关井压力恢复程度低，井间差异大，后期低产低压生产时间长，可采储量小。

第一节 气井分类

苏里格气田气井产量低、生产井数多，若对气井逐一进行分析无疑会带来繁重、巨大的工作量，可操作性不强。因此，按照生产特征精细分类管理，便成为该气田行之有效的气井管理方法。现场为了便于气井开采动态特征分析、揭示致密砂岩气藏气井生产规律，提高气井开发指标预测的准确性，需根据储层地质条件，按照产量高低将气井分为高产井、中产井和低产井，以提高气井/藏动态跟踪分析工作效率，有效指导气井生产管理和气田开发效果评价。

一、开发早期气井分类

苏里格气田开发早期，由于试采及生产井数少，生产时间短，加之气井采用大型压裂增产措施，早期以裂缝流动为主，气井生产特征尚未完全显现，分类标准主要依据钻遇气层厚度、一点法试气无阻流量和初期产量等参数进行（表2-1，表2-2）。

表 2-1 苏里格气田开发早期直井分类标准

类别	单气层最大厚度 （m）	累计气层厚度 （m）	无阻流量 （$10^4 m^3/d$）	稳产期配产 （$10^4 m^3/d$）	稳产期 （a）	最终累计采气量 （$10^4 m^3$）
Ⅰ	>5	>8	>10	>1.8	3	>3500
Ⅱ	3~5	>8	4~10	0.8~1.8	3	1500~3500
Ⅲ	<3	<5	<4	<0.8	3	<1500

表 2-2 苏里格气田开发早期水平井分类标准

类别	无阻流量 （$10^4 m^3/d$）	稳产期配产 （$10^4 m^3/d$）	稳产时间 （a）	最终累计采气量 （$10^8 m^3$）
Ⅰ	>50	>8	>3	>1.5
Ⅱ	20~50	3~8	>3	0.6~1.5
Ⅲ	<20	<3	>3	<0.6

但随着开发的不断深入,气井生产时间的延长,气井生产规律逐渐明晰,早期气井分类不能很好地反映气井生产特点。由于早期生产主要反映裂缝流动特征,有效厚度与试气无阻流量、日产量、最终累计采气量等动态指标相关性不强(图2-1),造成静动态分类结果出现偏差,但前三年平均日产量和最终累计采气量具有较好的相关性,因而以气井投产前三年平均日产量、最终累计产气量等开发指标分类更具合理性。

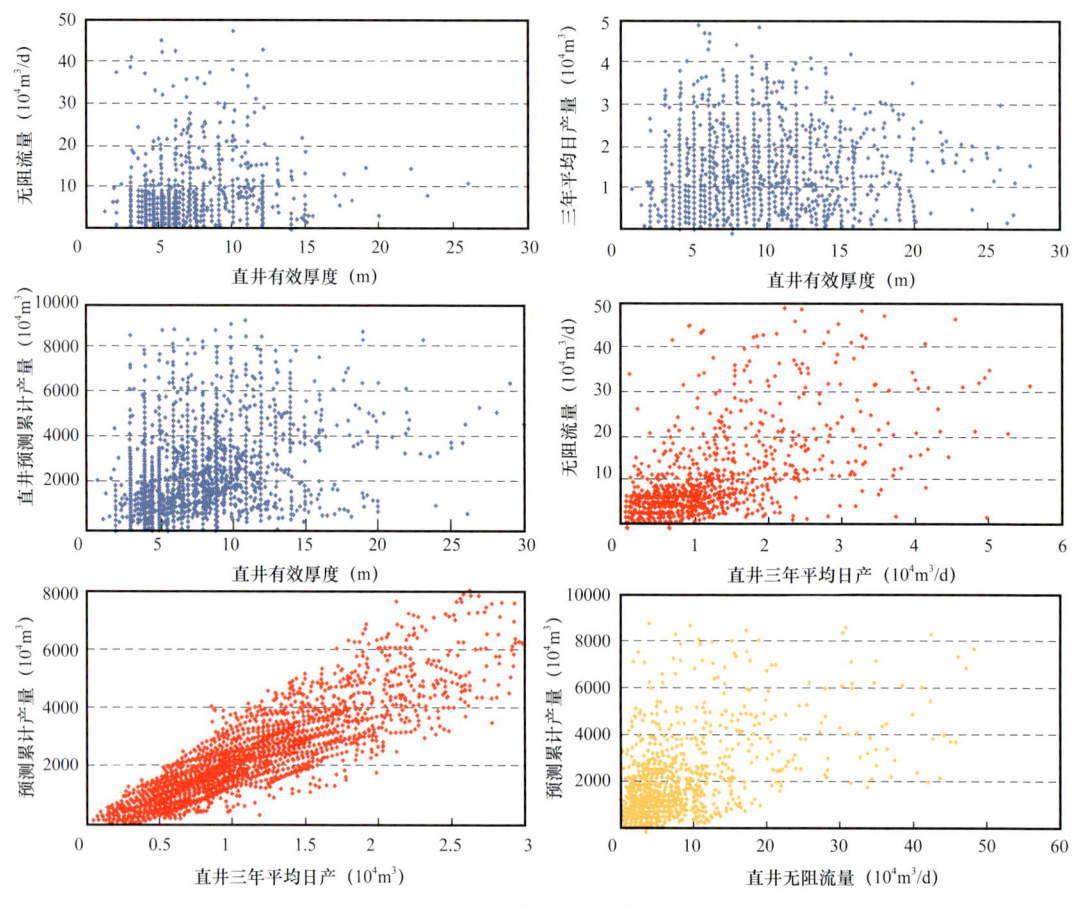

图2-1 直井原分类标准中参数相关性

图2-2是水平井原分类标准中三个参数的相关性,试气无阻流量与前三年平均日产量、最终累计采气量等参数相关性不强,造成静动态分类结果出现偏差;和直井相似,前三年平均产量和最终累计采气量相关性较好,因此以前三年平均日产量、最终累计产气量等生产指标分类更合理。

二、气井分类

根据苏里格气田7000余口气井的最终累计产量分布频率曲线(图2-3,图2-4),最终累计采气量分布频率呈现先快速增加,达到峰值(点A)后反转快速下降,至拐点(点B)后降幅明显趋缓,总体基本符合偏态分布规律。因此,选取A、B两个拐点对应的气井最终累计采气量作为Ⅰ类井、Ⅱ类井和Ⅲ类井的分类依据。

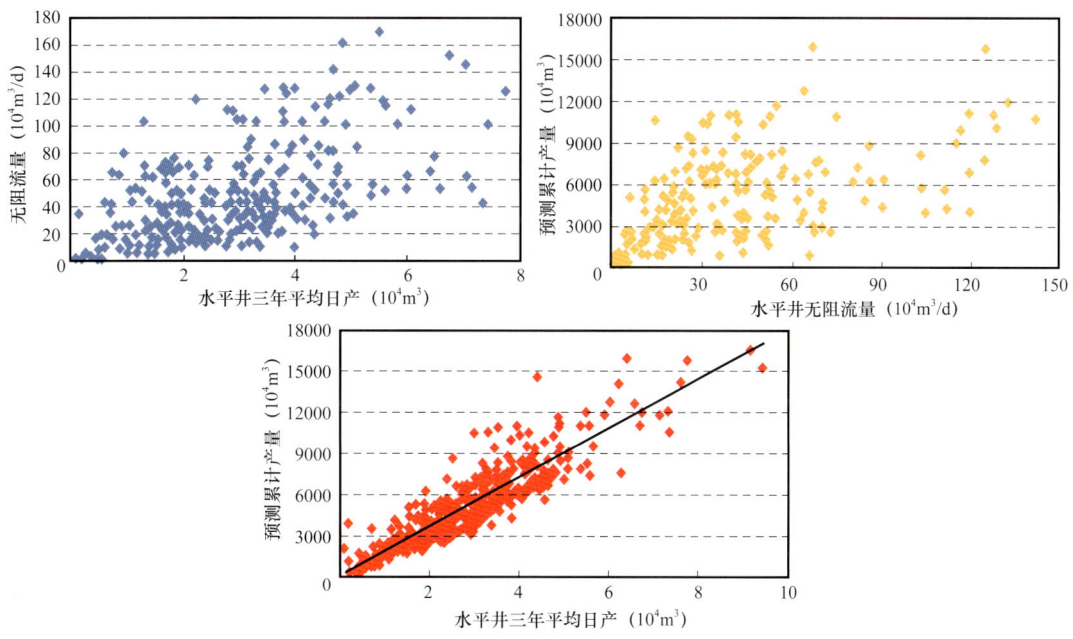

图 2-2 水平井原分类标准中参数相关性

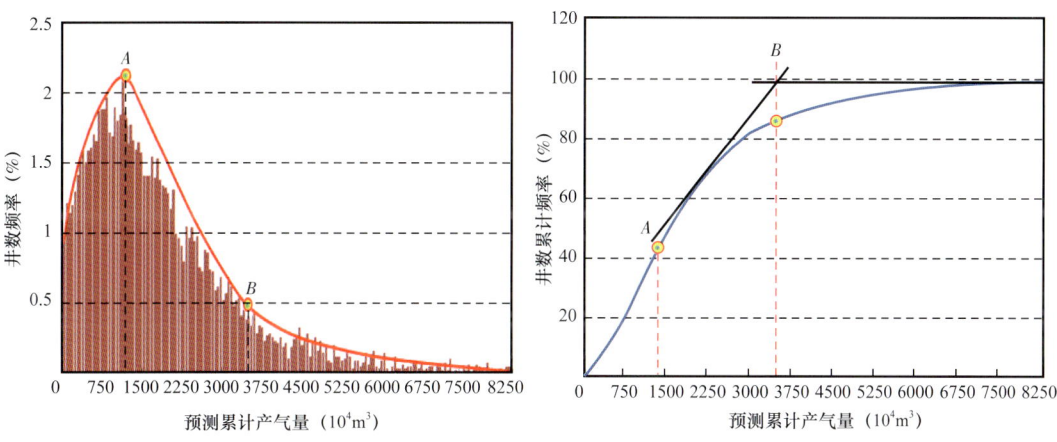

图 2-3 直井最终累计产气量频率分布曲线

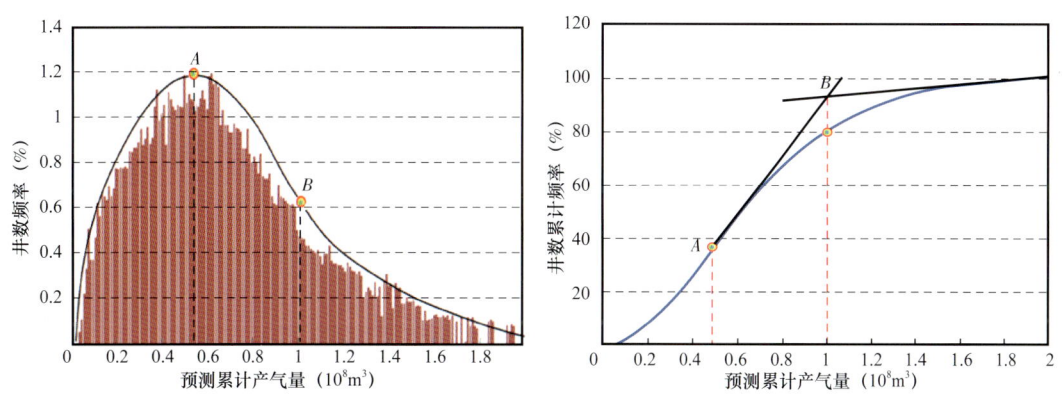

图 2-4 水平井最终累计产气量频率分布曲线

对直井而言，最终累计采气量小于 $1400 \times 10^4 m^3$ 为Ⅲ类井，介于 $(1400\sim3500) \times 10^4 m^3$ 之间的为Ⅱ类井，超过 $3500 \times 10^4 m^3$ 为Ⅰ类井。根据天然气价格和气井成本，若直井经济极限累计产气量取 $1350 \times 10^4 m^3$，与最终累计产气量频率分布曲线的拐点 A 基本吻合。对水平井而言，其最终累计产气量分布频率曲线同直井有相似的分布特征，最终累计采气量小于 $5000 \times 10^4 m^3$ 为Ⅲ类井，介于 $(5000\sim10000) \times 10^4 m^3$ 之间的为Ⅱ类井，超过 $10000 \times 10^4 m^3$ 为Ⅰ类井。根据天然气价格和气井成本，若水平井经济极限累计产气量取 $4940 \times 10^4 m^3$，与最终累计产气量频率分布曲线的拐点 A 基本吻合。总之，无论水平井或直井，Ⅲ类气井基本是无效益的，但Ⅲ类气井对提高致密气藏储量动用程度和采收率大有裨益。

气井前三年平均日产气量频率分布曲线（图 2-5，图 2-6）和最终累计产气量具有相似的规律（图 2-7），基本符合偏态分布。根据频率分布的拐点 A 和拐点 B 划分不同类型的直井和水平井。

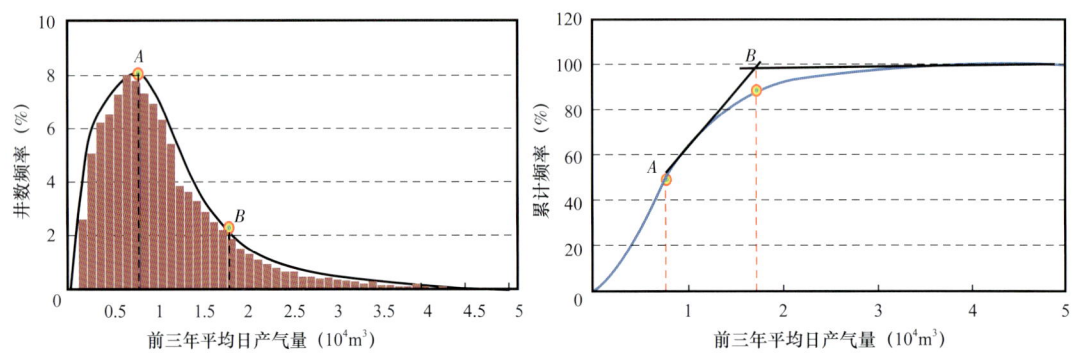

图 2-5 直井前三年平均日产气量频率分布

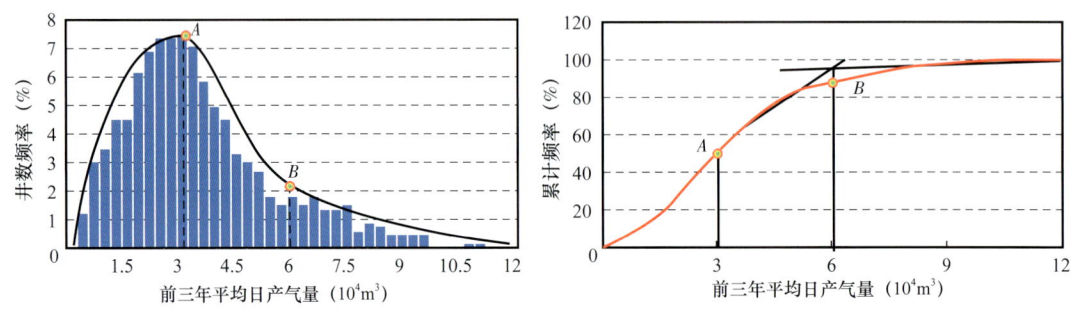

图 2-6 水平井前三年平均日产气量累计频率分布曲线

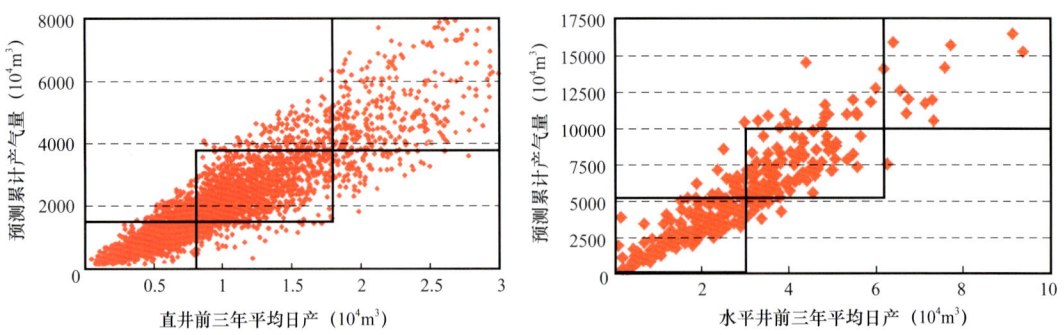

图 2-7 直井、水平井前三年平均日产气量与最终累计产气量聚类分析

根据以上分析，制定苏里格气田气井分类评价标准（表2-3）。

表2-3 苏里格气田气井分类标准

分类		静态特征	动态特征	前三年产气量 ($10^4m^3/d$)	最终累计产气量 (10^8m^3)
Ⅰ类	直井	多位于主砂带，储层物性好	产量高，稳产能力强	$q \geq 1.8$	$G_p \geq 0.35$
	水平井			$q \geq 6.0$	$G_p \geq 1.0$
Ⅱ类	直井	位于主砂带或附近，储层物性一般	合理配产具有一定稳产能力	$0.8 \leq q < 1.8$	$0.14 \leq G_p < 0.35$
	水平井			$3.0 \leq q < 6.0$	$0.5 \leq G_p < 1.0$
Ⅲ类	直井	分布在主砂带边部，储层物性差	投产后压力下降快，生产能力差	$q < 0.8$	$G_p < 0.14$
	水平井			$q < 3.0$	$G_p < 0.5$

根据以上分类标准，苏里格气田直井Ⅰ类+Ⅱ类井比例为51.9%，但产气贡献率占目前累计产气量的81.0%。其中Ⅰ类井前三年平均产量为$2.04 \times 10^4 m^3/d$，最终累计产气量为$4365 \times 10^4 m^3$；Ⅱ类井前三年平均产量为$1.05 \times 10^4 m^3/d$，最终累计产气量为$2298 \times 10^4 m^3$；Ⅲ类井前三年合理产量为$0.50 \times 10^4 m^3/d$，最终累计产气量为$998 \times 10^4 m^3$。总体上，投产直井前三年平均日产量为$1.0 \times 10^4 m^3/d$，最终累计产气量为$2055 \times 10^4 m^3$。

苏里格气田已投产水平井1262口，Ⅰ类+Ⅱ类井比例为50.0%，产气贡献率占累计产气量的72.4%。Ⅰ类水平井前三年平均产量$7.3 \times 10^4 m^3/d$，最终累计产量$12390 \times 10^4 m^3$；Ⅱ类水平井前三年平均产量$4.0 \times 10^4 m^3/d$，最终累计产量$7384 \times 10^4 m^3$；Ⅲ类水平井前三年合理产量$1.7 \times 10^4 m^3/d$，最终累计产量$3863 \times 10^4 m^3$。水平井前三年合理产量平均$3.2 \times 10^4 m^3/d$，预测最终累计产气量$6213 \times 10^4 m^3$。

第二节 气田开采特征

一、储层物性差，试采产能低，压力下降快、关井恢复程度低

试采在油气田勘探开发过程中发挥着不可或缺的作用，开展试采评价是落实气井产能和深化储层认识的有效手段，主要目的是确定气井无阻流量，评价不同生产制度（采气速度）下的压降速率，从动态角度深化对储层非均质性的认识，评价单井控制有效供气面积、动储量，为开发政策的制定提供直接依据。

苏里格气田产能测试主要采用矿场修正等时试井和单点法产能试井两种方法。探井、评价井和前期部分开发井进行了单点法产能测试。2001年，为进一步落实气井产能，评价气井稳产水平，在苏里格气田中区选择7口探井开展了修正等时试井。试采测试主要特征表现为以下三个方面。

1. 气井产能低，随时间延长快速递减

根据7口探井修正等时试井短期试采分析结果（表2-4），单井平均无阻流量 $22.7×10^4m^3/d$，明显低于勘探阶段一点法产能评价单井平均无阻流量 $47.4×10^4m^3/d$，其原因主要是苏里格气田储层低孔、低渗、非均质性强、连通性差，气井生产时压力波传播速度慢，气体渗流达到拟稳态时间较长；而勘探阶段一点法连续生产时间短（不超过72h），井口测试产量主要来自裂缝系统供给，不能反映储层物性特征，气井流动尚未进入拟稳态流动阶段。

表2-4　气井产能评价结果对比表

井号	一点法			试采			增幅（%）
	p_i（MPa）	p_{wf}（MPa）	q_{AOF}（$10^4m^3/d$）	p_i（MPa）	p_{wf}（MPa）	q_{AOF}（$10^4m^3/d$）	
SH	29.05	22.68	28.47	28.81	19.28	24.11	−15.30
SX	27.08	23.39	50.23	28.33	11.65	32.70	−34.90
SF	28.05	22.47	50.72	27.51	10.87	25.91	−48.90
TC	29.52	14.74	26.17	29.29	9.00	14.13	−46.00
SC	27.75	25.63	120.16	28.00	15.43	36.60	−69.54
SI	28.91	22.83	23.26	29.61	16.94	11.45	−50.80
SG	26.47	23.23	32.85	27.14	21.65	14.13	−56.98
平均			47.40			22.72	−52.10

统计30余口气井不同生产时间无阻流量评价结果显示（图2-8，图2-9），随着生产时间的延长，各时间段的绝对无阻流量总体上呈现先快后慢的递减趋势，不同点在于井的类型不同拐点出现时间不同，储层越致密、拐点越明显。无阻流量的变化与渗透率的变化规律基本一致，说明压力敏感效应对储层渗透率有较大影响，生产早期无阻流量下降快，后期逐渐平缓并趋于稳定。

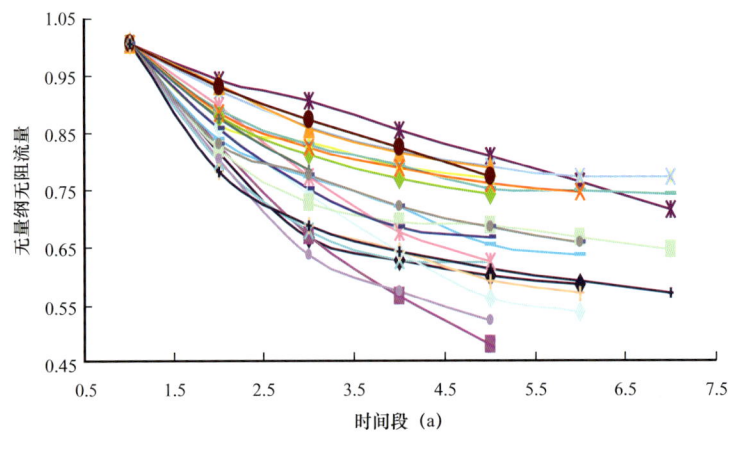

图2-8　直井不同时间段无阻流量变化曲线

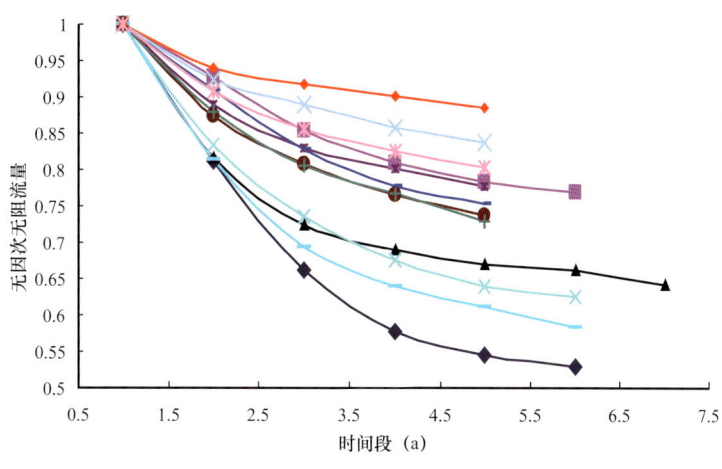

图 2-9 水平井不同时间段无阻流量变化曲线

2. 储层渗透率低、物性差，单井控制范围有限

试井解释有效渗透率低，5 口探井试采阶段压力恢复试井解释渗透率分布在 0.353～1.7mD 之间，平均仅为 1.03mD（表 2-5）；裂缝半长解释结果显示压裂改造在井筒附近形成的垂直裂缝，提供了有利的渗流通道，明显改善了天然气渗流环境，较大程度提高了单井产量；同时结合河流相沉积特点，试井分析认为井周围均存在不同程度的低渗或岩性边界，河道宽度为 66.4～205m，平均仅为 120m，单井控制范围有限，井间储层连通性差。

表 2-5 苏里格气田气井试井解释结果表

井号 参数	SX	SH	SF	TC	SI	平均
井筒储集系数 C（m^3/MPa）	4.411	3	1.21	6.37		3.75
地层系数 K_h（mD·m）	6.38	28.5	23	7.47	5.79	14.23
有效渗透率 K（mD）	0.425	1.7	1.85	0.84	0.353	1.03
裂缝半长 X_f（m）	57	40	49	51.3	43	48.06
表皮系数 S		−3.59				−3.59
表皮系数 S_f	0.17		0.6	0	0.05	0.21
第一条边界距离 L_1（m）	151	33	65	37	46.7	66.54
第二条边界距离 L_2（m）	145	560	280	2060	1000	809.00
第三条边界距离 L_3（m）	54	90	59	51	19.7	54.74
第四条边界距离 L_4（m）	1029	340	1500	2960	1000	1365.80

3. 试采阶段压力下降快、关井恢复程度低

苏里格气田开发早期试采井关井一年后压力恢复程度仅 84.3%，远低于相邻的靖边气田和榆林气田，其中靖边气田单井压力恢复 40d，恢复程度高达 98.4%；榆林气田压力恢

复95d后，恢复程度可达98.14%。单位压降采出量小，试采阶段单井平均单位压降采气量仅为101.4×10⁴m³/MPa，说明单井供气范围小、控制储量少、外围补给能力有限，稳产能力差，单井配产及稳产时间大大低于预期（图2-10，图2-11）。

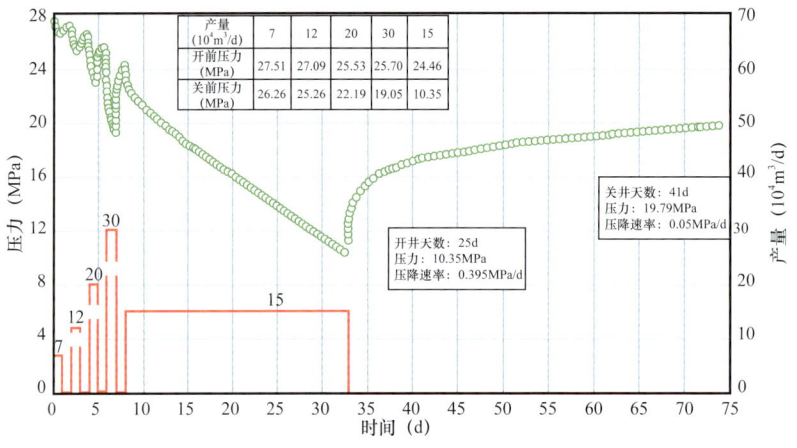

图2-10 SF井修正等时试井产量压力曲线

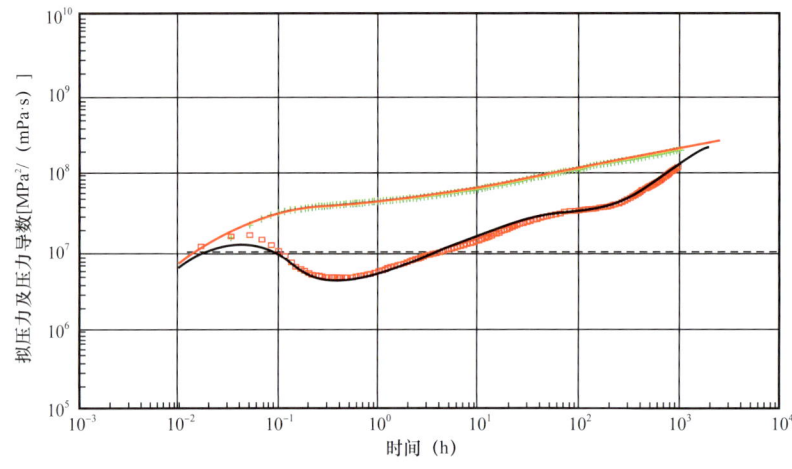

图2-11 SF井修正等时试井终关井双对数曲线

二、气井初期产量递减快，中后期长期低产

致密气藏无论是直井还是水平井，经过人工压裂投产后，由于裂缝的储集能力有限，随着气体从裂缝系统采出，基质对裂缝与裂缝对井筒的供给能力之间的矛盾逐渐凸显，气井产量迅速递减，当基质与裂缝的供给能力趋于平衡时，气井产量递减幅度明显减小，进入低产稳产阶段，如图2-12至图2-15所示，其总体生产特征表现为：

（1）初期产量相对较高，流动处于不稳定早期，以裂缝线性流为主，产量和压力下降较快，后期下降速度逐渐变缓。气井产量、压力表现出典型的两段式或"L"形特征。

（2）气井不稳定生产时间长，进入拟稳态或边界控制流生产阶段慢，长期处于低压、低产开采期。

（3）单位压降产气量随着开采时间延长而逐渐增加，反映出明显的外围补给效应。

图 2-14 和图 2-15 表明，无论水平井还是直井，早期单位压降采气量较低，随着开采时间的延长，单位压降采气量逐渐增加，但增幅放缓，反映出明显的外围补给特征。

压裂直井和水平井生产特征的不同点表现为：（1）在相同的生产时间内，水平井的单位压降采气量比直井高；（2）水平井到达渗流边界的时间比直井短。

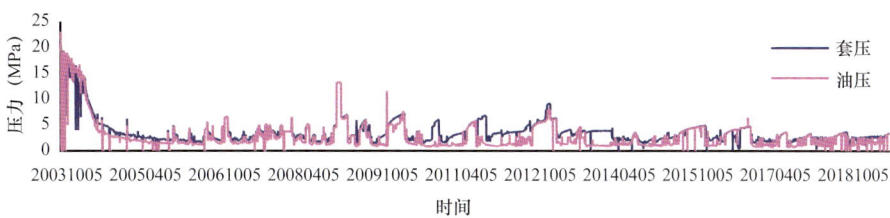

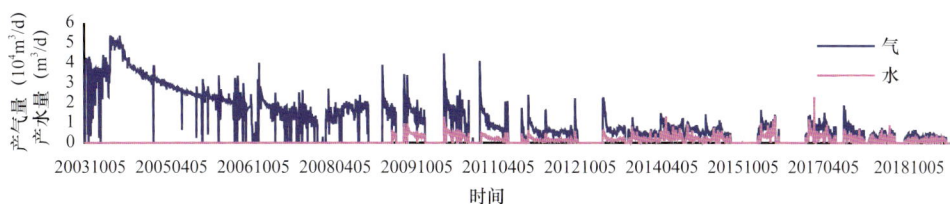

图 2-12　SW-16-5 井开采曲线

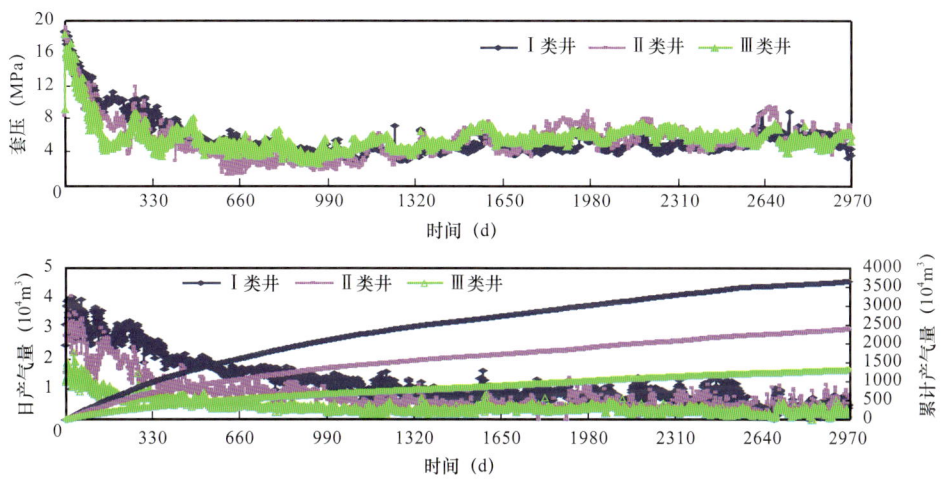

图 2-13　先导性试验区 28 口老井生产曲线

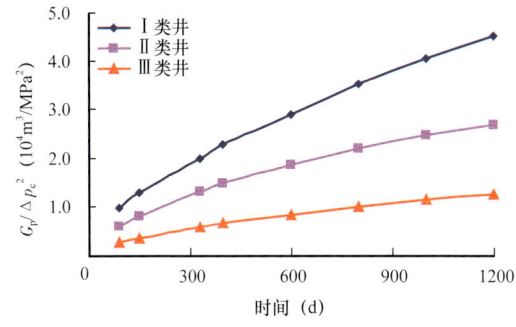 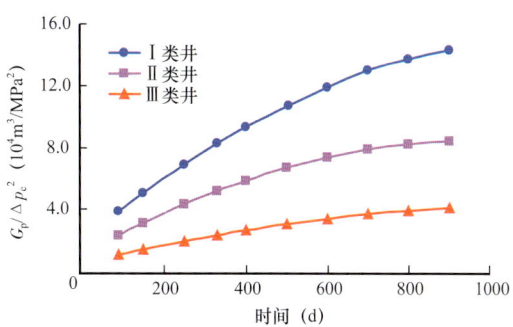

图 2-14　直井单位压降采气量与生产时间关系　　图 2-15　水平井单位压降采气量与生产时间关系

三、单井产量低,区域差别明显,低产井数逐年快速增加

苏里格气田储层致密,砂体规模小,叠置关系复杂,岩石孔隙度低,连通性差,自然能量补给缓慢,气井总体表现为低产特征,储层地质条件不同,生产特征差异较大。

1. 单井产量低,区域差别明显

苏里格气田气井投产前三年产量平均为 $1.0 \times 10^4 m^3/d$,截至 2019 年 9 月底,直井产量平均为 $0.67 \times 10^4 m^3/d$,其中小于 $1.0 \times 10^4 m^3/d$ 的比例达到 86%;累计采气量平均为 $1265 \times 10^4 m^3$,其中小于 $3000 \times 10^4 m^3$ 的超过 90%;水平井产量平均为 $1.46 \times 10^4 m^3/d$,其中小于 $3.0 \times 10^4 m^3/d$ 的比例达到 80%;累计采气量平均为 $3715 \times 10^4 m^3$,其中小于 $5000 \times 10^4 m^3$ 的达到 80%。直井和水平井最终可采储量分别为 $2055 \times 10^4 m^3$ 和 $6213 \times 10^4 m^3$(图 2-16,图 2-17)。

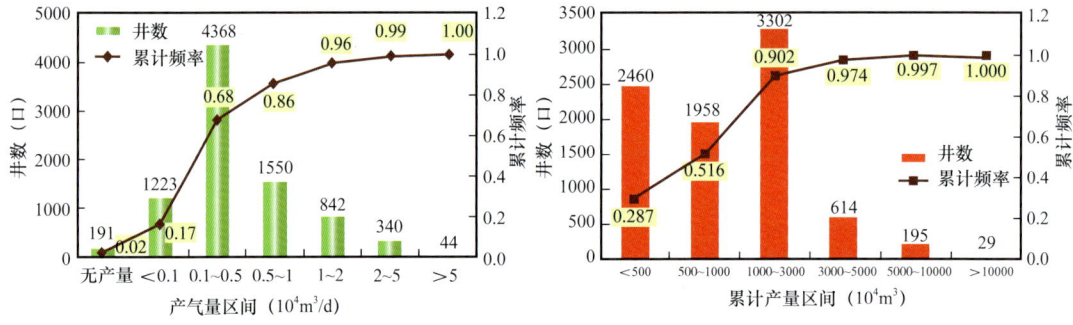

图 2-16 直井日产量及累计产量分布图

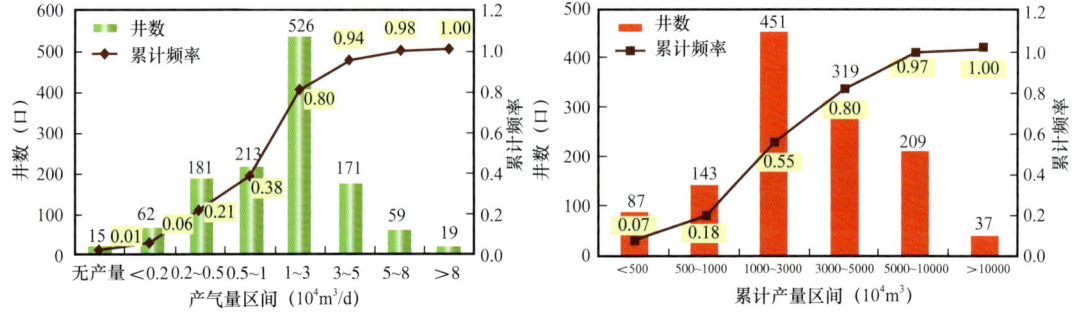

图 2-17 水平井日产量及累计产量分布图

区域上,受沉积物源控制,各区带地质特征差异明显,由西向东岩屑含量逐渐增加,石英含量逐渐减少,中西部岩石类型以石英砂岩和岩屑石英砂岩为主,东区以岩屑砂岩和岩屑石英砂岩为主(图 2-18)。岩心分析及测井解释表明中区储层物性好于东区、西区;受构造演化、生烃强度、储层非均质性等因素影响,中区含气性好(70.2%),东区含气性较差(56.9%),西区储层含水明显(平均含气饱和度仅 54.8%)。总体上,东区储层致密,气层为多薄层;中区多期河道叠置,有效储层相对发育,呈块状分布;西区局部区域含水,各区生产特征相差较大,单井三年平均日产量中区最高,达到 $1.15 \times 10^4 m^3/d$,东区次之($0.96 \times 10^4 m^3/d$,不含下古生界),西区最低($0.83 \times 10^4 m^3/d$);预测可采储量中区 $2358 \times 10^4 m^3$、西区 $1617 \times 10^4 m^3$、东区 $1991 \times 10^4 m^3$(图 2-19)。

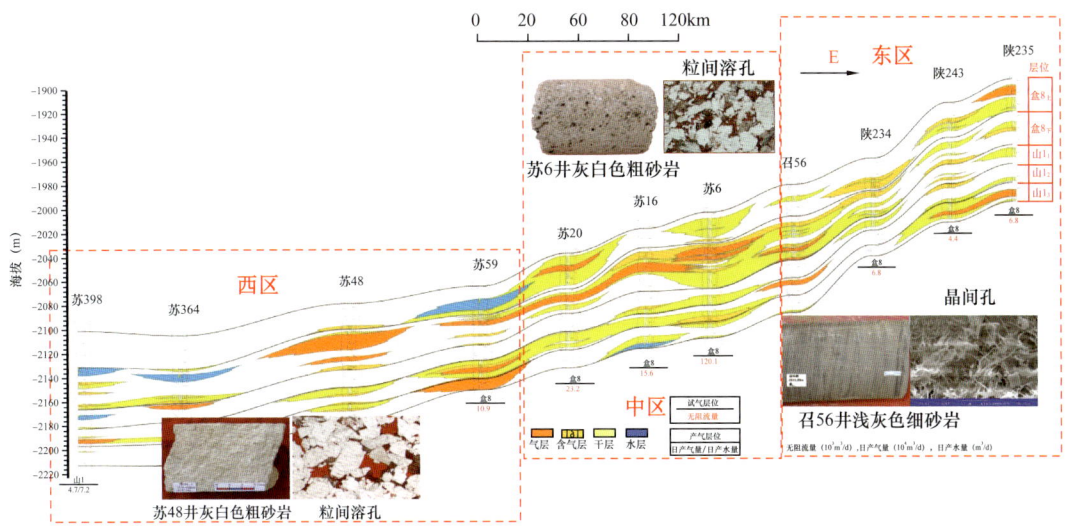

图 2-18 苏里格气田东西向气藏剖面图

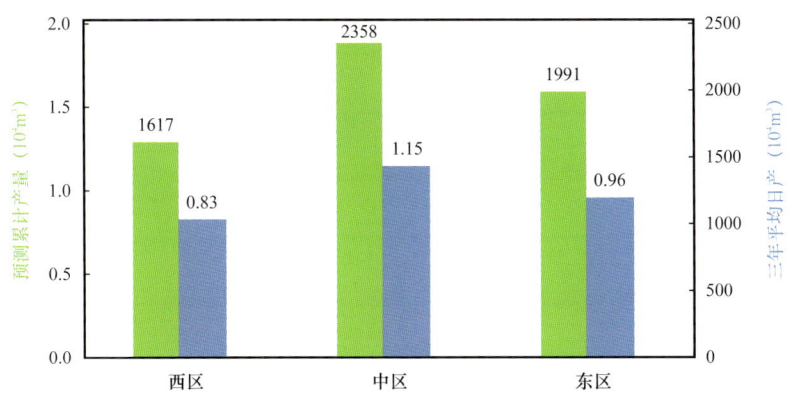

图 2-19 不同区带气井产量分布直方图

2. 不同类型气井动态特征各异

SC 先导性试验区 28 口老井（超过 15 年生产历史）的生产显示了不同类型井动态特征。

Ⅰ类井：初期产量较高，一般大于 $3.0×10^4m^3/d$，压力下降快，稳产时间大约 14mon，目前平均日产量约 $0.5×10^4m^3$，在低压生产条件下具有较好的稳产能力，平均累计采气量 $3175.7×10^4m^3$。如果降低初期配产至 $2×10^4m^3/d$，气井平均稳产期可达 3 年，典型生产曲线如图 2-20 所示。

Ⅱ类井：初期平均产量为 $(1.0～3.0)×10^4m^3/d$，压力下降快，稳产时间接近 1 年；目前平均日产量约 $0.32×10^4m^3$，平均累计采气量 $2055×10^4m^3$。如果降低初期配产至 $1.0×10^4m^3/d$，气井平均稳产期可达 3 年，典型开采曲线如图 2-21 所示。

Ⅲ类井：初期产量低，配产在 $1.0×10^4m^3/d$ 左右，压力下降快，甚至不能稳定生产；目前平均日产量 $0.3×10^4m^3$，在低压生产条件下具有一定的稳产能力，平均累计采气量 $942×10^4m^3$。如果降低初期配产至 $0.6×10^4m^3/d$，气井平均稳产期可达 3 年，典型开采曲线如图 2-22 所示。

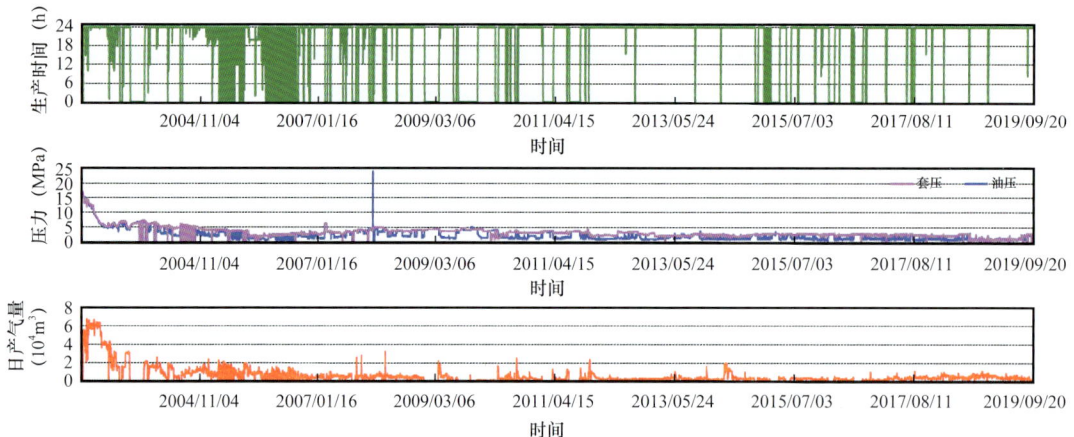

图 2-20　SX 井开采曲线

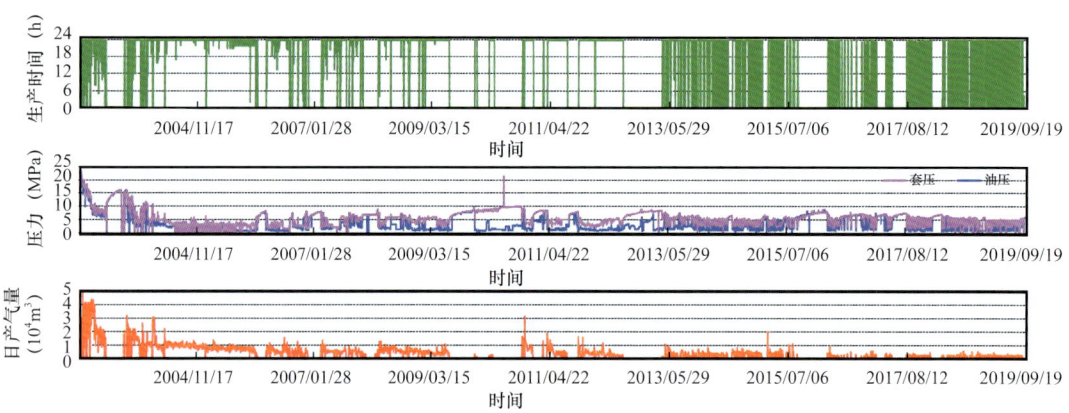

图 2-21　SY-17 井开采曲线

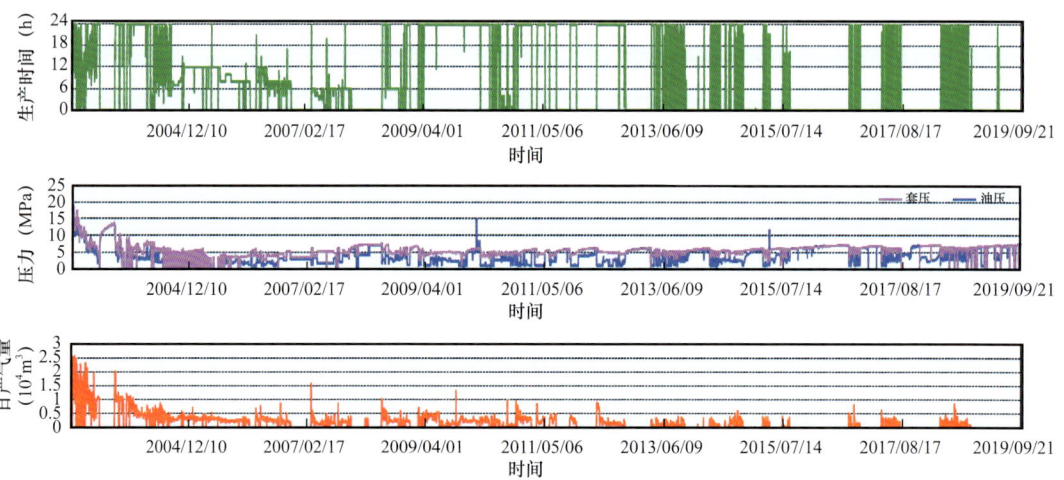

图 2-22　SZ-15 井开采曲线

3. 低产井井数多，逐年快速增加

苏里格气田经过前期评价和规模开发，已于 2013 年全面进入稳产阶段，截至 2018 年底，累计投产气井超过 10000 口，由于储层致密且非均质性强，加之气井产水、积液、递减等原因，日产量低于 $0.5 \times 10^4 \text{m}^3$ 的气井比例已超过了 60%，且井数逐年呈快速增加趋势，如图 2-23 所示。

图 2-23　苏里格气田历年低产井井数统计分布图

四、生产方式不同，开发效果差异大

苏里格气田早期试采阶段，对气井生产规律没有充分的认识，气井配产时，采用两种不同的生产方式。即放大压差生产和控制产量生产，2003 年的 28 口前期试验井未下节流器，采用放大压差方式生产，初期配产较高，井口套压快速下降从而进入低压生产阶段（图 2-24）；2006 年投产的 48 口井投放了井下节流器，采用控制产量方式生产，初期配产相对合理，产量和井口套压下降速率相对缓慢，生产三年后井口套压保持在 8.0MPa 左右，生产连续性较好，气井缓慢进入低压生产期（图 2-25）。

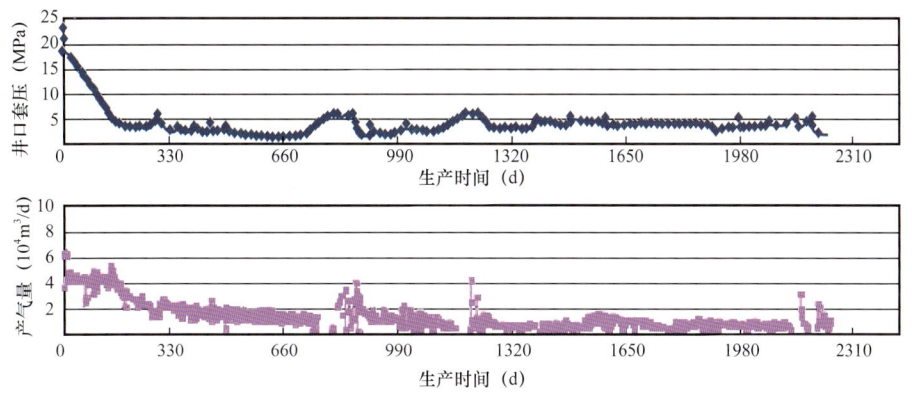

图 2-24　SW-16-8 井开采曲线

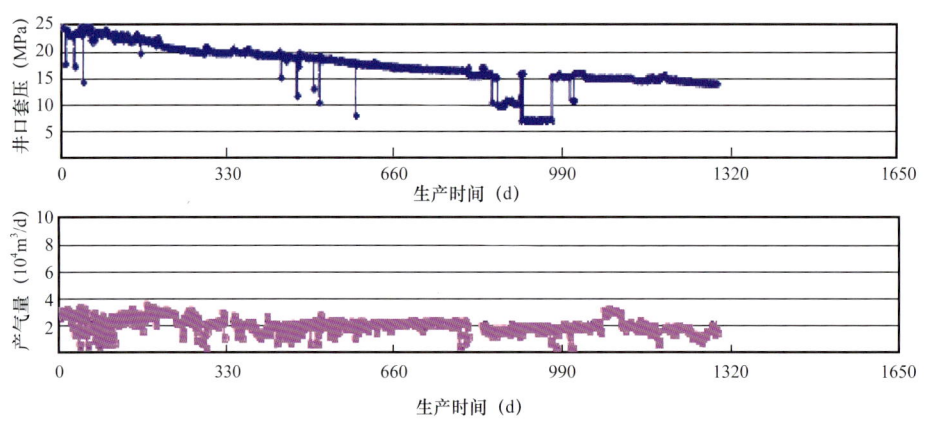

图 2-25 SC-11-12 井开采曲线

从产量变化特征看，放大压差生产气井虽然初期产量较高（平均产量 $2.0 \times 10^4 m^3/d$），但稳产时间短、产量递减快，气井快速进入低压生产期，三年后日产气 $0.55 \times 10^4 m^3$，井口套压 3.3MPa，累计产气 $1089 \times 10^4 m^3$；控制产量生产气井初期平均产量 $1.5 \times 10^4 m^3/d$，低于放大压差生产井，但具有一定的稳产期（稳产 9 个月左右），产量递减速度相对较缓，三年后日产气 $0.86 \times 10^4 m^3$，井口套压 8.0MPa，累计产气 $1108 \times 10^4 m^3$。同样生产三年，控制产量生产井不仅累计产气量已超过放大压差生产井，而且具有更高的井口套压，后期生产潜力更大，如图 2-26 所示。

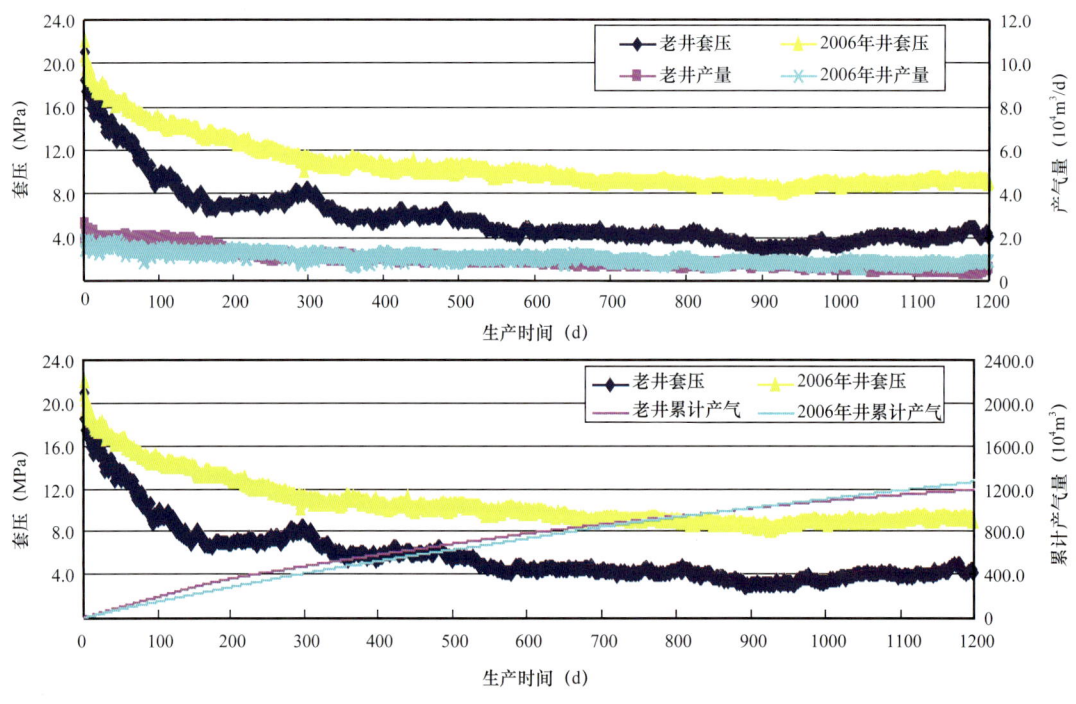

图 2-26 两种不同生产模式前三年生产动态特征曲线

从单位压降采气量变化特征来看，两种生产方式随着开采时间的延长，单位套压压降采气量均在不断增加，井口套压与累计产气量具有良好的半对数关系，只是放大压差生产增加了井口套压的递减速度；当井口套压一定时，控制产量生产比放大压差生产能采出更多天然气，若气井采用两种不同生产方式连续生产至井口套压降至10.0MPa时，放大压差生产气井单井平均累计产气量只有$205\times10^4m^3$，而控制产量生产气井却能达到$530\times10^4m^3$以上，其差异性显而易见（图2-27）。

总体上，控制产量生产气井投产2.5~4.5年后，累计产量超过放大压差生产情形，在获得同样累计产气量的前提下消耗地层能量小于放大压差生产情况，后期生产潜力明显。

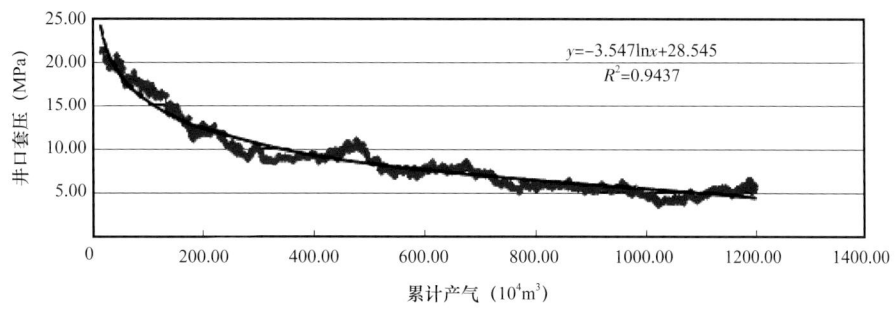

(a) 28口老井累计产气与井口套压关系曲线（放大压差生产）

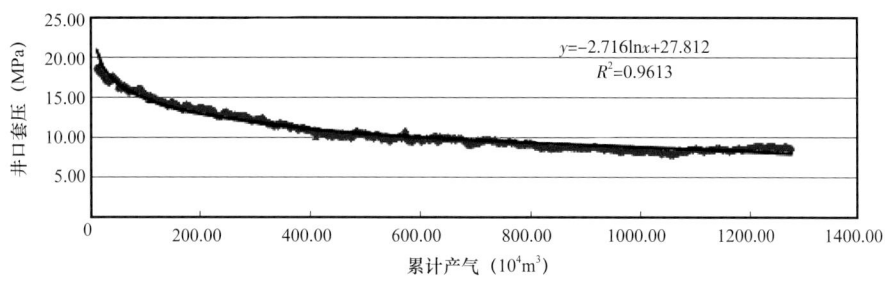

(b) 2006年投产48口井累计产气与井口套压关系曲线（控制产量生产）

图2-27 两种不同生产模式前三年井口套压变化曲线

五、单井控制储量小，随开采时间延长逐渐增大，但增幅逐年减小

动储量是指在现有井网和工艺技术条件下，气井在开发过程中能够参与渗流或流动的那部分天然气地质储量，动储量的数值在开发过程中具有一定的时效性，这一特征在致密气藏更为明显，其单井控制动储量、控制面积和可采储量均随生产时间发生动态变化。这使得致密气藏气井动态分析的工作量变得非常大，每一次生产数据更新，就要进行新的动态分析，而一般情况下致密气田的气井井数非常多，对每口气井进行持续的动态跟踪分析将变成一项庞大的工程。

为了解决这一问题，根据苏里格气田最早投产的SC先导试验区典型气井生产动态，制作了单井控制动储量图版（图2-28，图2-29），这样就可以根据气井早期生产数据有效地预测气井最终控制动储量和泄流面积，有效指导合理井排距的确定和气田开发井位部署。

苏里格气田上古生界致密砂岩储层需经过压裂改造投产，外围低渗致密气层向相对高渗层（改造区）供气缓慢，气井长时间处于不稳定流动状态，进入拟稳态和边界控制流的时间较长，意味着随压力波向外传播，井控动储量随生产时间延长逐渐增加，在 p/Z—G_p 曲线上出现一个相对陡的曲线段，此后进入边界控制流生产阶段，压降曲线渐趋平缓，井控动储量预测结果趋于稳定，气井动储量才能最终确定。个别气井甚至因低渗致密层储量大，压降曲线缓慢下降至后期可能出现上翘现象，这与双重孔渗介质中基质孔隙内的流体作为高渗透性裂缝的供给源的特征相似（图 2-28，图 2-29）。

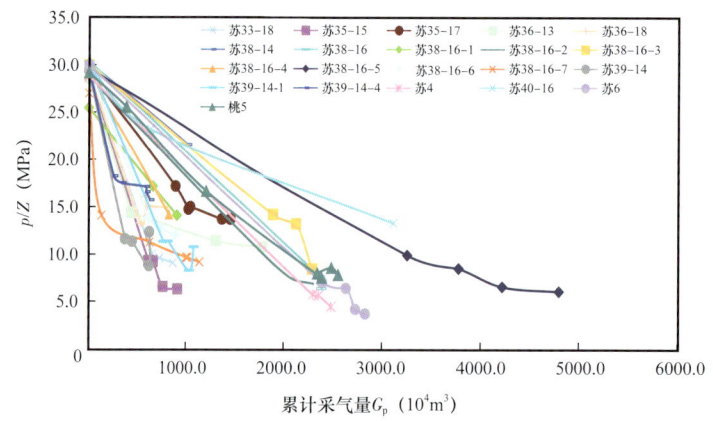

图 2-28 苏里格气田历年测压井 p/Z—G_p 关系曲线

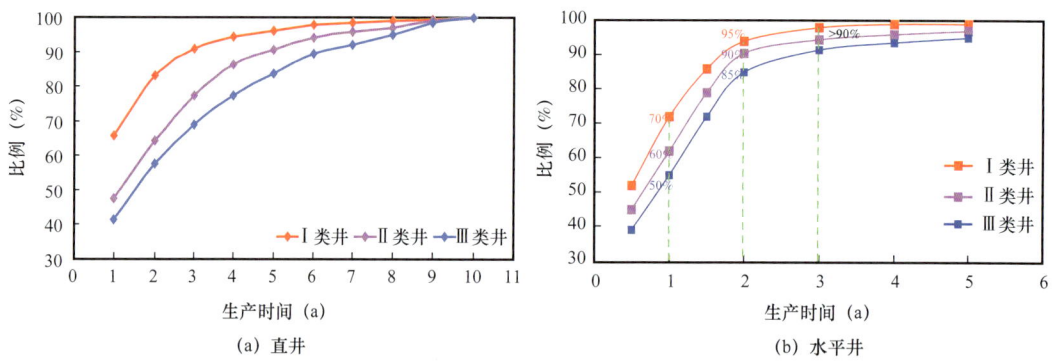

图 2-29 不同类型井评价动储量占最终动储量比例随时间变化曲线

第三节 储层应力敏感性特征

气藏开发过程中，随着地层压力的下降，储层岩石骨架承受的有效上覆地层压力增大，导致岩石受压变形，孔隙结构发生变化，从而使岩石的物性特征（孔隙度、渗透率等）发生变化，尤其是低渗致密气藏，这种变化往往更大，对气田的生产和产能预测将产生较大的影响。本书基于室内实验研究，分析不同有效压力条件下的储层岩石孔隙度和渗透率变化特征，为储层评价和开发设计提供基础依据。

苏里格气田上古生界储层埋藏深，储层岩石在地下所承受的压力与常规岩心分析施加的压力具有很大的差异。因此必须对储层岩样在地层条件下的孔隙度和渗透率进行测试分析，研究储层岩石在原始地应力条件下的物性特征及开发过程中的变化规律。

储层岩石在开发过程中所承受的上覆有效压力可由下式计算：

$$p_{\text{eff}} = p_{\text{c}} - \alpha p \quad (2-1)$$

$$p_{\text{c}} = \rho_{\text{r}} g H / 1000 \quad (2-2)$$

式中　p_{eff}——有效上覆压力，MPa；

　　　p_{c}——上覆地层压力，MPa；

　　　α——有效应力系数；

　　　p——储层孔隙流体压力，MPa；

　　　ρ_{r}——上覆岩层平均密度，取值2.2~2.8g/cm³；

　　　H——上覆岩层厚度，即储层深度，m；

　　　g——重力加速度，m/s²。

对于某一气藏或储层，p_{c}为一固定值，只是在气藏衰竭开发过程中孔隙流体压力p不断减小，因此储层岩石承受的有效上覆压力p_{eff}不断增大。

岩石力学和测井研究表明，苏里格气田上覆岩层压力梯度约为0.025MPa/m，如果储层深度按3300m、原始地层压力按30MPa计算，则原始地层条件下储层岩石所承受的上覆压力为82.5MPa、有效上覆压力为52.5MPa。假如气田开发过程中地层压力由原始的30MPa衰竭至2MPa，则有效压力的变化区间为52.5~80.5MPa。

致密储层之所以具有较强的应力敏感性，是因为其储层岩石孔隙结构复杂，孔隙喉道细小，其渗透性主要受喉道大小和多少控制。因此，对于本身喉道细小的致密储层，受压后岩石变形，微小的喉道变化会引起岩石渗透性的明显降低，使储层渗透率的相对值变化很大。

为了便于对比分析，研究中对不同有效压力条件下的孔隙度和渗透率进行归一化处理，采用接近于气藏原始有效压力条件下的孔隙度（ϕ_{i}）和渗透率（K_{i}）或地面测试的常规孔隙度和渗透率（ϕ_0，K_0）作为初始值，然后以不同有效压力下的孔隙度（ϕ）和渗透率（K）除以该值得到比孔隙度（ϕ_{D}）和无量纲渗透率（K_{D}）。即：

$$\phi_{\text{D}} = \phi/\phi_{\text{i}} \text{（或 } \phi_{\text{D}} = \phi/\phi_0\text{）} \quad (2-3)$$

$$K_{\text{D}} = K/K_{\text{i}} \text{（或 } K_{\text{D}} = K/K_0\text{）} \quad (2-4)$$

一、孔隙度变化与有效压力的关系

选取不同类型和不同孔隙度值的岩样进行覆压孔隙度测试，结果如图2-30所示。以初始压力（$p_{\text{eff0}} = 3.45$MPa）为基准计算的比孔隙度如图2-31所示。随着有效压力增大，孔隙度降低，低压段孔隙度的下降速率较快，随着压力增大，下降速率变缓。

图2-32为同一有效压力下（35MPa和62MPa）比孔隙度与岩样初始孔隙度的关系，从中可以看出，比孔隙度随岩样初始孔隙度的变小而减小，说明岩样的初始孔隙度越小，在同一有效压力下其比孔隙度下降幅度越大。根据这一规律，可将苏里格储层划为$\phi_0 \geqslant 8\%$和$\phi_0 < 8\%$两种类型，分类统计比孔隙度随有效压力变化的平均值，通过曲线拟合，可得到比孔隙度随有效压力的变化关系（图2-33）：

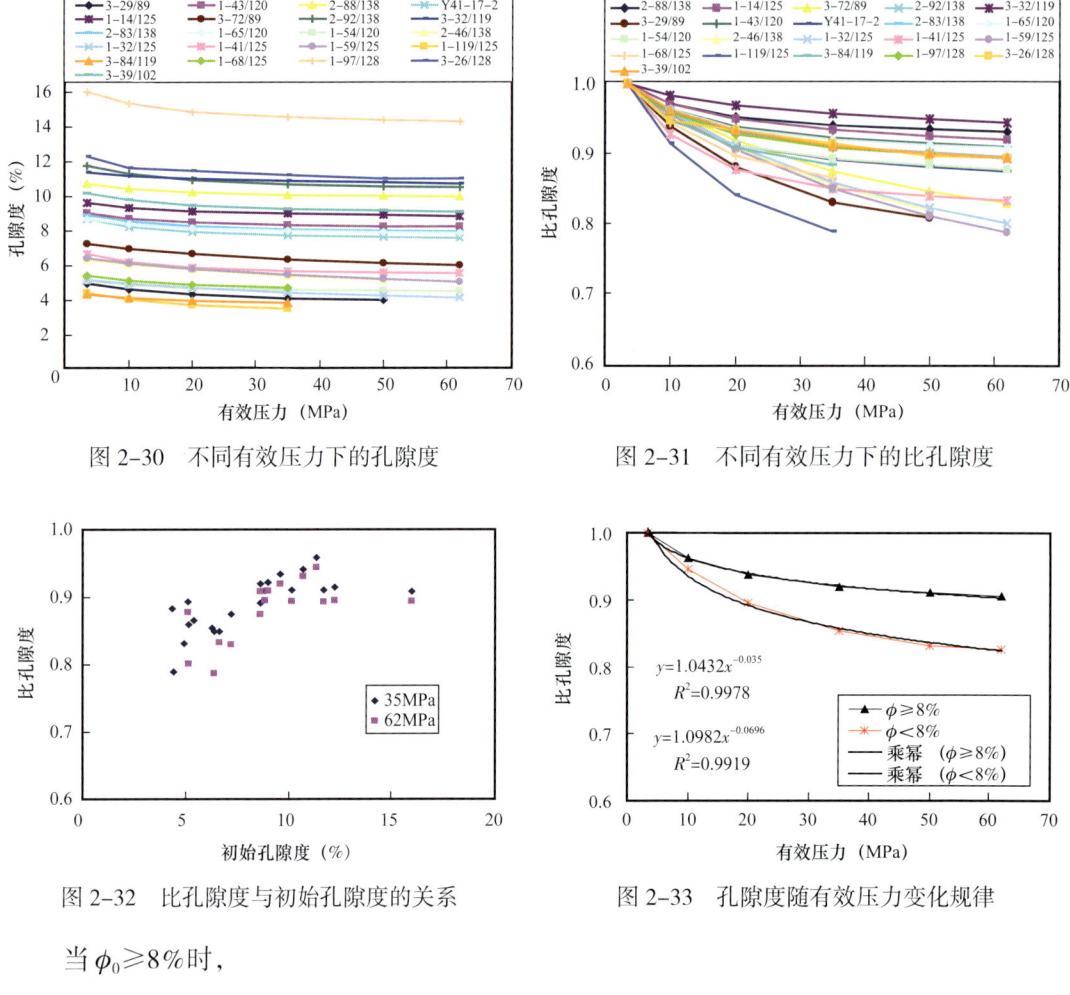

图 2-30 不同有效压力下的孔隙度　　　　图 2-31 不同有效压力下的比孔隙度

图 2-32 比孔隙度与初始孔隙度的关系　　图 2-33 孔隙度随有效压力变化规律

当 $\phi_0 \geqslant 8\%$ 时，

$$\phi/\phi_0 = 1.0432 p_{\text{eff}}^{-0.0250} \tag{2-5}$$

当 $\phi_0 < 8\%$ 时，

$$\phi/\phi_0 = 1.0982 p_{\text{eff}}^{-0.0696} \tag{2-6}$$

二、渗透率变化与有效压力的关系

根据苏里格气田常规岩心分析渗透率分布特征，在渗透率四个区间（＞5.0mD、1.0～5.0mD、0.1～1.0mD、＜0.1mD）选取不同渗透率岩样进行实验，测得不同有效压力下的渗透率，结果如图 2-34 所示。

以初始有效压力下（$p_{\text{eff0}} = 3.45\text{MPa}$）的渗透率为基准，计算不同有效压力下的无量纲渗透率，其结果如图 2-35 所示。渗透率随有效压力的变化较为复杂，不同类型渗透率随有效压力的变化规律不同，在相同有效压力条件下，初始渗透率高的下降速率慢，总的下降幅度低；初始渗透率低的随有效压力增大而迅速下降，压力增大到一定程度后渗透率下降速率减缓，但总的下降幅度很大。

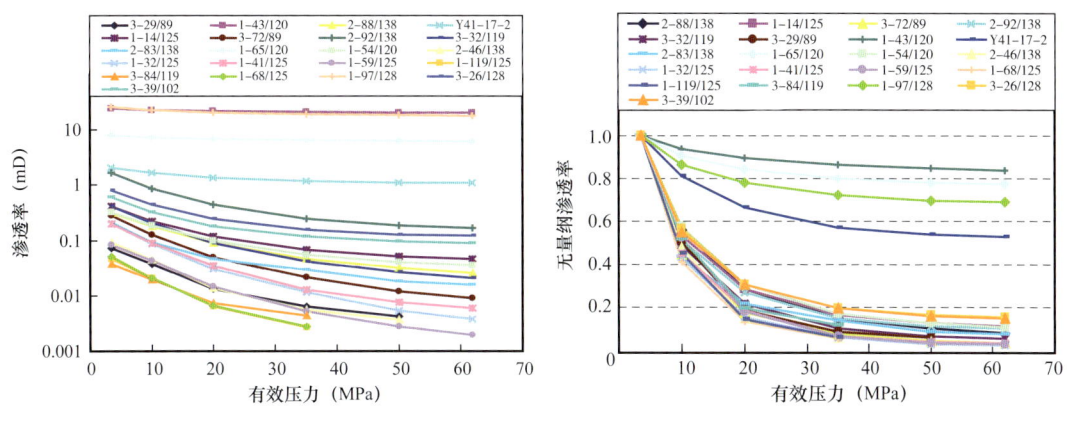

图 2-34 不同有效压力下的渗透率　　　　图 2-35 不同有效压力下的无量纲渗透率

图 2-36 为同一有效压力下（35MPa 和 62MPa）无量纲渗透率与岩样初始渗透率的关系，从中可以看出，无量纲渗透率与岩样的初始渗透率具有较好的相关性。初始渗透率越大，相同有效压力下无量纲渗透率保持越高；初始渗透率越小，相同有效压力下无量纲渗透率越低；即低渗岩样渗透率随有效压力增大而迅速下降，下降幅度较大。分析图 2-35 也可看出，当有效压力增大到 20MPa 时，低渗岩样的无量纲渗透率大多降至 0.3 以下；到 60MPa 时，全部降至 0.2 以下，即该压力下的无量纲渗透率已降低至初始值的 20% 以下。

按四个渗透率区间计算平均无量纲渗透率，得到四条平均无量纲渗透率随有效压力的变化曲线（图 2-37）。

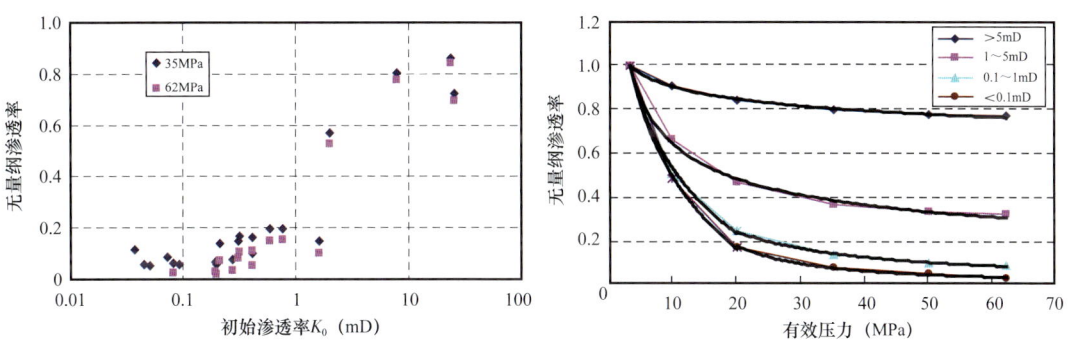

图 2-36 无量纲渗透率与初始渗透率的关系　　　图 2-37 不同渗透率区间的平均无量纲渗透率

从图 2-37 中可见，$K_0 > 5.0$mD 的曲线下降速率慢，总的下降幅度低，可用一条幂函数进行很好的拟合；K_0 在 1~5mD 之间的曲线在低压段下降速率较快，总的下降幅度也较大，但仍可用幂函数进行较好的拟合；K_0 在 0.1~1.0mD 之间和 $K_0 < 0.1$mD 的两条曲线，在低压段渗透率迅速下降，无量纲渗透率与有效压力呈半对数关系，有效压力大于 20MPa 以后，无量纲渗透率下降速率减缓，可用幂函数进行很好的拟合，因此这两条曲线在高压、低压段需要分别用两个函数拟合，最终得到六个函数方程，详见表 2-6。

表 2-6 无量纲渗透率与有效压力的关系方程

渗透率区间（mD）	$p<20$MPa	$p\geqslant 20$MPa
>5	$K/K_0=1.1187p^{-0.0935}$	
1~5	$K/K_0=1.6765p^{-0.4179}$	
0.1~1	$K/K_0=-0.4344\ln p+1.5282$	$K/K_0=4.5772p^{-0.9902}$
<0.1	$K/K_0=-0.4781p^{-0.0935}+1.589$	$K/K_0=22.051p^{-1.624}$

对实验数据进行处理分析，得到一个通用的乘幂方程来表达气藏岩心渗透率与有效覆压的关系：

$$\frac{K}{K_0}=\left(\frac{p_{\mathrm{eff}}}{p_{\mathrm{eff}0}}\right)^{-S}=\left(\frac{p_c-\alpha p}{p_{\mathrm{eff}0}}\right)^{-S} \qquad (2-7)$$

式中　$p_{\mathrm{eff}0}$——实验中的初始有效上覆压力，MPa；

　　　K_0——有效覆压为 $p_{\mathrm{eff}0}$ 的渗透率，mD；

　　　K——有效覆压为 p_{eff}（即孔隙压力为 p）时的渗透率，mD；

　　　S——应力敏感系数；

　　　其余符号意义与式（2-1）相同。

21 块实验岩心的初始渗透率与应力敏感系数 S 值见表 2-7，通过数据拟合分析，得知岩心的初始渗透率与应力敏感系数 S 值按乘幂式拟合有良好的相关性，岩心的初始渗透率越小，应力敏感系数 S 值越大；在双对数坐标下，这两个参数成较好的线性关系，如图 2-38 所示。

表 2-7 实验岩心渗透率与应力敏感系数数据表

序号	岩心编号	井号	初始克氏渗透率（mD）	S 值
1	2-46/138	SW-16	0.065	1.541
2	2-83/138	SW-16	0.133	1.068
3	2-88/138	SW-16	0.212	1.100
4	3-32/119	SW-16	0.305	1.306
5	3-84/119	SW-16	0.032	1.350
6	1-14/125	SAA-16	0.283	0.961
7	1-32/125	SAA-16	0.137	1.692
8	1-41/125	SAA-16	0.130	1.497
9	1-59/125	SAA-16	0.056	1.635
10	1-68/125	SAA-16	0.037	1.611
11	1-119/125	SAA-16	0.033	1.572
12	Y41-17-2	YA-17	1.661	0.226

续表

序号	岩心编号	井号	初始克氏渗透率（mD）	S值
13	1-43/120	YA-17	20.456	0.056
14	1-54/120	YA-17	0.233	0.886
15	1-65/120	YA-17	6.501	0.080
16	3-29/89	SAA-17	0.048	1.542
17	3-72/89	SAA-17	0.189	1.460
18	1-97/128		19.0	0.1296
19	3-26/128		0.578	0.8389
20	3-39/102		0.429	0.8222

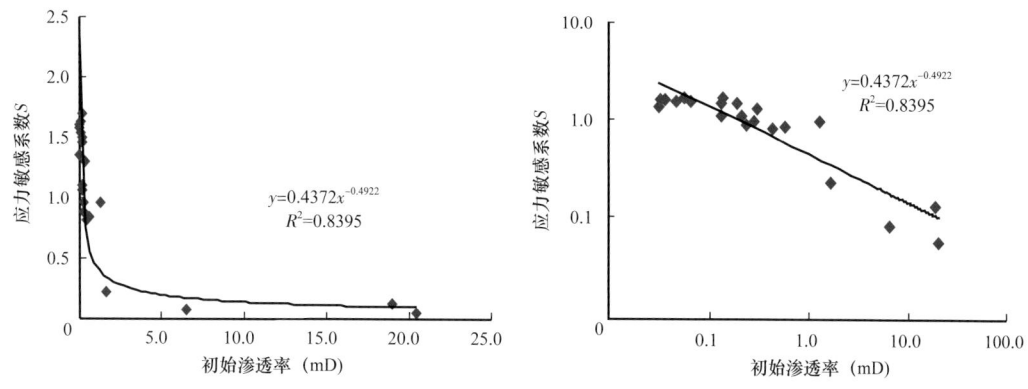

图 2-38 实验岩心渗透率与应力敏感系数关系图

三、岩石含水对覆压物性的影响

测试不同含水饱和度岩样的覆压孔隙度和渗透率，对含水岩样与干燥岩样覆压条件下的孔隙度和渗透率下降规律进行比较，分析岩石含水对应力敏感性的影响。

实验表明：岩样含水后，不但其气相绝对渗透率降低，而且随着有效压力的增大，其渗透率的下降速率和下降幅度也增大，结果如图 2-39 和图 2-40 所示，含水岩样的渗透率和无量纲渗透率随有效压力的变化曲线均比干燥岩样要低，说明致密储层岩石含水后，应力敏感性加剧。

四、地层条件下储层物性特征及其在开发过程中的变化规律

1. 孔隙度

根据实验研究得出比孔隙度与有效压力的关系式，对不同有效压力条件下的比孔隙度进行计算，结果见表 2-8。按初始孔隙度 $\phi_0 \geqslant 8\%$ 和 $\phi_0 < 8\%$ 两种类型，其原始地层条件下（即有效压力 52.5MPa）的比孔隙度分别为 0.908 和 0.834，也就是说原始地层条件下的孔隙度为地面常规测试孔隙度的 90.8% 和 83.4%。

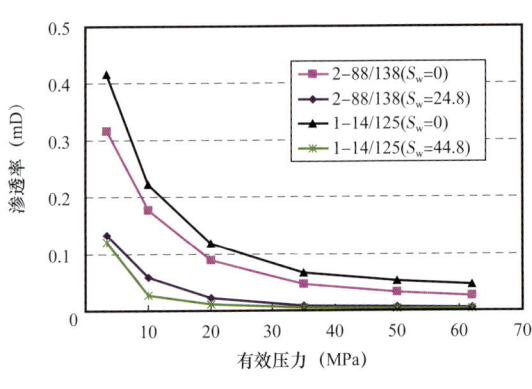

图 2-39 含水样与干燥样渗透率随有效压力变化曲线

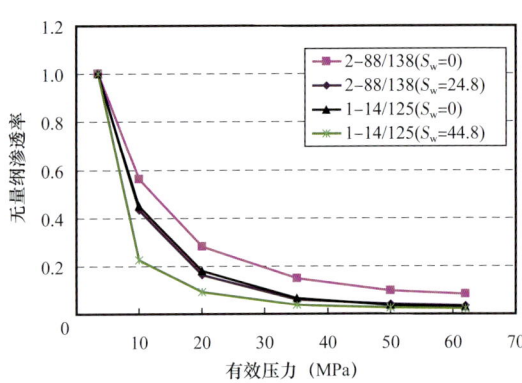

图 2-40 含水样与干燥样无量纲渗透率随有效压力变化曲线

若以原始地层条件下的孔隙度为基准，计算气田开发过程中的比孔隙度变化，见表 2-8 中的 ϕ_{D2}，当地层压力由 30.0MPa 衰竭至 2.0MPa 时，两类储层的比孔隙度分别由 1.0 变为 0.985 和 0.971，即孔隙度的相对值分别降低了 1.5% 和 2.9%，可见开发过程中的孔隙度变化是很小的，基本可以忽略不计。

表 2-8 对不同有效压力条件下的比孔隙度计算

有效压力（MPa）	地层压力（MPa）	$\phi_0 \geqslant 8\%$		$\phi_0 < 8\%$	
		ϕ_{D1}	ϕ_{D2}	ϕ_{D1}	ϕ_{D2}
3.45		1.000		1.000	
10		0.962		0.936	
20		0.939		0.892	
30		0.926		0.867	
40		0.917		0.850	
45		0.913		0.843	
50		0.910		0.836	
52.5	30.0	0.908	1.000	0.834	1.000
57.5	25.0	0.905	0.997	0.828	0.994
62.5	20.0	0.903	0.994	0.824	0.988
67.5	15.0	0.900	0.991	0.819	0.983
72.5	10.0	0.898	0.989	0.815	0.978
77.5	5.0	0.896	0.986	0.811	0.973
80.5	2.0	0.895	0.985	0.809	0.971

2. 渗透率

实验分析表明，苏里格气田具有较强的应力敏感性，其渗透率的变化具体体现在两个方面：

一是原始地层压力条件下的有效渗透率比常规岩心分析渗透率低一个数量级，80%储层的有效渗透率在0.1mD以下。根据前面得到的无量纲渗透率与有效压力的关系函数，可计算不同类型储层的无量纲渗透率变化规律，结果见表2-9和图2-41。在原始地层压力条件下（有效压力p_{eff} = 52.5MPa），四类储层（K_0>5.0mD、K_0在1.0~5.0mD之间、K_0在0.1~1mD之间、K_0<0.1mD）相对于地面常规渗透率的无量纲渗透率分别为0.772、0.320、0.091、0.035。因为苏里格气田80%储层的地面常规渗透率都小于1.0mD，所以其渗透率变化曲线主要以图2-41中的下面两条（0.1~1.0mD和<0.1mD）为主，在地层条件下的无量纲渗透率均小于0.1，也就是说原始地层压力条件下的有效渗透率要比地面常规测试值低一个数量级，大多在0.1mD以下，属于致密砂岩储层，开发中必须充分认识这一特点，制定合理的开发技术政策。

表2-9 相对于地面常规渗透率的无量纲渗透率随有效压力的变化

p_{eff}（MPa）	>5.0mD	1.0~5.0mD	0.1~1.0mD	<0.1mD
20	0.845	0.479	0.236	0.17
30	0.814	0.405	0.158	0.088
40	0.792	0.359	0.119	0.055
45	0.784	0.342	0.106	0.046
50	0.776	0.327	0.095	0.038
52.5	0.772	0.32	0.091	0.035
57.5	0.766	0.308	0.083	0.031
62.5	0.76	0.298	0.076	0.027
67.5	0.755	0.288	0.071	0.024
72.5	0.75	0.28	0.066	0.021
77.5	0.745	0.272	0.062	0.019
80.5	0.742	0.268	0.059	0.018
85	0.738	0.262	0.056	0.016

二是开发至后期，储层因压实变形渗透率总体降低约1/3。从图2-41中可以看出，在气田开发过程中的有效压力变化区间内（52.5~80.5MPa），储层渗透率随有效压力的变化比较缓和，下降幅度不是很大。若以原始地层条件下的渗透率为基准，计算不同有效压力下的无量纲渗透率，结果见表2-10。

当地层压力由30.0MPa衰竭至2.0MPa时，四类储层的无量纲渗透率分别由1.0变为0.961、0.836、0.655和0.499，其变化曲线如图2-42所示，当气田开发至衰竭压力2.0MPa时，按四类储层比例加权平均计算的无量纲渗透率为0.682，即此时的渗透率变为原始值的68.2%。

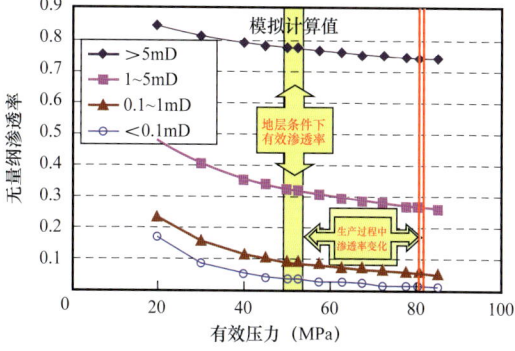

图2-41 不同有效压力下的渗透率

表2-10 相对于原始地层渗透率的无量纲渗透率随有效压力的变化

p_0 (MPa)	p_{eff} (MPa)	K				
		>5mD	1~5mD	0.1~1mD	<0.1mD	加权平均
30	52.5	1	1	1	1	1
25	57.5	0.992	0.963	0.914	0.863	0.919
20	62.5	0.984	0.93	0.841	0.753	0.852
15	67.5	0.977	0.9	0.78	0.665	0.795
10	72.5	0.97	0.874	0.726	0.592	0.747
5	77.5	0.964	0.85	0.68	0.531	0.705
2	80.5	0.961	0.836	0.655	0.499	0.682

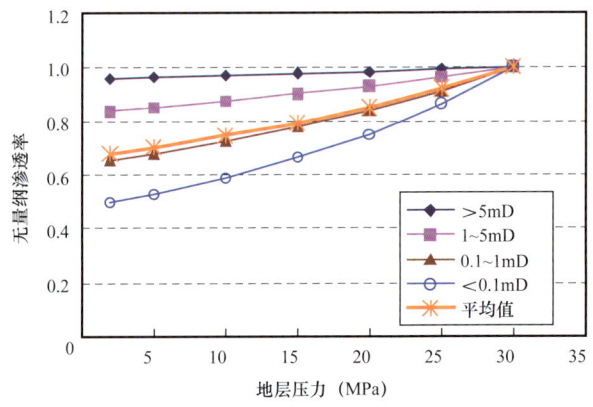

图2-42 苏里格气田开发过程中的渗透率变化规律

第四节 气井产能指数特征

气井产能是气井生产能力的综合反映,是气井配产及气田开发调整的重要依据。采气指数是常用的产能评价指标,表示单位生产压差下的产气量,其中地层压力是主要输入参数。由于致密砂岩储层具有较强的应力敏感性,气井产能动态变化复杂,应用采气指数来表征产能时,需要长时间测试以获得平均地层压力,成本较高。本节通过研究提出了一种新的产能指数,命名为IC指数,计算简便,仅需要气井日常生产数据,不仅能表征气井产能大小,还可以描述产能的动态特征。

一、压裂气井IC指数定义

苏里格气田致密砂岩储层气井需经大型水力压裂才能获得工业气流,压裂裂缝往往表现出有限导流特征,同时,致密储层压裂气井渗流特征极其复杂,给气井产量、压力变化规律分析及预测造成了较大的困难。另外,由于苏里格气田采用了井下节流措施,压力计难以下至井底,无法记录实际的井底流压。在现场生产中,如果产量变化不大且套压与井底流压具有较好的相关性，可利用井口套压压差直接替代井口流压压差；但是，大部分气井由于产量低，频繁的开关井使得产量变化非常频繁，井口套压与井底流压往往具有较大差别，需用井底流压来定义。

针对苏里格气田实际生产情况，应用拟井底流压定义了产能指数 IC，进而推导压裂气井不同流动阶段的 IC 指数表达式，分析各流态 IC 指数特征及其影响因素，求取气井控制储量等开发指标，对致密气藏开采动态规律认识及其开发指标预测具有重要意义。

定义气井产能指数 IC 为一定生产时间内累计采气量与井底流压差的比值，即单位井底流压下的累计采气量：

$$\text{IC} = \frac{Q_{t_2} - Q_{t_1}}{p_{\text{wf}t_1} - p_{\text{wf}t_2}} \quad , \quad t_2 - t_1 = \Delta t \tag{2-8}$$

式中　IC——气井产能指数，$10^4 \text{m}^3/\text{MPa}$；

Q_{t_1}、Q_{t_2}——不同时间的气井累计采气量，10^4m^3；

t_1、t_2——某生产时间段的起止时间，d；

p_{wf}——井底流压，MPa。

如果考虑天然气物性随着压力的变化而改变，产量及流压差不再满足线性关系，引入井底流压拟压力替代井底流压，对式（2-8）进行修正，修正后的 IC 指数关系式为：

$$\text{IC}_\psi = \frac{Q_{t_2} - Q_{t_1}}{\psi_{\text{wf}t_1} - \psi_{\text{wf}t_2}} \quad , \quad t_2 - t_1 = \Delta t \tag{2-9}$$

气田实际生产过程中，井底流压随着生产时间的延长而持续下降，累计产量逐渐上升，单位井底流压降内气井所能采出的累计气量代表了气井的产气能力。因此 IC 指数可以作为气井的产能指数，表征气井产气能力的大小。另外，致密气藏具有较强的应力敏感性，对气井产量具有较大影响，因此，模型中需要考虑应力敏感性对气井产能的影响。

二、压裂气井 IC 指数模型

压裂气井渗流过程主要包括双线性流、线性流、拟径向流和边界控制流等流动阶段，各流态的产能方程形式有所区别。假设：

（1）储层为顶底封闭的均质气藏，储层具有应力敏感性，原始条件下，气藏压力处处相等；

（2）压裂裂缝平行于 x 轴，裂缝相对井筒对称，缝端封闭，裂缝高度与储层厚度相等，裂缝具有有限导流能力；

（3）流体具有恒定的压缩系数和黏度，单相可压缩；

（4）忽略毛细管力和重力的影响，气体在地层中的流动符合达西渗流，且渗流过程等温，产量恒定，地层流体先从气藏中流入裂缝，进而从裂缝流入井筒，无其他渗流方式。

1. 双线性流

当裂缝导流能力较低时，气井生产过程中会形成显著的双线性流阶段，双线性流延续时间与储层渗透率及裂缝的导流能力有关。双线性流阶段的产能方程可表示为：

$$\psi_i - \psi_{wf} = \frac{1.732 \times 10^{-3} T \sqrt[4]{t}}{h \sqrt[4]{\phi \mu_{gi} C_{ti} k w_f^2 k_f^2}} \cdot q \tag{2-10}$$

式中 ψ_i——拟地层压力，$MPa^2/(mPa·s)$；

ψ_{wf}——拟井底流压，$MPa^2/(mPa·s)$；

T——地层温度，K；

t——生产时间，d；

h——储层厚度，m；

μ_{gi}——原始地层压力下气体黏度，$mPa·s$；

C_{ti}——原始地层压力下综合压缩系数，MPa^{-1}；

k——储层渗透率，mD；

w_f——裂缝宽度，m；

k_f——裂缝渗透率，mD；

q——气井日产气量，$10^4 m^3/d$；

ϕ——孔隙度。

令 $A_1 = \dfrac{1.732 \times 10^{-3} T}{h \sqrt[4]{\phi \mu_{gi} C_{ti} k w_f^2 k_f^2}}$，则式（2-10）可简写为：

$$\psi_i - \psi_{wf} = A_1 \sqrt[4]{t} q \tag{2-11}$$

对于时间 t_n 时应当满足：

$$\psi_i - \psi_{wf(n)} = A_1 \sqrt[4]{t_n} q \tag{2-12}$$

同理，对于时间 t_{n+m} 时应满足：

$$\psi_i - \psi_{wf(n+m)} = A_1 \sqrt[4]{t_{n+m}} q \tag{2-13}$$

相减可得：

$$\psi_{wf(n)} - \psi_{wf(n+m)} = A_1 \left(\sqrt[4]{t_{n+m}} - \sqrt[4]{t_n} \right) q \tag{2-14}$$

则根据 IC 指数定义：

$$IC_\psi = \frac{\Delta G}{\Delta \psi_{wf}} = \frac{(t_{n+m} - t_n) q}{\psi_{wf(n)} - \psi_{wf(n+m)}} = \frac{(t_{n+m} - t_n)}{A_1 \sqrt[4]{t_{n+m}} - \sqrt[4]{t_n}} \tag{2-15}$$

即双线性流阶段气井 IC 指数用井底流压拟压力差表示为：

$$IC_\psi = \frac{(t_{n+m} - t_n)}{A_1 \sqrt[4]{t_{n+m}} - \sqrt[4]{t_n}}, \quad A_1 = \frac{1.732 \times 10^{-3} T}{h \sqrt[4]{\phi \mu_{gi} C_{ti} k w_f^2 k_f^2}} \tag{2-16}$$

由式（2-16）可知，在双线性流阶段，若储层及裂缝参数不变，当采用井底流压的拟压力形式表示时，气井 IC_ψ 指数与 $\dfrac{t_{n+m}-t_n}{\sqrt[4]{t_{n+m}}-\sqrt[4]{t_n}}$ 成正比，且随时间增加而不断增大。同时，IC 指数随时间的增加幅度还与系数 A_1 中的气藏温度、气藏厚度、孔隙度、储层渗透率和裂缝导流能力等参数有关。

2. 线性流

当压裂裂缝为无限导流，或在双线性流结束之后，压裂气井渗流将进入线性流动阶段，该阶段拟压力与产量满足如下关系式：

$$\psi_\mathrm{i}-\psi_\mathrm{wf}=\frac{4.34\times10^{-5}T\sqrt{t}}{x_\mathrm{f}h\sqrt{\phi\mu_\mathrm{gi}C_\mathrm{ti}k}}\cdot q \quad (2\text{-}17)$$

与双线性流类似推导可得：

$$\mathrm{IC}_\psi=\frac{\sqrt{t_{n+m}}+\sqrt{t_n}}{A_2}, \quad A_2=\frac{4.34\times10^{-5}T}{x_\mathrm{f}h\sqrt{\phi\mu_\mathrm{gi}C_\mathrm{ti}k}} \quad (2\text{-}18)$$

由式（2-18）可知，若储层和裂缝参数不变，当采用井底流压的拟压力形式表示时，线性流阶段气井 IC_ψ 指数与 $\left(\sqrt{t_{n+m}}+\sqrt{t_n}\right)$ 成正比，且随时间的增加而不断增大。同时，IC 指数随时间的增加幅度还与系数 A_2 中的气藏温度、气藏厚度、孔隙度、储层渗透率等参数有关。

3. 拟径向流

如果气井控制面积较大，且裂缝半长有限，则压裂气井渗流将表现出显著的拟径向流特征。拟径向流阶段拟压力与产量满足：

$$\psi_\mathrm{i}-\psi_\mathrm{wf}=\frac{1.51\times10^{-3}T}{kh}\cdot\lg24t\cdot q \quad (2\text{-}19)$$

同理推导有：

$$\mathrm{IC}_\psi=\frac{t_{n+m}-t_n}{A_3\left(\lg\dfrac{t_{n+m}}{t_n}\right)}, \quad A_3=\frac{1.51\times10^{-3}T}{kh} \quad (2\text{-}20)$$

由式（2-20）可知，在拟径向流阶段，若储层及裂缝参数不变，当采用井底流压的拟压力形式表示时，气井 IC_ψ 指数与 $\dfrac{t_{n+m}-t_n}{\lg\dfrac{t_{n+m}}{t_n}}$ 成正比，且随时间的增加而不断增大。同时，IC 指数随时间的增加幅度还与系数 A_3 中的气藏温度、地层系数等参数有关。

4. 拟稳态流动阶段

对拟稳态流动阶段（边界控制流阶段），气井的拟压力和产量之间满足：

$$\psi_{wD} = \frac{2t_D}{R_{eD}} + \ln R_{eD} - \frac{3}{4} \qquad (2-21)$$

式中 ψ_{wD}——无量纲井底流压；

t_D——无量纲时间；

R_{eD}——无量纲井控半径。

通过转换，可得井底流压拟压力差表示条件下拟稳态阶段 IC 指数为：

$$IC_\psi = \frac{25}{172.8} \frac{\overline{\mu C_t}}{T_f} \phi \pi R_e h \qquad (2-22)$$

式中 C_t——综合压缩系数，MPa^{-1}；

T_f——地层温度，K；

R_e——井控半径，m；

ϕ——孔隙度。

值得注意的是，此时 $\overline{\mu C_t}$ 的值与平均地层压力有关，换言之即与生产时间有关，因此进一步引入了拟时间对式（2-22）进行修正。从而，严格意义上的拟压力差表示条件下拟稳态阶段 IC 指数可修正为：

$$IC_{\psi'} = \frac{25}{172.8} \frac{(\mu C_t)_i}{T_f} \phi \pi R_e^2 h = \frac{25}{172.8} \frac{(B_g \mu C_t)_i}{T_f} G \qquad (2-23)$$

式中 B_g——气体体积系数；

G——地质储量，$10^8 m^3$。

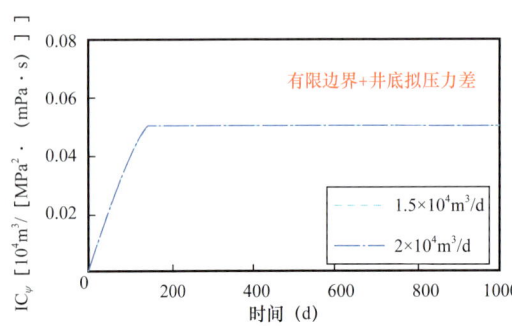

图 2-43 以井底拟压力差定义的 IC 指数

由式（2-23）可知，通过校正之后，拟稳态阶段 IC 指数与生产时间无关，而表现为与储量相关的函数；由此，若已知定产条件下 IC 指数峰值，便可确定单井控制储量及控制半径等参数。

通过以上分析可以看出，利用拟压力形式表征的 IC 指数曲线，可以剔除工作制度对曲线形态的影响，不稳定流阶段与特定的时间关系式成正比。同时，引入拟时间，可得到 IC 指数在拟稳态阶段的峰值，从而确定气井储量及边界条件（图 2-43）。

三、IC 指数特征与影响因素

常规储层一般应力敏感特征不明显，气井 IC 指数曲线上升到一定程度后趋于平稳，拐点出现时间与地层导压能力有关，曲线高度与井的控制范围相关，气井的供给半径越大，曲线高度越高。不同边界条件下，常规气藏平直后的 IC 曲线高度也不相同，由此可以判断气藏边界或者气井控制半径的大小，进一步计算单井控制储量。

1. 致密砂岩气藏 IC 指数特征

和常规气藏不同，致密砂岩储层一般具有较强的应力敏感性，气井生产早期，压力波向外围不断传播，控制面积不断扩大，在尚未达到地层边界前，气藏整体压力处于较高水平，应力敏感特性不明显，产能指数 IC 曲线形态随着生产时间延长而不断增大，但增幅（曲线斜率）逐渐减小，斜率降为零时的拐点为产能指数 IC 曲线的特征点，该特征值也称为 IC 指数峰值，此后随着生产的持续，地层能量衰竭，特别是近井带地层压力下降幅度较大，应力敏感特征开始显现，地层渗透率会随着地层压力的下降而减小，气井渗流阻力加大，能量损耗增加，IC 指数曲线呈现缓慢下降的特征。与常规气藏相似的地方是致密砂岩气藏 IC 曲线也受到边界的影响，会抑制后期上升趋势，因此致密砂岩储层气井 IC 指数的峰值是地层边界和压力敏感性两种因素综合影响的结果。

2. IC 指数影响因素

致密砂岩气藏 IC 指数曲线特征受储层特征、应力敏感性、完井质量、边界条件及生产制度等多种因素影响。本节主要讨论气层厚度、气井控制半径、渗透率、应力敏感性和裂缝参数等因素对 IC 指数的影响。

气井控制半径：气井控制半径是决定气井控制储量的重要因素，控制半径的大小主要受控于气井实际控制砂体的大小、井间干扰形成的类边界效应、低渗致密储层压力波未到达边界所形成的"拟边界"等。由图 2-44 可以看出，IC 指数曲线拐点出现的位置随边界距离的增大向右上方移动，气井到达拟稳态即拐点出现时间延迟，IC 指数峰值增大，且 IC 指数峰值与控制半径的平方成正比。

气层厚度：IC 指数曲线到达拐点的时间不随气层厚度的变化而变化，但达到边界以后，水平 IC 指数值（峰值）与气层厚度成正比，气层厚度一方面与气井控制储量密切相关，另一方面，气层厚度还控制着气井不稳定渗流阶段的产能，是影响气井 IC 指数曲线形态的重要因素（图 2-45）。

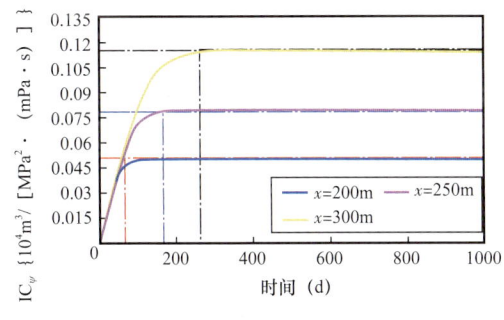

图 2-44 控制半径对 IC 指数的影响

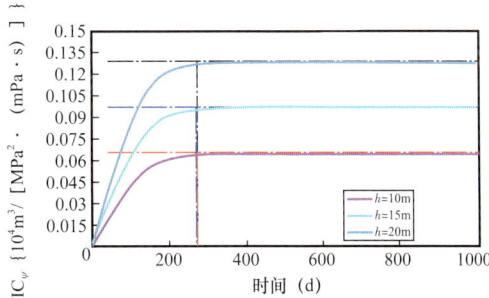

图 2-45 储层厚度对 IC 指数的影响

储层渗透率：储层渗透率是影响气井产能的主要因素，也是区别储层类型的重要衡量指标，对于 IC 指数形态也有着显著的影响。IC 指数曲线到达拐点的位置随储层渗透率的增加而向左移动，也就是说，渗透率越低，特征点出现的时间越晚，达到边界以后，水平 IC 指数值（峰值）与储层渗透率无关。这主要是由于渗透率影响气井不稳定流动阶段的压力波传播速度，当气井控制半径一定时，渗透率越大，压力波传播速度越快，压力波达到边界越早，气井不稳定流时间越短（图 2-46）。

应力敏感性：苏里格气田储层具有显著的应力敏感特征，对气井渗流特征及产能产生一定影响。若不考虑或储层不存在应力敏感性时，IC 指数曲线形态随时间延长先增加，后保持不变；当存在应力敏感性时，IC 指数曲线表现为先增加后减小，且减小幅度随应力敏感系数的增加而愈发显著，拐点不断右移，IC 指数峰值不断降低。随着生产进行，地层压力不断下降，压力敏感性逐渐显现，导致储层渗透率不断降低，传统的拟时间及拟压力会导致 IC 指数值随地层压力的下降而不断减小，同时到达峰值的时间会相应延后（图 2-47）。

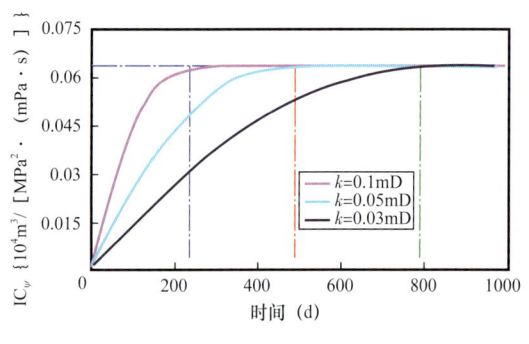 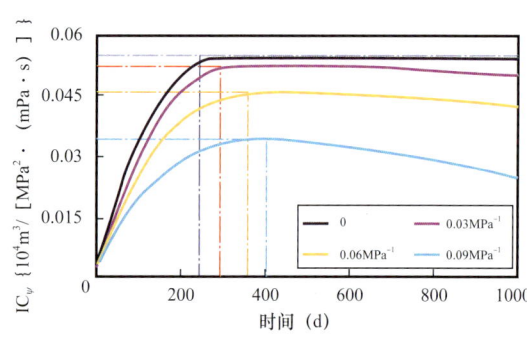

图 2-46 渗透率对 IC 指数的影响　　　　图 2-47 应力敏感性对 IC 指数的影响

裂缝参数：裂缝半长与裂缝导流能力是评价储层压裂改造效果的重要衡量指标，对气井的渗流特征及产能会产生很大影响，二者对 IC 指数曲线形态的影响规律相似。IC 指数曲线到达拐点的位置随裂缝半长和导流能力的变化较小（仅前期有影响）。达到边界以后，水平 IC 指数值与裂缝半长和导流能力无关。这主要是由于裂缝半长和导流能力仅影响气井不稳定流阶段各流态延续的时间，对各流态的压力传播速度没有影响。当气井到达拟稳态后，IC 指数峰值仅与气井控制储量有关，而与完井条件无关（图 2-48，图 2-49）。

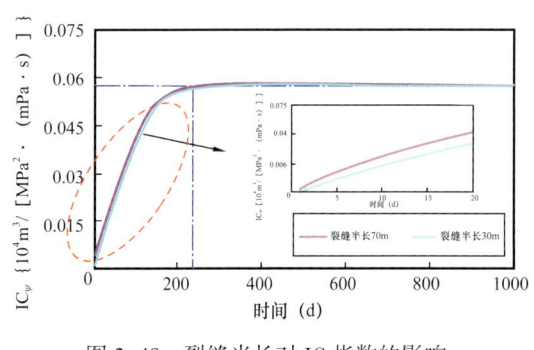 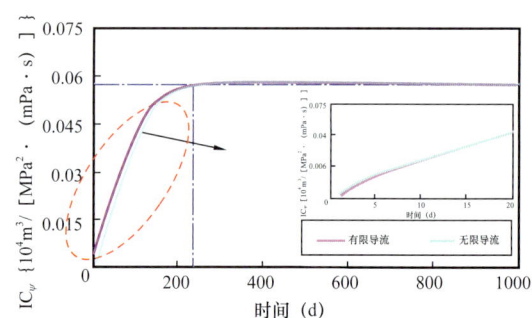

图 2-48 裂缝半长对 IC 指数的影响　　　　图 2-49 裂缝导流能力对 IC 指数的影响

四、苏里格气田气井 IC 指数分析

1. IC 指数计算流程

一般气井 IC 指数计算遵循以下分析流程：

（1）生产数据整理，主要包括产量及压力数据，由于苏里格气田采用了井下节流工艺，压力数据使用井口套压记录结果；

(2)根据气井的深度及产量,将井口套压折算为井底流压,描述气井井底压力变化特征;

(3)考虑了天然气物性随压力的变化,编程计算井底流压对应的拟压力值;计算各时间点所对应的 IC 指数值,剔除异常值,初步绘制 IC 指数随生产时间的变化曲线;

(4)计算考虑气体物性变化的拟时间,从而更符合气井实际生产特征;

(5)进一步校正 IC 指数曲线;

(6)求取 IC 指数曲线拐点出现时间和峰值,计算气井控制储量。

2. 典型井 IC 指数曲线特征及应用

图 2-50 和图 2-51 是根据上述流程计算并绘制的苏里格气田典型直井和水平井 IC 指数特征曲线。从中可以看出,无论是水平井还是直井,其 IC 指数曲线特征总体上表现为先逐渐上升、达到峰值后基本保持水平或下降的特征,但拐点出现的时间和 IC 指数峰值则因气井类型的不同而有所不同。Ⅰ类井拐点出现的时间较Ⅱ类、Ⅲ类井早,三口直井拐点出现的时间分别为 350d、500d 和 750d,三口水平井拐点出现的时间分别为 270d、330d 和 510d;拐点所对应 IC 指数值也较Ⅱ类、Ⅲ类井高,三口直井 IC 指数峰值分别为 0.286、0.127 和 0.076,三口水平井 IC 指数峰值分别为 0.726、0.346 和 0.215。也就是说,和直井相比,水平井 IC 指数峰值出现的时间更早,但无论直井还是水平井,气井生产情况越好,出现拐点的时间越早,拐点对应的 IC 指数值越高。

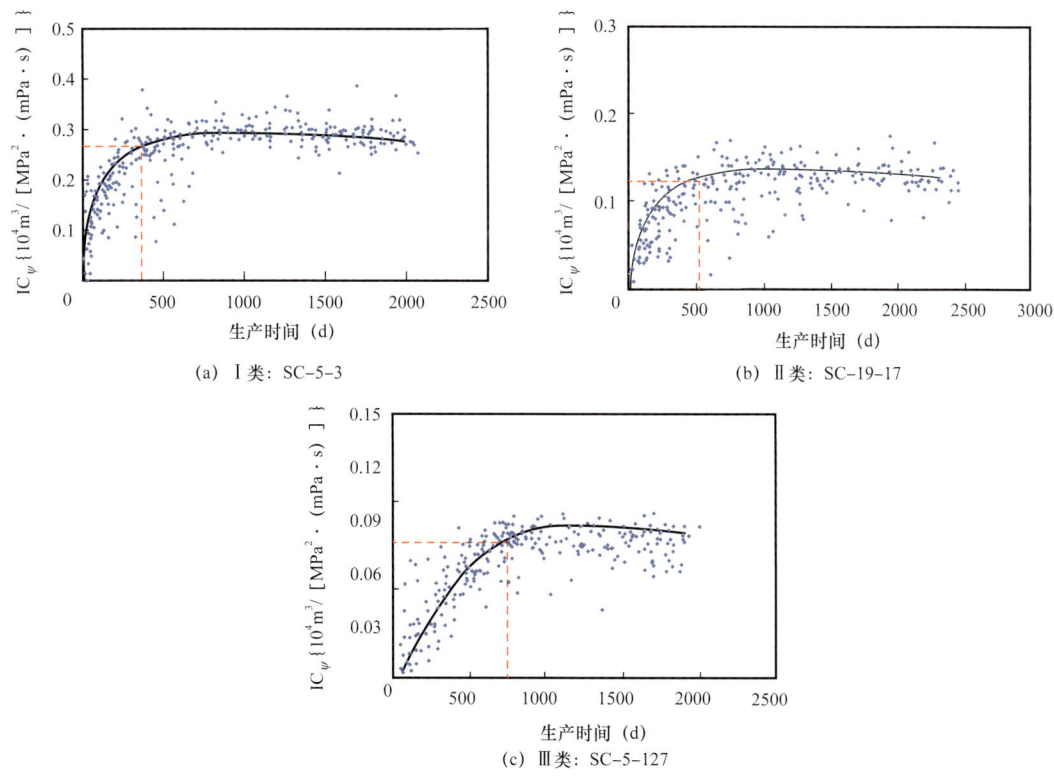

图 2-50 分类典型直井 IC 指数特征曲线

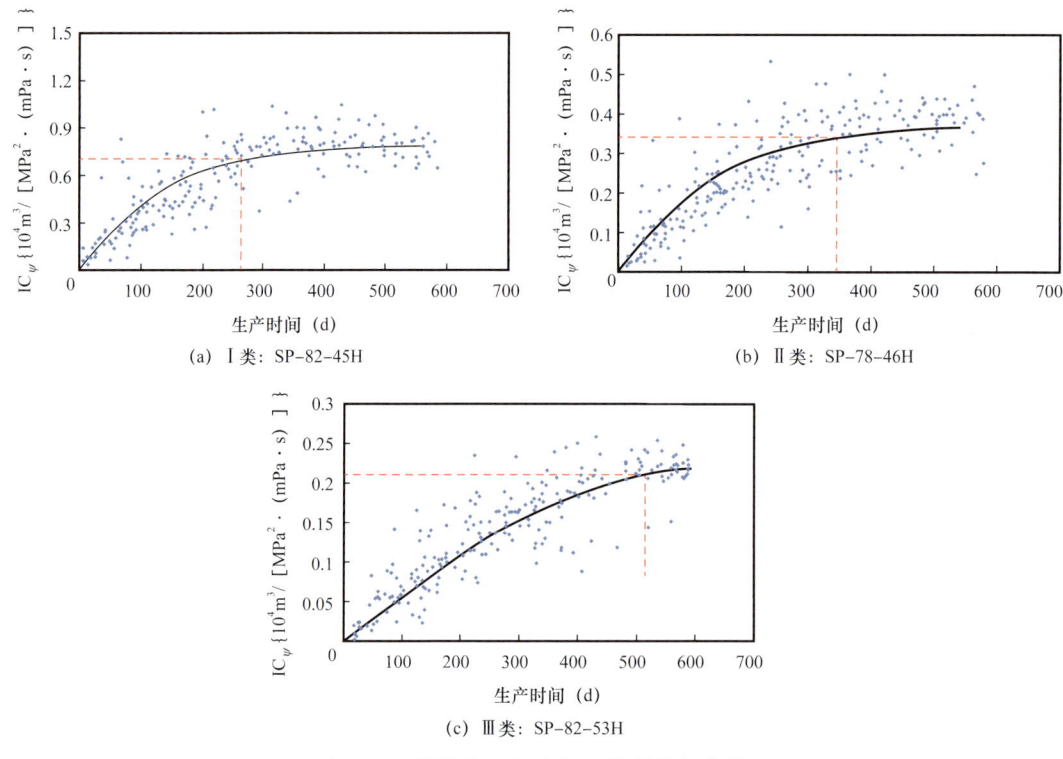

图 2-51 分类典型水平井 IC 指数特征曲线

总结各类直井及水平井的 IC 指数拐点出现时间、IC 指数峰值及控制储量计算结果见表 2-11。

总体而言，致密砂岩气藏气井 IC 指数以拟压力形式表现更加直观，也更符合实际生产状况，曲线特征总体上表现为早期上升，上升到一定程度后出现拐点，达到峰值后由于储层应力敏感性而出现下降趋势，但曲线早期上升幅度、拐点出现时间受储层条件、裂缝参数、工作制度等多种因素影响。

表 2-11 苏里格气田气井 IC 指数曲线特征点及控制储量计算结果

直井	拐点时间（d）	指数峰值 $\{10^4m^3/[MPa^2 \cdot (mPa \cdot s)]\}$	估算储量（10^4m^3）	水平井	拐点时间（d）	指数峰值 $\{10^4m^3/[MPa^2 \cdot (mPa \cdot s)]\}$	估算储量（10^4m^3）
Ⅰ类	320	0.239	4510	Ⅰ类	280	0.826	16670
Ⅱ类	460	0.135	2550	Ⅱ类	330	0.397	7520
Ⅲ类	630	0.071	1320	Ⅲ类	450	0.226	4190

第三章 气水两相渗流特征

苏里格气田是中国陆上致密砂岩气藏的典型代表,储层非均质性强,其低孔、低渗、低产的特点,给开发带来了极大挑战;储层孔隙结构复杂、束缚水饱和度高,气井不同程度产水等问题已成为制约气藏高效开发和精细化管理的难点和热点问题。本章通过储层孔隙内的气水微观分布与流动特征研究,总结分析了致密砂岩气藏气水两相相对渗透率曲线特征,定量评价产水气井开采效果。

第一节 气水微观分布与流动特征

一、储层中原始含水饱和度

致密砂岩储层由于孔喉细小,毛管压力大,成藏过程中天然气充注驱水比较困难;加之苏里格气田主力储层为辫状河沉积,非均质性强,储集砂体被致密的泥岩或泥质砂岩包围,与砂体同沉积的水因被低渗透致密砂泥岩阻挡不能通畅地排出而滞留在孔隙中。因此,苏里格气田储层中含水饱和度较高,局部存在气水同层现象。大量的岩心分析统计表明(表3-1),其含水饱和度最低为17.09%,最高达到97.67%,平均值为67.47%。

表3-1 岩心分析物性参数统计

层位	孔隙度(%)			渗透率(mD)			S_w(%)			样品数
	最小	最大	平均	最小	最大	平均	最小	最大	平均	
盒7	3	16.99	7.91	0.0148	1.055	0.457	49.44	90	77.55	200
盒$8_上^1$	3.11	16.40	9.14	0.049	2.772	0.317	48.8	89.03	76.31	427
盒$8_上^2$	3.1	10.44	7.74	0.022	0.834	0.206	42.27	91.82	66.18	500
盒$8_下^1$	3.0	20.22	9.54	0.0257	14.65	0.699	31.39	97.67	69.95	672
盒$8_下^2$	3.29	16.57	9.25	0.0222	561	1.212	17.09	87.79	55.99	958
山1	3.96	16.90	8.50	0.0227	29.86	0.589	40.09	86.46	58.83	712
合计	3.0	20.22	8.68	0.0148	561	0.58	17.09	97.67	67.47	3469

SC井系统岩心分析表明:含水饱和度与孔隙度和渗透率具有较好的关系(图3-1,图3-2)。孔隙度和渗透率越低,岩石的含水饱和度越高;当岩石的孔隙度小于10%,或渗透率小于1mD时,含水饱和度多大于40%。由于苏里格气田属岩性气藏,物性越好的储层段天然气的充注程度越高,其含水饱和度越低,原始含气性越好。

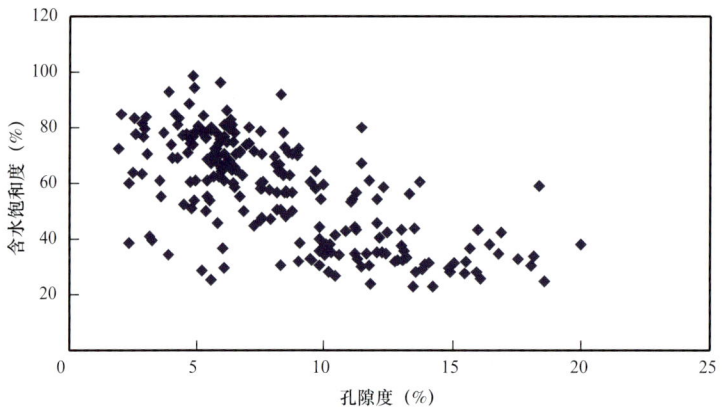

图 3-1 SC 井含水饱和度与孔隙度的关系

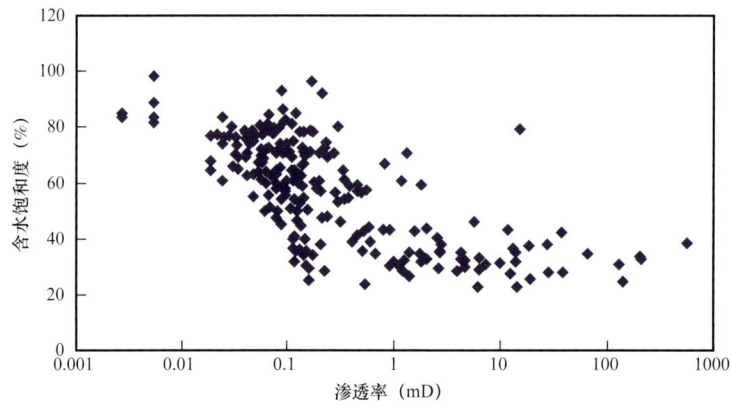

图 3-2 SC 井含水饱和度与渗透率的关系

利用核磁共振测试技术，对两口井（SAB-8 井和 SAC-8 井）新鲜岩样的原始含水饱和度进行测试分析，进一步确定储层中的原始含水饱和度，其典型 T_2 谱曲线如图 3-3 所示。主要测试参数为：共振频率 2MHz，回波时间 0.3ms，恢复时间 5000ms，回波数 1024，信噪比控制在 30∶1 以上，T_2 谱拟合点数 100。

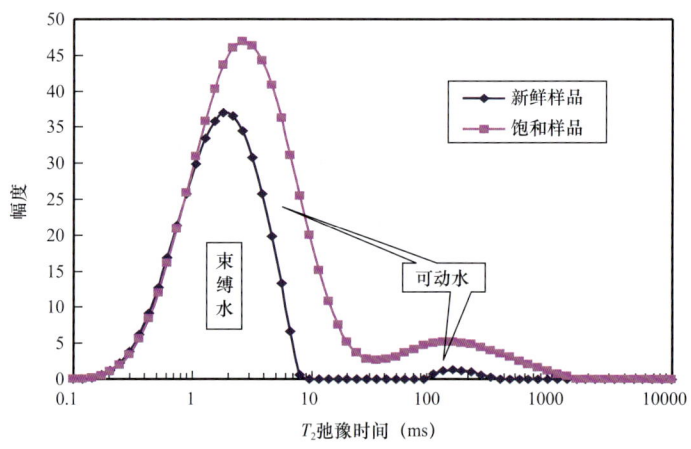

图 3-3 SAB-8 井典型 T_2 谱曲线图

根据 T_2 谱曲线计算岩样中的含水饱和度和可动水饱和度。SAB-8 井和 SAC-8 井共测试 43 块岩样，其结果见表 3-2。SAB-8 井的含水饱和度在 31.83%～78.29% 之间，平均为 55.54%；可动水饱和度在 0.88%～5.58% 之间，平均为 1.75%。SAC-8 井的含水饱和度在

表 3-2 新鲜岩样核磁测试含水饱和度

SAB-8 井				SAC-8 井			
样号	井深（m）	总含水饱和度（%）	可动水饱和度（%）	样号	井深（m）	总含水饱和度（%）	可动水饱和度（%）
3	3457.81	54.41	1.58	1	3440.24	47.36	2.98
5	3458.14	33.90	1.46	3	3440.46	62.18	1.09
6	3458.30	57.86	0.93	8	3440.87	66.30	1.09
9	3458.88	63.26	0.88	12	3441.31	62.48	2.22
10	3459.04	64.41	1.80	14	3441.53	70.27	4.71
12	3459.37	63.51	1.23	17	3441.81	68.05	4.41
13	3459.56	66.52	1.48	20	3442.17	66.82	7.55
15	3459.90	56.89	0.98	23	3442.57	71.88	4.77
18	3460.38	60.07	0.93	25	3442.84	64.31	4.83
20	3460.71	57.97	1.13	28	3443.22	59.66	6.63
22	3461.04	49.84	1.16	29	3443.39	66.53	4.33
23	3461.22	52.87	0.93	30	3443.50	58.06	5.63
25	3461.64	41.44	0.96	33	3443.81	62.82	0.86
28	3462.19	53.53	2.29	39	3444.56	68.83	1.8
29	3462.36	54.32	1.41	42	3444.96	74.54	1.73
31	3462.73	52.72	1.25	47	3445.69	53.01	2.81
32	3462.93	63.95	1.25	52	3446.32	59.13	4.67
34	3463.31	37.94	5.58	60	3447.45	70.7	2.42
35	3463.48	78.29	2.61	61	3447.57	70.52	2.50
36	3463.69	70.74	2.42	63	3447.84	54.83	4.87
37	3463.84	31.83	4.49	70	3448.89	66.57	4.12
				74	3449.46	46.90	4.66
最小值		31.83	0.88	最小值		46.90	0.86
最大值		78.29	5.58	最大值		74.54	7.55
平均值		55.54	1.75	平均值		63.26	3.67

46.90%～74.54%之间，平均为63.26%；可动水饱和度在0.86%～7.55%之间，平均为3.67%。分析表明，苏里格气田储层原始含水饱和度较高，而且含有一定的可动水，这也是大多数气井产水的原因之一。

从测井解释成果看，将SAB-8井的3456.5～3463.6m段解释为含气层段，其含气饱和度为61.85%；将SAC-8井的3439.4～3442.3m段解释为气层段，其含气饱和度为75.43%。将两个井段的测井结果与岩心分析物性进行对比（表3-3），无论是含气饱和度还是渗透率，测井解释值是偏于乐观的。

表3-3 岩心分析与测井解释比较

参数	SAB-8井		SAC-8井	
	测井解释	岩心分析	测井解释	岩心分析
井段（m）	3458.5～3463.6	3457.8～3463.8	3439.4～3442.3	3440.2～3442.2
孔隙度（%）	7.13	8.43	16.44	13.23
渗透率（mD）	0.161	0.089	3.352	0.954
含气饱和度（%）	61.85	44.46	75.43	36.65
测井解释结果	含气层	—	气层	—

一般而言，油气储层中由油、气、水三相流体饱和，这些流体在储层多孔介质中的赋存状态可分为两类：一类为束缚流体状态；另一类为自由流体状态。束缚流体存在于极微小的孔隙和较大孔隙的壁面附近，细小孔隙空间的这一部分流体受岩石骨架的作用力较大，为毛管力所束缚而难以流动，而在较大孔隙中间赋存的流体受岩石骨架的作用力相对较小，这一部分流体在一定的外加驱动力作用下流动性较好，因此被称为自由流体或可动流体。

束缚流体的存在实际上减小了孔隙的流动空间，增加了流体的渗流阻力。储层孔隙空间中的束缚流体百分数越小，可动流体百分数越大，储层的渗流性能越好；反之亦然。对于高渗透储层来说，由于束缚流体含量相对很小，其对流体渗流能力的影响较小。但对于低渗致密储层而言，由于孔隙微细，小孔隙所占比例很大，流体渗流通道本就狭窄，再加上孔隙越微细，孔隙壁面比表面积越大，展布在孔隙壁面表面上的束缚流体含量很大，此时束缚流体百分数或者说可动流体百分数对储层流体渗流性能的影响不容忽视。

二、不同压差气驱含水饱和度变化

致密气藏原始含水饱和度高，气井投产后均不同程度产水，产出水除了可动水本身外，还包括生产过程中由于基质渗透率低，孔隙中的气体流速较高，带动部分孔隙中的水参与流动，使原来的束缚水部分变成可动水，致使气井实测的生产水气比比理论计算的天然气中凝析水含量高。

为了研究这一产水机理，选取20块低渗岩样，进行不同压差条件下的气驱水实验，分析在气驱过程中孔隙内的含水饱和度变化情况。主要实验步骤如下：

（1）选取合格的柱塞岩样测取基础孔隙度和渗透率。
（2）岩样抽空饱和标准盐水，称重计算饱和水量。
（3）对饱和水的岩样进行核磁测试，分析其束缚水和可动水饱和度。

（4）将岩心装入岩心夹持器，连接好驱替流程，采用加湿的氮气进行气驱。开始以小压差 0.2MPa 进行气驱，驱到出口端不再出水为止，然后升高到下一个驱替压力（分别为 0.3MPa、0.5MPa、0.8MPa、1.2MPa 和 1.5MPa），测试不同压差驱出的水量。

（5）驱替过程中测试每一压差驱替出的水量、稳定时的气流量，以计算岩心的含水饱和度和气体渗透率变化。

不同压差驱替后岩心的含水饱和度变化如图 3-4 和表 3-4 所示。根据达西定律，在相同岩心上，驱替压差与渗流速度成正比，因此，驱替压差实际上是渗流速度的反映。从图 3-4 中看出，当达到某一起始压差时，岩心中的含水饱和度大幅度下降，而过了该起始压差后，随着驱替压差的增大（也就是气流速度的增大），含水饱和度还有少量的下降。这种现象可以解释为：驱替压力小时，较大孔隙中的水很容易被驱替出来；驱替压力增大后，将更小孔隙中的水排出；当压力再增大而产水量不再增加时，孔隙中剩余的即为残余水。这说明，致密砂岩气藏的束缚水饱和度在开发过程中并不是一个定值，而是相对于气相渗流速度变化的物理量，随着气流速度的增大，其原始含水饱和度逐渐减小，从而改善气相渗流条件，致使气相渗透率逐渐增大，因此在一些低渗致密气藏中，随着开发的深入可能会出现气相渗透率升高的情况。

驱替实验结果表明，应用较大压差驱替后，岩心中的残余水饱和度主要分布在 40%～80% 之间（图 3-4），与苏里格气田储层中的原始含水饱和度基本一致。残余水饱和度的大小与岩心渗透率具有较好的相关性，岩心渗透率越大，可动水饱和度越高（图 3-5），驱替后的残余水饱和度越低。实验样品中，驱替后的最终残余水饱和度大于 80% 的岩样，其渗透率大多小于 0.1mD。

另一方面，残余水饱和度的大小还与孔隙结构有关，研究中选取其他地区的岩样进行了对比实验分析，图 3-4 和表 3-4 中的 DN2 系列为其他地区的低渗砂岩岩样，其渗透率与苏里格岩样接近，但孔隙主要以粒间孔为主，孔隙分选较好，喉道相对较大，因此气驱后残余水饱和度较苏里格岩样低，1.2MPa 气驱后的残余水饱和度为 38.03%～51.14%，平均为 43.27%；而相似渗透率的苏里格岩样气驱后残余水饱和度在 40%～80% 之间，平均为 60% 左右。

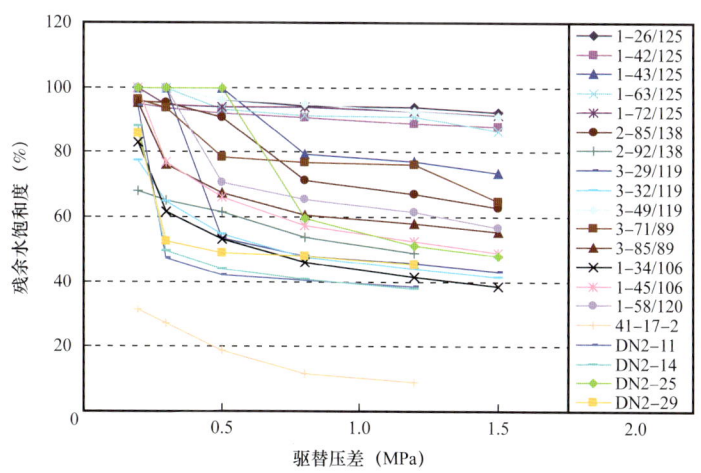

图 3-4 饱和水岩心不同压差气驱后的残余水饱和度变化

表 3-4 岩心样品不同压差气驱后的残余水饱和度

样号	孔隙度（%）	渗透率（mD）	不同驱替压差下的残余水饱和度（%）						可动水饱和度（%）	
			0.2	0.3	0.5	0.8	1.2	1.5	核磁测试	1.2MPa驱替
1-26/125	7.6	0.097	100.00	100.00	96.42	94.30	94.17	92.35	5.20	5.83
1-42/125	6.3	0.234	95.16	93.62	92.03	90.78	88.79	87.94	11.60	11.21
1-43/125	4.7	0.433	100.00	100.00	100.00	79.44	77.35	73.57	24.77	22.65
1-63/125	7.8	0.112	100.00	100.00	93.56	91.45	91.29	86.49	5.60	8.71
1-72/125	6.1	0.072	100.00	94.83	94.20	94.04	92.66	91.47	12.90	7.34
2-85/138	9.1	0.224	95.72	95.39	90.82	71.22	67.00	62.87	25.10	33.00
2-92/138	15	1.89	68.15	65.28	61.72	53.85	48.82	—	58.80	51.18
3-29/119	12.1	0.159	100.00	100.00	53.44	48.01	45.80	43.10	51.08	54.20
3-32/119	12.4	0.472	77.59	64.82	54.70	47.70	44.27	41.49	38.40	55.73
3-49/119	5.6	0.065	100.00	100.00	96.36	94.91	92.64	91.04	8.10	7.36
3-71/89	8.6	0.295	96.37	93.84	78.64	76.84	76.24	64.98	24.94	23.76
3-85/89	9.2	0.166	95.49	76.28	67.41	60.58	57.99	55.42	42.70	42.01
1-34/106	13	0.392	83.06	61.58	53.15	46.12	41.36	38.66	53.36	58.64
1-45/106	9	0.156	100.00	76.97	66.02	57.49	52.65	48.91	28.64	47.35
1-58/120	4.1	0.262	100.00	100.00	70.76	65.50	61.68	56.86	35.70	38.32
41-17-2	9.3	2.02	31.60	27.14	18.76	11.81	9.09	—	90.90	90.91
DN2-11	10.3	0.224	94.53	47.40	42.19	40.40	38.57	—	62.54	61.43
DN2-14	11.3	0.259	88.08	49.72	44.15	40.71	38.03	—	61.05	61.97
DN2-25	10.3	0.134	100.00	100.00	100.00	59.80	51.14	48.05	46.60	48.86
DN2-29	11.7	0.383	85.87	52.54	48.99	48.15	45.34	—	54.70	54.66

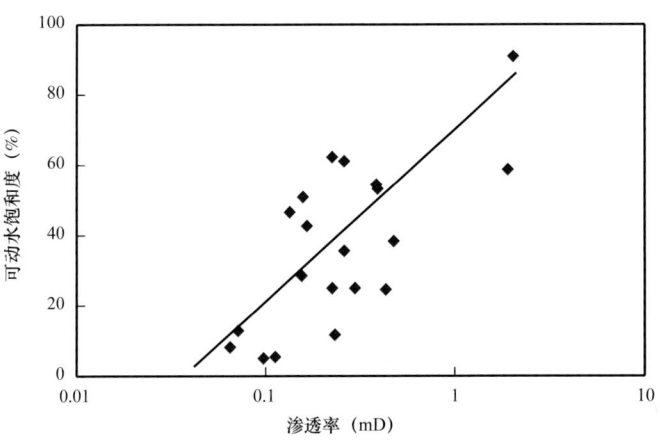

图 3-5 可动水饱和度与渗透率的关系

核磁共振测试可很好地分析多孔介质的孔隙结构及其中流体的流动特征。根据核磁共振技术原理，采用核磁共振技术能够准确地测量得到岩样中的可动流体含量和束缚水饱和度等参数。对前面进行不同压差气驱的岩样在完全饱和水时进行的核磁测试结果显示（数据见表3-4），核磁测试的可动水饱和度与气驱可动水饱和度具有很好的一致性（图3-6）。同一块岩心完全饱和水后，应用离心法在不同压差下进行排驱后测试的系列 T_2 谱曲线（图3-7）显示随着排驱压力的增大，曲线左半部分基本沿同一路径不变，而右半部分则逐渐向左下方移动，说明驱替压力较小时，排出较大孔隙中的水；随着驱替压力的增大，更小孔隙内的水将被排出。图3-8给出了相应状态下的含水饱和度变化，随着排驱压力增大，岩心中的含水饱和度降低。

SG-12、SAA-19等井测试表明，随着产气量增大，产水量也随之增大，但产水量的增加速率大于产气量，即水气比是增大的（图3-9）。这表明在某些气井中，随着气流速度的增大，将会带出更多的地层水。表3-5和图3-10给出了SAA-19井实际测试数据。

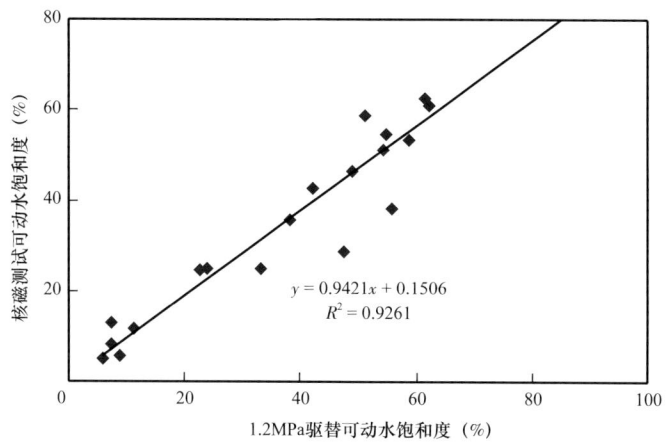

图3-6 气驱可动水饱和度与核磁测试可动水饱和度的关系

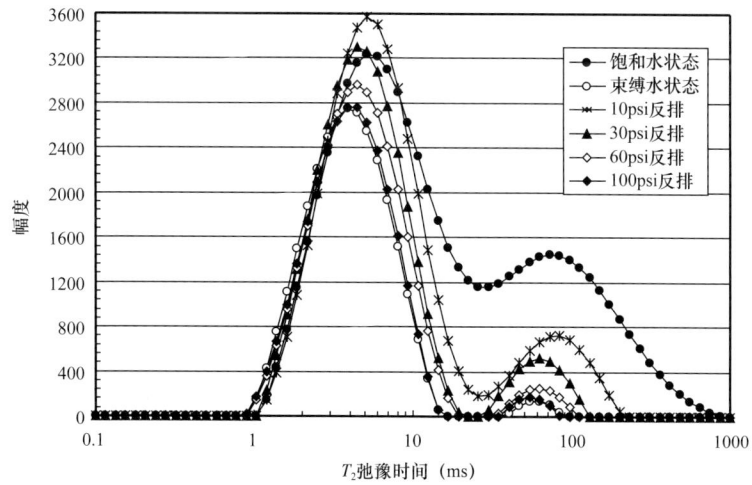

图3-7 岩心气驱水反排过程中的 T_2 谱比较（SAD-15井 1-1/69-1号岩心）

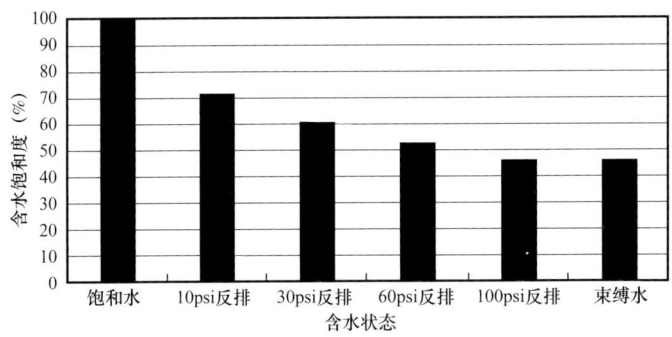

图 3-8 岩心离心法气驱水反排过程中不同状态下的含水饱和度（SAD-15 井 1-1/69-1 号岩心）

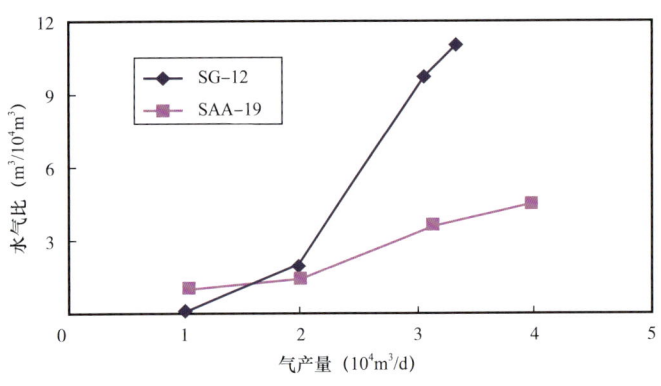

图 3-9 水气比与气产量的关系

表 3-5 SAA-19 试井测试数据表

测试内容	产气量（$10^4 m^3/d$）	产水量（m^3/d）	水气比（$m^3/10^4 m^3$）
等时一开	1.03	1.08	1.05
等时二开	2.00	2.87	1.43
等时三开	3.13	11.32	3.61
等时四开	3.97	17.94	4.52
连续流量生产	2.02	6.22	3.07

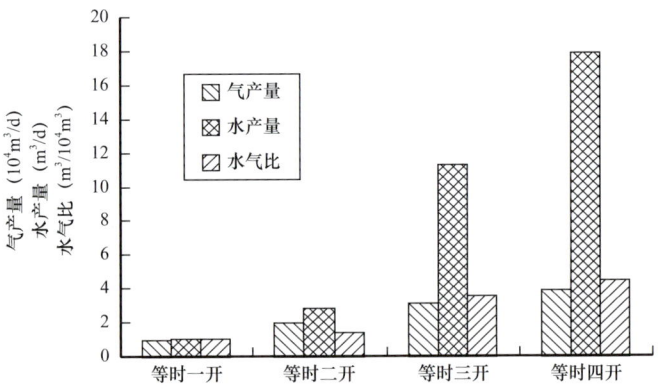

图 3-10 SAA-19 试井测试产量与水气比变化

第二节 气水相对渗透率曲线特征

对致密气藏而言，相对渗透率曲线是研究气水两相渗流的基础，对气田开发动态分析，确定储层中气、水饱和度分布等，都是必不可少的重要资料，应用非常广泛。随着苏里格气田开发的不断进行，产水井数量不断增多，产水现象日益严重。气井一旦产水，地层渗流阻力和井筒流动阻力明显增大，将额外消耗地层能量，压力、产量下降加快，影响气井产能及采收率。

本节依据气水两相渗流理论，对苏里格地区盒 8 段、山 1 段共 100 余块岩样非稳态法气驱水相对渗透率实验结果进行详尽分析，归纳总结了气水两相相对渗透率曲线"两线、三区、五点"特征，分析了不同类型储层气水相对渗透率曲线特征，为产水气井开发指标评价奠定基础。

一、气水两相相对渗透率曲线

气水相对渗透率曲线是描述储层中气水两相渗流的理论基础，也是本节分析方法的理论依据。受到界面张力、界面吸附、润湿性等多因素影响，气水两相渗流过程存在占据渗流通道、绕流、卡断、水锁等多种现象，渗流机理比较复杂，但可利用气水相对渗透率曲线进行表征。

气水相对渗透率是指在某一含水饱和度下气、水的有效渗透率与绝对渗透率的比值。根据中华人民共和国石油天然气行业标准 SY/T 5345—2007，对岩石中两相流体相对渗透率测定方法做出了详细的规范，本书将采用此标准的相关符号，力求规范和符合标准：

$$K_{rg} = \frac{K_{ge}}{K_g(S_{ws})} \quad (3-1)$$

$$K_{rw} = \frac{K_{we}}{K_g(S_{ws})} \quad (3-2)$$

式中 K_{rg}——气相相对渗透率；

K_{rw}——水相相对渗透率；

K_{ge}——气相有效渗透率，mD；

K_{we}——水相有效渗透率，mD；

$K_g(S_{ws})$——束缚水状态下气相有效渗透率，mD。

气水相对渗透率曲线具有以下几个关键内容：两条曲线、三个区域、五个特征点（图 3-11，图 3-12）。

两条曲线是指气相相对渗透率曲线和水相相对渗透率曲线，两条曲线呈现类似于"X"形的交叉，纵坐标为两相的相对渗透率，横坐标为水相的饱和度。

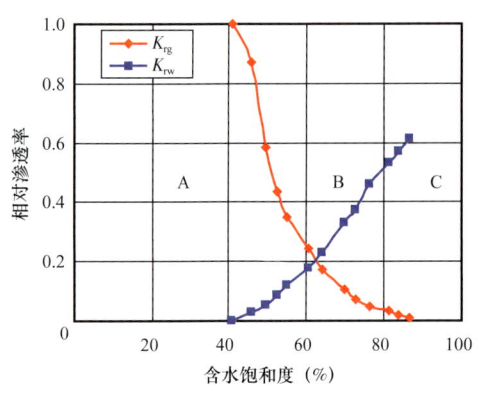 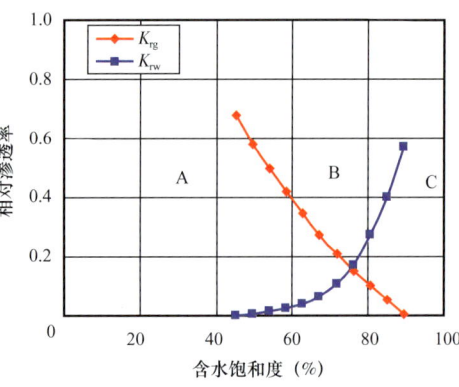

图 3-11 标准气水相对渗透率曲线　　　　图 3-12 常见气水相对渗透率曲线

三个区域：A 区在束缚水饱和度状态下，为单相气流区，水相相对渗透率为零，气相相对渗透率不大于 1，气井不产水。B 区为气水同流区，随着含水饱和度的逐渐增大，水相相对渗透率增加，气相相对渗透率降低，从微观上讲，当含水饱和度超过某一临界值后，水相渗透率开始增加，水相呈现连续分布状态，在外加压力条件下开始流动。C 区为纯水流动区，气相饱和度小于残余气饱和度，气相失去了宏观流动性，气相相对渗透率为 0，水相相对渗透率达到最大。

五个特征点是束缚水饱和度（S_{ws}）、残余气饱和度（S_{gr}）、束缚水饱和度下气相相对渗透率 $K_{rg}(S_{ws})$ 点、残余气饱和度下水相相对渗透率 $K_{rw}(S_{gr})$ 点和两相曲线的交点（称为等渗点）。

二、致密砂岩气藏气水相对渗透率曲线特征点

苏里格地区盒 8 段、山 1 段 100 余块样品渗透率分布在 0.06~1.76mD 之间，孔隙度分布在 1.5%~15.6% 之间，Ⅰ类至Ⅳ类储层所占比例分别为 18.07%、25.30%、50.60% 和 6.02%，基准渗透率采用岩心 100% 饱和空气时的气测绝对渗透率。从相对渗透率曲线的特征点参数着手对实验结果进行分析，和常规储层相比，致密砂岩气水相对渗透率曲线具有以下特征。

1. 束缚水饱和度普遍较高，随储层渗透性变差明显增大

苏里格致密砂岩储层束缚水饱和度（S_{ws}）随着渗透率的增加不断减小，主要分布在 26%~55% 之间，平均值为 43.23%（图 3-13，图 3-14）。束缚水饱和度高主要与致密储层的亲水性强、孔喉半径小、孔隙结构复杂、连通性差有关。苏里格气田砂岩组分以石英为主，体积分数在 51.7%~100% 之间，平均值高达 85.6%，而石英为亲水矿物，故水对致密砂岩来说为润湿相，容易被吸附在岩石颗粒表面。致密砂岩储层发育高岭石晶间孔、岩屑溶孔和微孔，孔隙结构复杂使得岩石比表面增大，岩石颗粒表面吸附的束缚水增多；另外由于储层孔喉半径小，平均值仅为 0.12μm，而孔隙水的存在使孔喉半径变得更为狭窄，导致气相在孔隙中的流通受到阻碍，从而使束缚水含量增加。总的来说，致密砂岩孔喉越小，连通性越差，水在岩心中的流动能力就越差，束缚在孔隙角隅或微毛细管中的水也就越多，因此对应的束缚水饱和度也就越高。

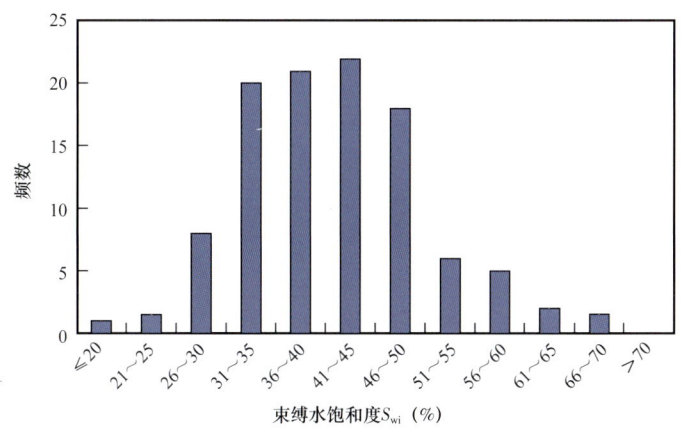

图 3-13 束缚水饱和度分布

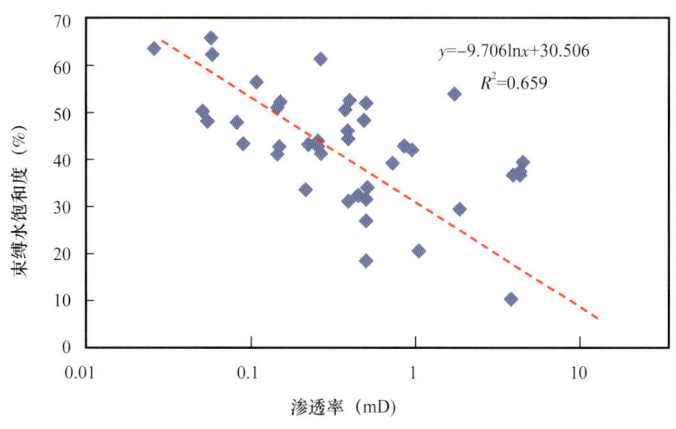

图 3-14 束缚水饱和度与绝对渗透率的关系

2. 残余气饱和度较大,但与渗透率相关性不强

苏里格致密砂岩储层残余气饱和度(S_{gr})主要分布在10%～20%之间(图3-15),平均为12.76%。残余气的存在方式主要有指进、卡断、孔隙盲端、角隅、"H"形孔道和水锁形成的封闭气,主要与气体的压缩性、储层的亲水性和孔喉半径的大小有关。致密砂岩储层亲水性强、孔喉半径小,孔喉比大,使得气体更容易被封锁在孔隙中并在喉道中形成

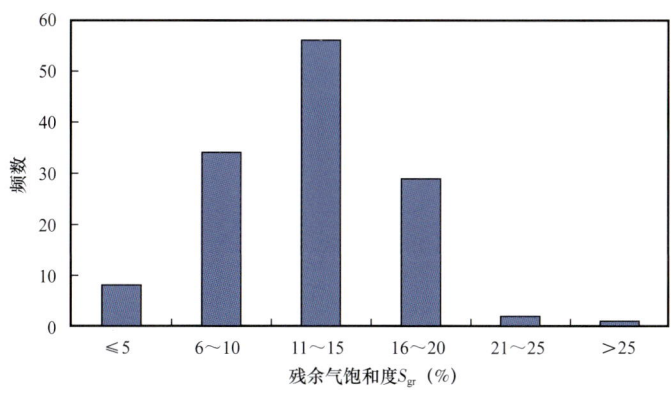

图 3-15 残余气饱和度分布

气泡从而无法排出。Ⅰ类至Ⅳ类储层，随着储层变差、渗透率减小，残余气饱和度变化不大（图3-16），这与致密砂岩储层孔隙结构复杂有关。

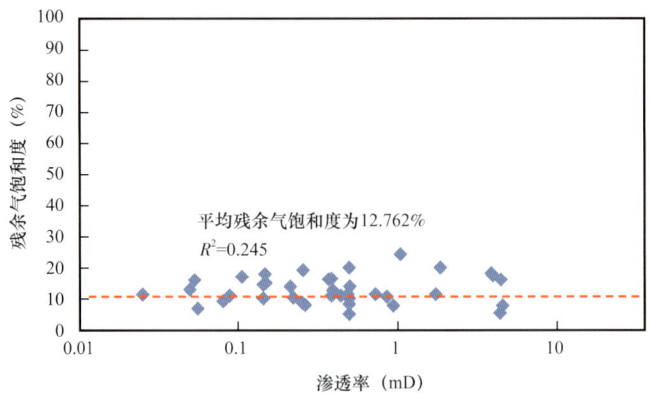

图3-16　残余气饱和度与绝对渗透率的关系

3. 束缚水饱和度下气相相对渗透率和残余气饱和度下水相相对渗透率较小，但随渗透率增加而增大

苏里格气田致密砂岩储层束缚水饱和度下气相相对渗透率[$K_{rg}(S_{ws})$]主要分布在0.30~0.40之间，平均值为0.41（图3-17），反映了储层中束缚水对气相渗流能力的影响情况，进而反映储层水锁损害程度D_k，即：

$$D_k = (1 - K_{rg}) \times 100\% \tag{3-3}$$

根据式（3-3），$K_{rg}(S_{ws})$越小，水锁损害程度越大，说明致密砂岩储层束缚水对渗透率的损害程度更大。造成$K_{rg}(S_{ws})$较小的主要原因在于致密砂岩储层束缚水饱和度高，孔壁上的"水膜""水柱""水珠"等大大减小了气相的流通空间，使得气相渗透率偏小。随着储层变差，$K_{rg}(S_{ws})$明显减小（图3-18）。经统计，Ⅰ类储层$K_{rg}(S_{ws})$主要分布在0.7~1.0之间，平均值为0.73；Ⅱ类储层$K_{rg}(S_{ws})$主要分布在0.4~0.7之间，平均值为0.50；Ⅲ类储层$K_{rg}(S_{ws})$主要分布在0.2~0.4之间，平均值为0.32；Ⅳ类储层$K_{rg}(S_{ws})$一般小于0.2，平均值仅为0.18。

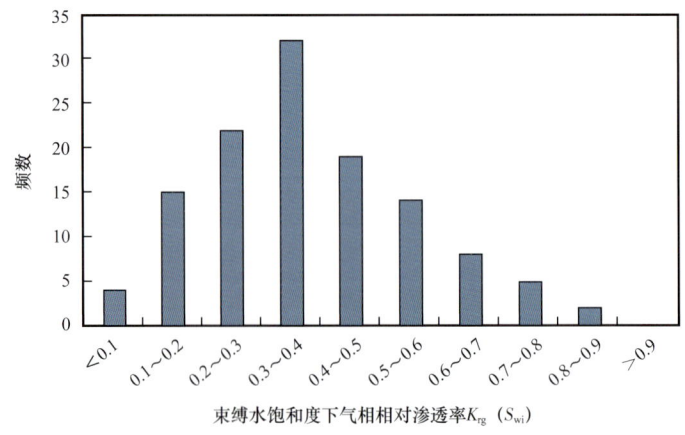

图3-17　束缚水饱和度下气相相对渗透率分布

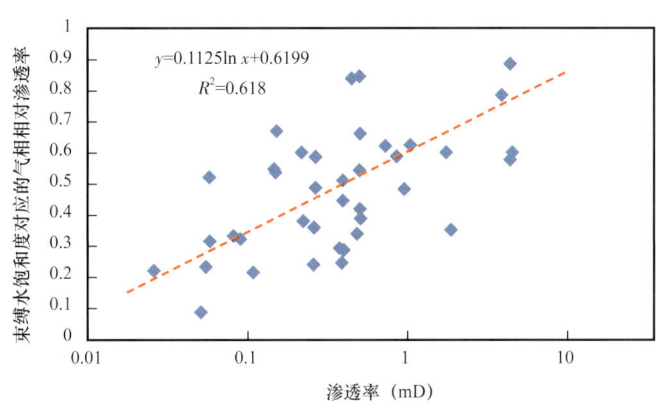

图 3-18 束缚水饱和度下气相相对渗透率与绝对渗透率关系

残余气饱和度下的水相相对渗透率 $K_{rw}(S_{gr})$ 主要分布在 0.1~0.4 之间, 平均值为 0.35 (图 3-19), 反映了储层中残余气对水相渗流能力的干扰情况。致密砂岩储层 $K_{rw}(S_{gr})$ 较小, 残余气对水相流动的干扰严重, 由于残余气饱和度较高, 被封锁的气体占据或堵塞了较多的孔隙和喉道, 严重破坏了水相的连续性。此外 $K_{rw}(S_{gr})$ 还可以反映储层渗流通道的数量, 当气体进入储层后优先从连通性好、孔喉半径大的通道排出, 水则沿剩余通道流动。随着储层变差, $K_{rw}(S_{gr})$ 明显减小 (图 3-20), 渗流通道越少, 连通性越差, 孔喉半径越小。经统计, Ⅰ类、Ⅱ类储层 $K_{rw}(S_{gr})$ 总体大于 0.5, 平均值分别为 0.66 和 0.53; Ⅲ类储层 $K_{rw}(S_{gr})$ 主要介于 0.2~0.5 之间, 平均值为 0.36; Ⅳ类储层 $K_{rw}(S_{gr})$ 一般小于 0.2, 平均值仅为 0.14。

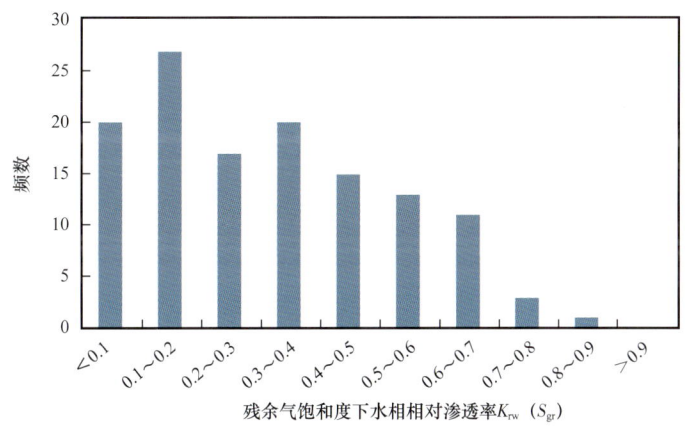

图 3-19 残余气饱和度下水相相对渗透率分布

4. 等渗点相对渗透率小，含水饱和度较大

等渗点是气水相对渗透率曲线上气相相对渗透率和水相相对渗透率相等的点, 即曲线交叉点。等渗点渗透率 $[K_{rx}(S_x)]$ 反映了储层存在两相渗流时渗透率的最大损害程度。致密砂岩储层等渗点渗透率较小, 一般不大于 0.25 (图 3-21), 平均值仅为 0.09, 说明苏里格致密砂岩储层中气、水两相流体之间的干扰严重, 原因在于致密砂岩储层孔隙半径与喉道半径的差异较大, 气体在通过小喉道时需要拉长、变形的程度更明显, 容易产生贾敏

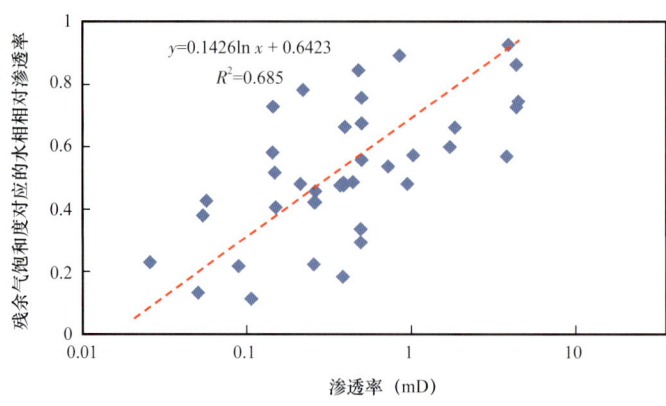

图 3-20 残余气饱和度对应的水相相对渗透率与绝对渗透率关系

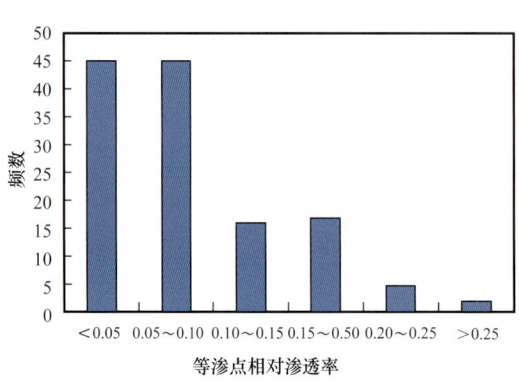

图 3-21 等渗点相对渗透率分布

效应，从而减弱了其流动能力。与此同时，气体堵塞了喉道口使得水相也难以流通，最终导致气、水两相渗透率的损害程度增大。经统计，苏里格地区致密砂岩储层孔喉比的平均值高达 230，而常规砂岩孔喉比平均值仅为 50。随着储层变差，等渗点渗透率逐渐减小，Ⅰ类储层等渗点渗透率总体大于 0.16，平均值为 0.19；Ⅱ类储层等渗点渗透率主要介于 0.10~0.16 之间，平均值为 0.14；Ⅲ类储层等渗点渗透率主要介于 0.03~0.10 之间，平均值为 0.08；Ⅳ类储层等渗点渗透率极低，一般小于 0.03，平均值为 0.02。

苏里格致密砂岩储层等渗点含水饱和度（S_x）分布的高峰区间为 70%~80%（图 3-22，图 3-23），平均值为 73.6%，高于常规砂岩储层，其主要原因在于束缚水饱和度（S_{ws}）整体较高。对苏里格气藏致密砂岩Ⅰ类至Ⅳ类储层统计分析发现，等渗点含水饱和度（S_x）的大小与储层类型相关性弱，规律性不强。

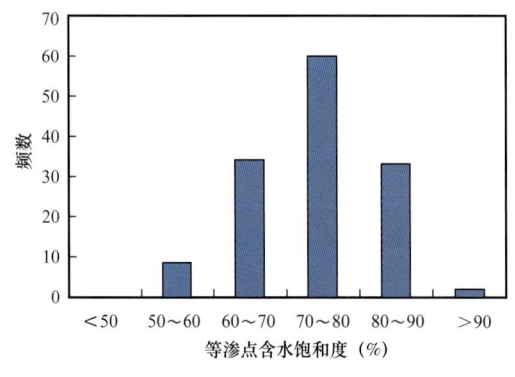

图 3-22 等渗点含水饱和度分布

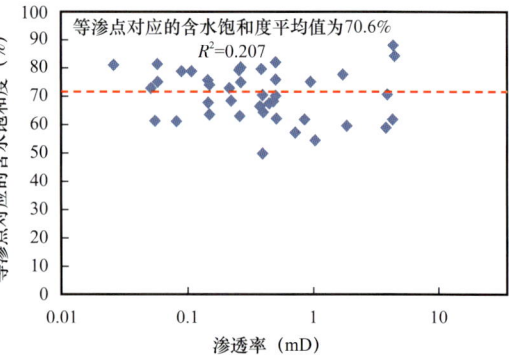

图 3-23 等渗点对应的含水饱和度与绝对渗透率的关系

5. 气水两相共渗区面积较小

屈雪峰等（2012）提出"油水两相共渗区面积"的概念，并将其作为特低渗油藏储层评价参数之一。同理可应用到致密砂岩储层气水相对渗透率曲线，将水相相对渗透率曲线和气相相对渗透率曲线与 X 轴围成区域的面积定义为"气水两相共渗区面积"，其优点在于综合考虑了共渗区的含水饱和度范围、等渗点相对渗透率的大小和共渗区内气水两相相对渗透率的变化情况。苏里格致密砂岩储层渗透率越小，气水两相共渗区范围越小

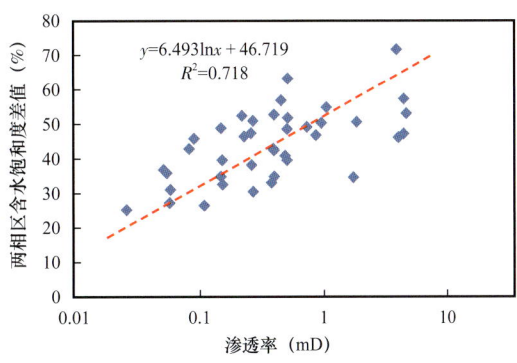

图 3-24 两相区含水饱和度差值与绝对渗透率的关系

（图 3-24）。根据定积分公式计算出致密砂岩储层气水两相共渗区面积一般为 0.10%～5.7%，平均值为 1.7%，较常规储层小。其中Ⅰ类储层一般为 2.5%～5.7%，平均值为 2.9%；Ⅱ类储层为 1.5%～2.5%，平均值为 2.1%；Ⅲ类储层为 1.0%～1.5%，平均值为 1.4%；Ⅳ类储层两相共渗区面积一般小于 1.0%，平均值为 0.6%（图 3-25），而等渗点相对渗透率 $K_{rx}(S_x)$ 对两相共渗区面积有重要影响。

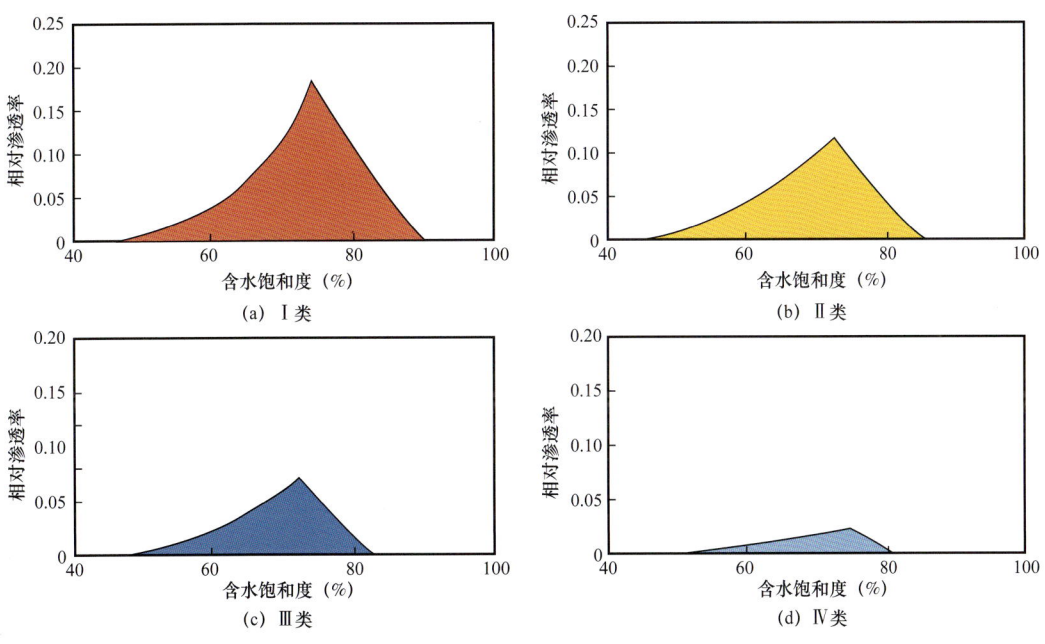

图 3-25 Ⅰ类至Ⅳ类储层气水两相共渗区面积对比

6. 特殊的水相优势型相对渗透率曲线

水相优势型相对渗透率曲线指残余气饱和度下的水相相对渗透率 $[K_{rw}(S_{gr})]$ 大于束缚水饱和度下的气相相对渗透率 $[K_{rw}(S_{gr})]$ 的相对渗透率曲线，而气相优势型则与之相反，即残余气饱和度下的水相相对渗透率 $[K_{rw}(S_{gr})]$ 小于束缚水饱和度下的气相相对渗透率 $[K_{rw}(S_{gr})]$ 的相对渗透率曲线。常规砂岩储层气水相对渗透率曲线一般表现为气相优势型，而致密砂岩储层还存在特殊的水相优势型相对渗透率曲线，所占比例达 45.8%（图 3-26）。

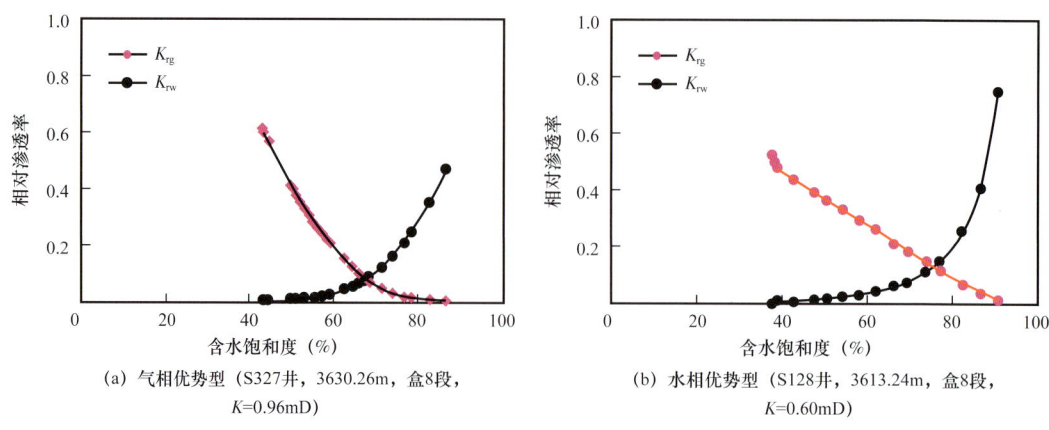

(a) 气相优势型（S327井，3630.26m，盒8段，K=0.96mD）

(b) 水相优势型（S128井，3613.24m，盒8段，K=0.60mD）

图3-26 两种常见致密砂岩储层气水相对渗透率曲线形态

经统计发现，气相优势型相对渗透率曲线储层与水相优势型相对渗透率曲线储层表现出不同的特征。前者孔隙度和渗透率整体较大，平均孔隙度为10.34%，平均渗透率为1.12mD；后者孔隙度和渗透率较小，平均孔隙度和平均渗透率分别为8.93%和0.41mD。薄片资料显示，气相优势型相对渗透率曲线对应储层的填隙物含量明显比水相优势型的低，平均体积分数分别为19.54%和25.10%。黏土矿物组成分析表明，气相优势型相对渗透率曲线对应储层高岭石、水云母和绿泥石的平均体积分数明显较低，分别为4.68%、1.72%和0.4%，而水相优势型相对渗透率曲线对应储层三者的平均体积分数分别为6.95%、3.25%和3.4%。其中高岭石和水云母是重要的速敏矿物，在流体的冲刷下部分矿物会随流体移动，堵塞、分割孔隙和喉道，尤其在细小喉道中对渗透率的影响更大。由于致密砂岩储层孔喉半径小，使得黏土矿物对储层的堵塞程度更为严重，水相优势型相对渗透率曲线在致密砂岩储层中较为常见。

三、气水相对渗透率曲线分类

就常规应用情况来看，致密砂岩储层气水相对渗透率曲线的分类通常基于储层类型，根据以上特征点参数大小及变化规律可将致密砂岩储层气水相对渗透率曲线分为四类，并分别对应Ⅰ类至Ⅳ类储层，此分类方法对气藏数值模拟提供了重要参数。

1. Ⅰ类相对渗透率曲线

Ⅰ类相对渗透率曲线对应储层的气测渗透率K不小于1.0mD，束缚水饱和度下的气相相对渗透率$K_{rg}(S_{ws})$不小于0.7，残余气饱和度下的水相相对渗透率$K_{rw}(S_{gr})$不小于0.5，通常表现为常规气相优势型，等渗点对应的气水两相相对渗透率$K_{rx}(S_x)$不小于0.16。束缚水饱和度（S_{wc}）和残余气饱和度（S_{gr}）总体均较小，前者介于23.9%~48.5%之间，平均值为43.2，后者介于4.9%~13.7%之间，平均值为10.4%；等渗点的含水饱和度（S_x）平均值为75.2%，气水两相共渗区（S）较大，平均值为3.0%。

薄片资料和压汞资料显示，Ⅰ类相对渗透率曲线对应样品的岩石类型均为石英砂岩，孔隙类型主要为粒间孔、晶间孔与岩屑溶孔组成的复合型孔隙，排驱压力小，平均值为0.47MPa，孔隙结构好，最大孔喉半径和平均孔喉半径分别为1.61μm和0.23μm，分选系数为0.22，结构渗流系数大，平均值为50.23，属于Ⅰ类储层。

2. Ⅱ类相对渗透率曲线

Ⅱ类相对渗透率曲线有两种形态：第一种Ⅱ$_A$曲线表现为特殊的水相优势型，除此之外其他参数与Ⅰ类相对渗透率曲线相同。第二种Ⅱ$_B$曲线表现为常规的气相优势型，对应储层渗透率 K 介于 0.5～1.0mD 之间，束缚水饱和度下的气相相对渗透率 $K_{rg}(S_{wc})$ 介于 0.4～0.7 之间，残余气饱和度下的水相相对渗透率 $K_{rw}(S_{gr})$ 不小于 0.5，等渗点对应的气水两相相对渗透率 $K_{rx}(S_x)$ 介于 0.10～0.16 之间。总体上束缚水饱和度 S_{wc} 介于 33.7%～54.4% 之间，平均值为 45.9%；残余气饱和度 S_{gr} 介于 7.5%～19.1% 之间，平均值为 14.1%；等渗点含水饱和度 S_x 平均值为 72.5%；气水两相共渗区面积 S 平均值为 2.0%。

Ⅱ类相对渗透率曲线样品的薄片和压汞资料显示，主要岩石类型为岩屑石英砂岩和石英砂岩，体积分数分别为 55% 和 45%，多见晶间孔—溶孔，孔隙结构较好，平均排驱压力为 1.09MPa，最大孔喉半径和平均孔喉半径分别为 0.82μm 和 0.11μm，分选系数平均值为 0.11，结构渗流系数平均值为 10.16，对应Ⅰ类、Ⅱ类储层。

3. Ⅲ类相对渗透率曲线

Ⅲ类相对渗透率曲线也有两种形态：第一种Ⅲ$_A$曲线表现为特殊的水相优势型，除此之外其他参数与Ⅱ$_B$相对渗透率曲线相同。第二种Ⅲ$_B$曲线所对应储层渗透率 K 小于 0.5mD，束缚水饱和度下的气相相对渗透率 $K_{rg}(S_{wc})$ 小于 0.4，残余气饱和度下的水相相对渗透率 $K_{rw}(S_{gr})$ 小于 0.5，等渗点对应的气水两相相对渗透率 $K_{rx}(S_x)$ 小于 0.10。总体上，束缚水饱和度 S_{wc} 介于 34.0%～71.2% 之间，平均值为 46.1%；残余气饱和度 S_{gr} 介于 9.7%～23.9% 之间，平均值为 14.3%；等渗点含水饱和度 S_x 平均值为 73.1%；气水两相共渗区面积 S 平均值为 1.5%。

Ⅲ类相对渗透率曲线样品的薄片资料和压汞资料显示，其岩石类型主要为岩屑砂岩和岩屑石英砂岩，溶孔和微孔发育，孔隙结构差，平均排驱压力为 4.67MPa，最大孔喉半径和平均孔喉半径分别为 0.55μm 和 0.03μm，结构渗流系数平均值为 2.52，分选系数平均值为 0.03，即Ⅱ类至Ⅳ类储层均有发育。

第三节 基于相对渗透率曲线的产水气井开采效果

一、苏里格气田气井产水情况

苏里格气田主力气层盒 8 段和山 1 段均属于岩性圈闭气藏，储层的分布受砂体展布和物性的控制，纵向上无统一的气水界面，横向上也无统一的气水边界，但局部存在地层水或富水区。

目前苏里格气田投产气井 14000 余口，其中产水气井 3560 口，主要集中在苏里格气田西区，平均水气比为 0.5m³/10⁴m³。总体来说，苏里格气田气井产水量较小，且比较稳定。但由于产能较低，导致水气比较高，产水气井较不产水井产量递减更快，少数井存在少量积液，影响气井正常生产（图 3-27）。

一般说来，气井产出水主要有三种类型，分别为工作液、凝析水和地层水。工作液属于外来水，主要包括钻井液、作业液、压裂液等，在钻井或施工过程中滤失在地层中，产这类水的特点是在生产初期或开井时产水量较高，但很快就降低。凝析水是指在地层条件下以水蒸气的形式存在于天然气中,天然气采出后由于温度压力的变化,其中的水蒸气析出,形成凝析水;凝析水矿化度一般低于地层水。地层水指的是地下游离水,矿化度较高,生产上一般表现为产水量大,在生产过程中产水量和水气比均有上升趋势。苏里格气田总的来说产水量不大,目前大多认为产出的是凝析水,气井生产水气比主要在 0.40~0.60m³/10⁴m³ 之间。但这一水气比又比理论计算值要高得多,存在难以解释的现象。

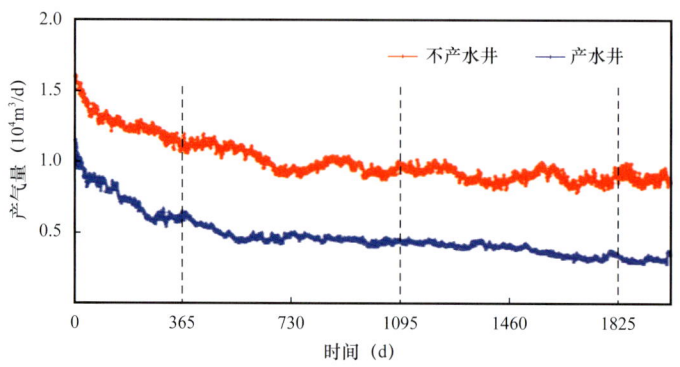

图 3-27 不产水井与产水井日产气量变化曲线

天然气中水蒸气含量的多少与地层温度、压力、气体组成和液体水的含盐量有关。温度和天然气中 CO_2 含量越高,水蒸汽含量越高;压力和水中含盐量越高,水蒸气含量反而越低。计算天然气中含水量的方法很多,而在实践中广泛应用实验曲线法(图版法)和在图版法基础上归纳而来的经验公式法。但对于低渗致密气藏而言,理论方法计算的凝析水气比与实测值差异较大,其原因主要是低渗致密气藏含水饱和度相对较高,除储层本身含有部分可动水外,生产过程中由于基质渗透率低,孔隙中的气体流速较高,将带动部分孔隙中的水参与流动,使原来的束缚水部分变成可动水。因此低渗致密气藏的气井产出的水除凝析水外,还包含部分随气流运动产出的孔隙中的可动水,致使低渗气井生产水气比较高。

二、产水气井开采效果评价

产水气井开采效果的评价包含两个方面,一是产水对气井产能的影响;二是产水对气井最终累计采气量的影响,即产水对气井最终采收率的影响。

1. 产水气井产能评价

根据气井二项式产能方程,气井产能和产量变化规律通常表述为:

$$p_R^2 - p_{wf}^2 = Aq_g + Bq_g^2 \quad (3-4)$$

则气井的产能为:

$$q_{AOF} = \frac{-A + \sqrt{A_2 + 4BP_R^2}}{2B} \quad (3-5)$$

对应一定生产压差下的气井产量为:

$$q_{\mathrm{g}} = \frac{-A + \sqrt{A_2 + 4B\left(P_{\mathrm{R}}^2 - P_{\mathrm{wf}}^2\right)}}{2B} \quad (3\text{-}6)$$

由此可见，只要确定出气井二项式产能方程 A 和 B，气井的产能及产量变化规律便可获得。因此，研究二项式产能方程系数 A、B 便成为关键。

气井二项式产能方程系数可表达为：

$$A = \frac{8.484 \mu Z T p_{\mathrm{sc}}}{K h T_{\mathrm{sc}}} \left[\lg\left(\frac{0.472 r_{\mathrm{e}}}{r_{\mathrm{w}}}\right) + 0.434 S \right] \quad (3\text{-}7)$$

$$B = \frac{3.69 \mu Z T p_{\mathrm{sc}} D}{K h T_{\mathrm{sc}}} \quad (3\text{-}8)$$

令

$$C_1 = \frac{8.484 \mu Z T p_{\mathrm{sc}}}{h T_{\mathrm{sc}}} \left[\lg\left(\frac{0.472 r_{\mathrm{e}}}{r_{\mathrm{w}}}\right) + 0.434 S \right] \quad (3\text{-}9)$$

$$C_2 = \frac{3.69 \mu Z T p_{\mathrm{sc}} D}{h T_{\mathrm{sc}}} \quad (3\text{-}10)$$

式中　μ——天然气黏度，mPa·s；
　　　Z——天然气偏差因子；
　　　T——地层温度，K；
　　　T_{sc}——地面标准温度，K；
　　　p_{R}——平均地层压力，MPa；
　　　p_{wf}——井底流动压力，MPa；
　　　p_{sc}——地面标准压力，MPa；
　　　q_{g}——气井产量，m³/d；
　　　q_{AOF}——气井绝对无阻流量，m³/d；
　　　h——气层有效厚度，m；
　　　K——地层有效渗透率，mD；
　　　r_{e}——供气半径，m；
　　　r_{w}——井眼半径，m；
　　　S——真实表皮系数；
　　　D——紊流系数，(m³/d)²。

对于不产水气井，即储层含水饱和度等于束缚水饱和度时，式（3-7）、式（3-8）中地层有效渗透率 $K=K_{\mathrm{g}}(S_{\mathrm{ws}})$，则有：

$$A = C_1/K_{\mathrm{g}}(S_{\mathrm{ws}}),\quad B = C_2/K_{\mathrm{g}}(S_{\mathrm{ws}})$$

对于产水气井，即储层含水饱和度为 S_{w} 且大于束缚水饱和度，式（3-7）、式（3-8）中地层气相有效渗透率 $K = K_{\mathrm{rg}} \times K_{\mathrm{g}}(S_{\mathrm{ws}})$，则有：

$$A_1=C_1/[K_{rg}\times K_g(S_{ws})], \quad B_1=C_2/[K_{rg}\times K_g(S_{ws})]$$

令产水气井的产能为 q_{AOF1},则有:

$$q_{AOF1}=\frac{-A_1+\sqrt{A_1^2+4BP_R^2}}{2B_1} \qquad (3-11)$$

则产水气井与不产水气井($K_{rg}=1$)产能的比值为:

$$\frac{q_{AOF1}}{q_{AOF}}=\frac{B}{B_1}\left[\frac{-A_1+\sqrt{A_1^2+4B_1p_R^2}}{-A+\sqrt{A^2+4Bp_R^2}}\right]=K_{rg}\left[\frac{-A_1+\sqrt{A_1^2+4B_1p_R^2}}{-A+\sqrt{A^2+4Bp_R^2}}\right] \qquad (3-12)$$

令

$$\alpha=\left[\frac{-A_1+\sqrt{A_1^2+4B_1p_R^2}}{-A+\sqrt{A^2+4Bp_R^2}}\right] \qquad (3-13)$$

则产水气井的产能为:

$$q_{AOF1}=K_{rg}\cdot\alpha\cdot q_{AOF} \qquad (3-14)$$

由式(3-14)可知,α 与气相相对渗透率 K_{rg} 密切相关,即与储层的含水饱和度密切相关。

利用苏里格气田不同类型气井(产能不同)获得的产能方程,研究 $K_{rg}\cdot\alpha$ 与气相相对渗透率 K_{rg} 的变化规律(图 3-28)。而气相相对渗透率 K_{rg} 与含水饱和度的关系可利用气水相对渗透率曲线获得。

由图 3-28 可以看出:对于不同类型气井,$K_{rg}\cdot\alpha$ 与气相相对渗透率 K_{rg} 的变化规律基本相同;同时研究了不同地层压力条件下二者的变化规律(图 3-29),表明 $K_{rg}\cdot\alpha$ 不受地层压力的影响。

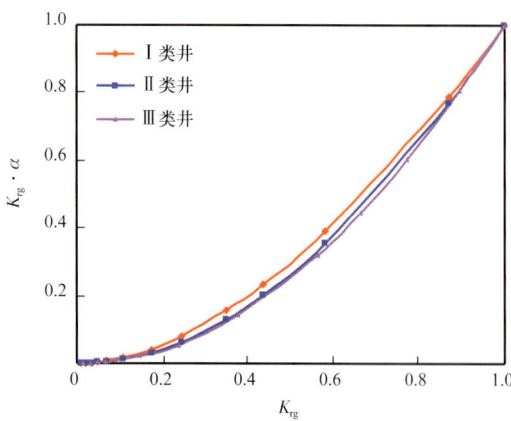 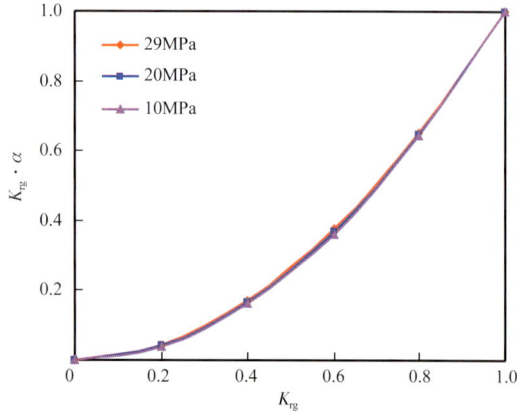

图 3-28 气相相对渗透率 K_{rg} 与 $K_{rg}\cdot\alpha$ 关系曲线 　　图 3-29 不同地层压力条件下气相相对渗透率 K_{rg} 与 $K_{rg}\cdot\alpha$ 关系曲线

为此，可以得到苏里格气田不同类型气井普遍遵守的 $K_{rg} \cdot \alpha$ 与气相相对渗透率 K_{rg} 的变化规律，可表达为：

$$K_{rg} \cdot \alpha = 0.9926 K_{rg}^2 + 0.0081 K_{rg} - 0.0003 \quad (3-15)$$

同理，可得到产水气井产量的表达式为：

$$q_{g1} = K_{rg} \cdot \alpha \cdot q_g \quad (3-16)$$

式中 q_{g1}——产水气井产量，$10^4 \text{m}^3/\text{d}$。

至此，只要已知储层的含水饱和度，便可利用气水相对渗透率曲线得到对应的气相相对渗透率 K_{rg}，进而利用式（3-14）、式（3-16）确定产水气井的产能和任意生产压差下的产量。

图 3-30 为苏里格气田典型井在不同含水饱和度下的 IPR 曲线。可以看出，随着含水饱和度的增大，气相相对渗透率减小，气井产能急剧下降；当气相相对渗透率 K_{rg} 小于 0.5 后，气井产能及产量下降速度更快、幅度更大。

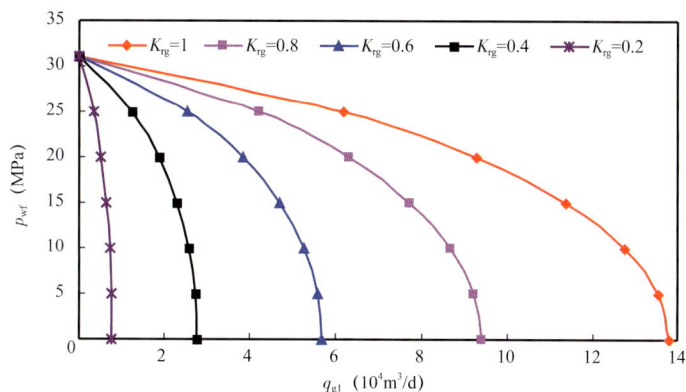

图 3-30 典型井不同含水饱和度下的 IPR 曲线

2. 产水气井开采效果评价

气井产水后，开采效果将会变差，其实质是气井累计采气量的降低，因此，若能预测产水气井的累计采气量，便可实现对其开采效果的评价，进而实现气井产水对采收率的定量评价。

苏里格气田气井产量符合衰竭式递减，可表达为：

$$q_g = \frac{q_i}{(1 + 0.5 D_i t)^2} \quad (3-17)$$

则气井累计采气量为：

$$G_p = \int_0^t q_g \text{d}t \quad (3-18)$$

式中 q_i——气井初始产量，$10^4 \text{m}^3/\text{d}$；

D_i——初始递减率，1/mon；

t——生产时间，mon；

G_p——气井生命周期内累计采气量，10^4m^3。

将产水气井产量 q_{g1} 代入式（3-18），得：

$$G_{p1} = \int_0^t q_{g1} dt = \int_0^t K_{rg} \alpha q_g dt = K_{rg} \alpha \int_0^t q_g dt = K_{rg} \alpha G_p \quad (3-19)$$

式中　G_{p1}——产水气井生命周期内最终累计采气量，$10^4 m^3$。

图 3-31 为苏里格气田不同典型井不同气相相对渗透率 K_{rg}（亦即不同含水饱和度）条件下的累计产气量变化曲线。可以看出，气井产水后，气井最终累计采气量减少。含水饱和度越高，即气相相对渗透率 K_{rg} 越小，气井累计采气量减小幅度越大。

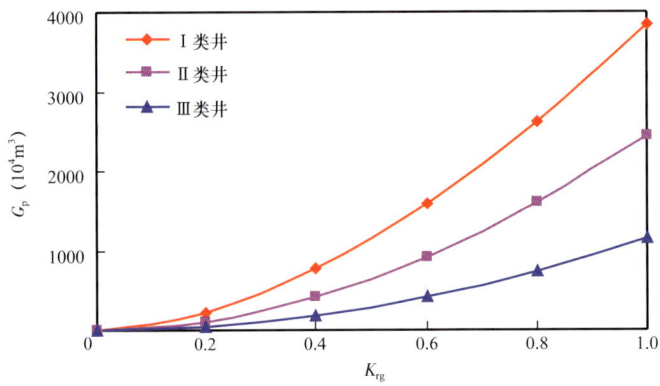

图 3-31　不同类型产水气井累计采气量变化规律

求得气井累计采气量，便可依据下式获得不同含水饱和度条件下气井的采收率（图 3-32）。

$$R_1 = \frac{G_{p1}}{N_1} = R K_{rg} \alpha \frac{(1-S_{ws})}{(1-S_w)} \quad (3-20)$$

式中　R——无水气井采收率；
　　　R_1——产水气井采收率。

3. 方法应用

上述推导过程已经给出了产水气井产能、产量、累计产气量和采收率的定量评价方法，但通常测井解释的含水饱和度可信度较差，实际应用中需要根据气井生产中的产水量和水气比，建立产水气井水气比与储层含水饱和度的关系，为上述方法的应用奠定基础。

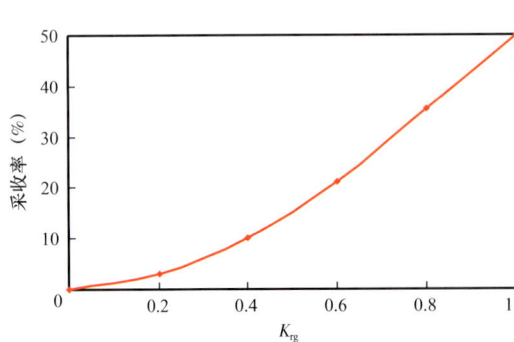

图 3-32　不同含水饱和度条件下气井采收率变化曲线

在考虑凝析水气比的条件下，井底含水率可表达为：

$$f_w = \frac{B_w(\text{WGR} - R_{wgr})}{B_w(\text{WGR} - R_{wgr}) + 10000 B_g} \quad (3-21)$$

不同含水饱和度（不同相对渗透率）条件下的井底含水率为：

$$f_w = \cfrac{1}{1 + \cfrac{K_{rg}\mu_w}{K_{rw}\mu_g}}$$ （3-22）

联立式（3-21）、式（3-22）可得：

$$\frac{K_{rg}}{K_{rw}} = \frac{10000 B_g \mu_g}{B_w (WGR - R_{wgr}) \mu_w}$$ （3-23）

式中　f_w——含水率；

　　　WGR——水气比，$m^3/10^4m^3$；

　　　R_{wgr}——凝析水气比，$m^3/10^4m^3$；

　　　B_w——地层水体积系数；

　　　B_g——天然气体积系数；

　　　μ_g——天然气黏度，mPa·s；

　　　μ_w——地层水黏度，mPa·s。

在已知产水气井水气比的条件下，利用式（3-23）可得到 K_{rg}/K_{rw}，结合实验室获得的气水相对渗透率曲线，便可获得对应的含水饱和度（S_w）及气相相对渗透率 K_{rg}，进而利用本书方法实现产水气井的开采效果评价。

1）气水相对渗透率曲线的获得

通常获得气水相对渗透率曲线的途径是室内试验，但分析已获得的气水相对渗透率曲线，其形态多样，主要取决于储层的渗透率。为此首先按照不同的渗透率级别通过归一化处理，得到的苏里格气田具有一定代表性的气水相对渗透率曲线如图 3-33、图 3-34 所示（随着实验资料的增加，分类可进一步细划）。

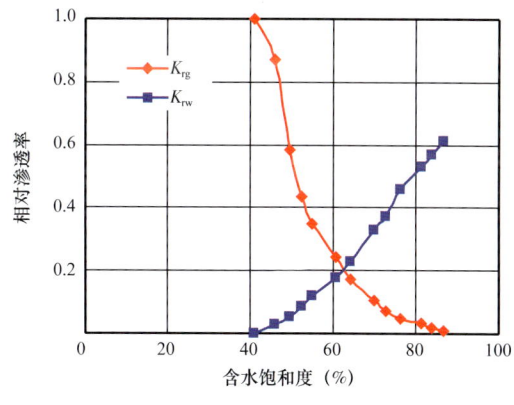

图 3-33　气水相对渗透率曲线（$K>0.5$）

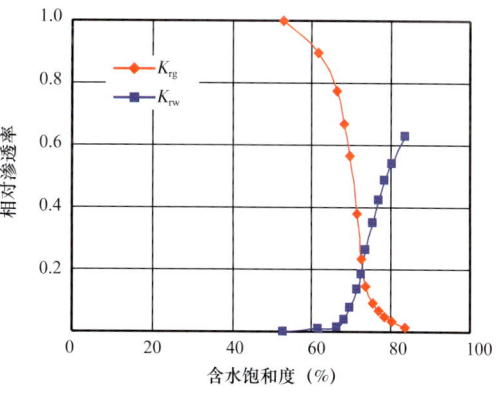

图 3-34　气水相对渗透率曲线（$K<0.5$）

可以看出，随着渗透率的降低，一是束缚水饱和度增大，二是两相共渗区间变窄。表明渗透率越低，储层中气水两相同时流动的可能性在降低。

2）产水气井水气比与储层含水饱和度的关系

为了建立产水气井水气比与储层含水饱和度的关系，将常规气水相对渗透率曲线转化为如图 3-35、图 3-36 所示，即建立含水饱和度与 K_{rg}/K_{rw} 的关系。

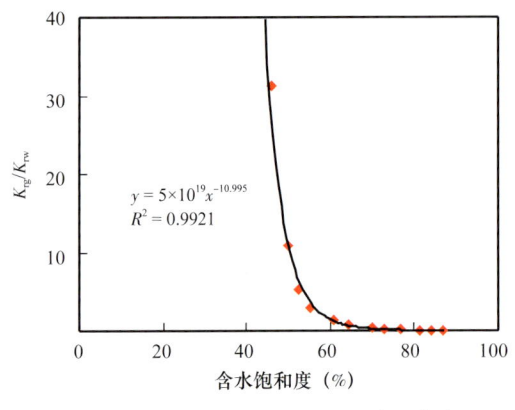

图 3-35 含水饱和度与 K_{rg}/K_{rw} 关系曲线（$K>0.5$）

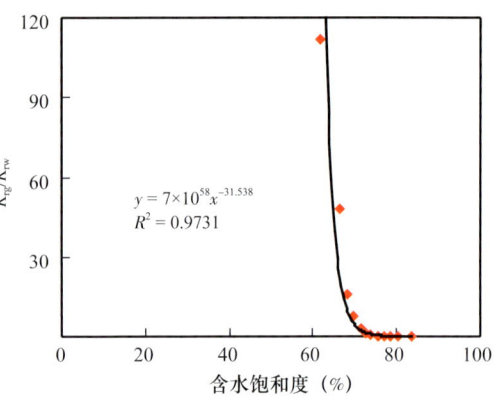

图 3-36 含水饱和度与 K_{rg}/K_{rw} 关系曲线（$K<0.5$）

3）计算实例

以 SM-X-X 井为例，该井生产层位为盒 8 段和山 1 段，孔隙度为 8.2%，渗透率为 0.55mD，地层压力为 29.0MPa，地层温度为 110℃。2011 年投产，初期日产气量为 $1.2×10^4m^3$，套压为 18.9MPa，水气比为 $1.48m^3/10^4m^3$；目前日产气量为 $0.6×10^4m^3$，套压为 12.3MPa，累计产气量 $891.6×10^4m^3$（图 3-37）。

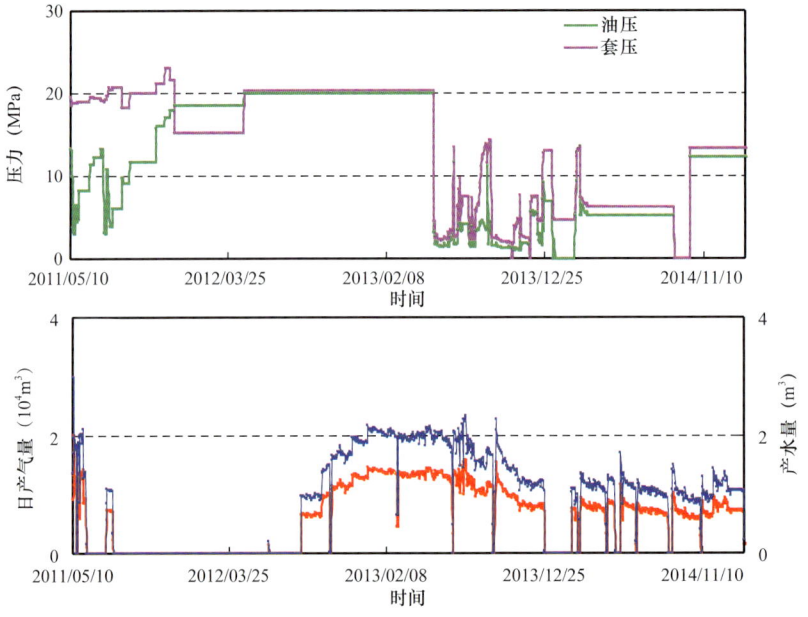

图 3-37 苏 SM-X-X 井生产曲线

利用上述方法，气井开采效果评价的步骤如下。

步骤 1：已知 WGR=$1.48m^3/10^4m^3$，利用式（3-23）求得 K_{rg}/K_{rw}=22.1；利用图 3-35 和图 3-33，得含水饱和度为 46.7%，气相相对渗透率 K_{rg} 为 0.82。

步骤 2：利用苏里格气田不同类型气井的 $K_{rg}·α$ 与气相相对渗透率 K_{rg} 的变化规律式（3-15），求取该含水饱和度条件下 $K_{rg}·α$ 为 0.67，代入式（3-14）求得产水气井产能降低程度为 33%。

步骤 3：已知该区块相同储层条件不产水气井累计采气量为 $2260 \times 10^4 \text{m}^3$，采收率为 50%，代入式（3-19）和式（3-20），得到该含水饱和度条件下，气井最终累计采气量为 $1523 \times 10^4 \text{m}^3$，采收率为 36.8%。即产水致使气井累计产气量降低程度达到 33%，采收率降低程度为 26.4%。

同时，应用实际生产资料，对苏里格气田 27 口不同产水程度气井进行开采效果评价，建立了不同产水程度（不同水气比）条件下，产水对气井产能和最终累计采气量及采收率的变化规律（图 3-38，图 3-39），为现场不同产水程度气井合理配产及其开采效果评价提供了技术支持。

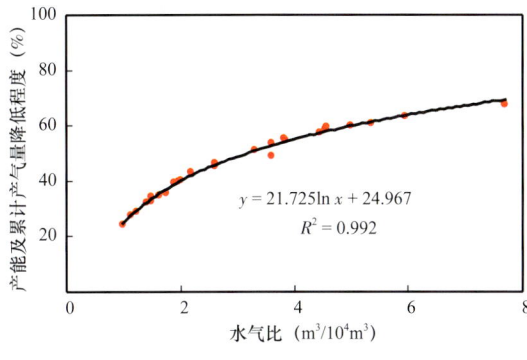

图 3-38 水气比对气井产能及累计采气量影响程度变化曲线

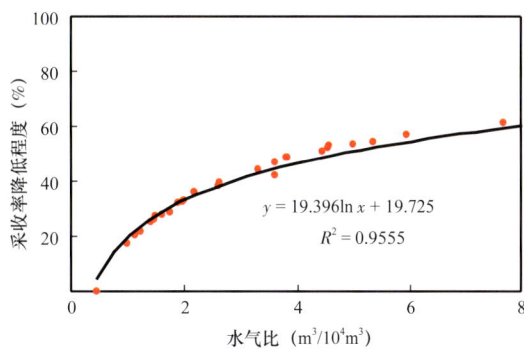

图 3-39 水气比对气井采收率影响程度变化曲线

第四章 致密砂岩气藏地质建模

油气藏三维地质模型既是油气藏描述的核心内容和最终成果体现，又是油气田开发方案编制、开发效果综合评价和油气藏精细管理的基础和依据。地质模型的精度不但受地质认识程度的影响，而且受建模方法的影响。不同类型储层建模方法往往不同，合理可行的建模思路与适合的建模方法有效结合是建立气藏精细模型的关键。苏里格气田是典型的致密砂岩气藏，储层非均质性强，传统的建模方法难以适用。本章将在传统建模方法基础上探索适合目标储层的最优建模技术，建立精细的三维气藏模型，为井网优化等开发技术政策制定和气藏精细化管理奠定基础。

第一节 建模方法概述

储层地质建模实际上是表征储层空间结构及参数的空间分布和变化特征，其核心是井间储层预测。随着技术的进步，特别是计算机软硬件、大数据云计算的快速发展，地质建模已经实现了从定性到定量、从二维到三维甚至四维空间的飞跃，建模方法从传统单一的确定性建模发展到有多种可能实现的随机建模。但对储层非均质性极强的致密砂岩气藏，随机建模是更为科学的建模方法。

一、随机建模的几个关键概念

1. 区域化变量概念及基本特征

区域化变量，即是用空间数据构型来表征一个自然现象的变量，通常的岩相、孔隙度和渗透率等，都为区域化变量。它既是统计学研究的对象，又是克里金方法的理论基础。区域化变量能同时反映地质变量几种特征：

（1）随机性：当空间一点 x_1 固定后，x_2 点处的储层物性值相对于 x_1 为一个随机变量。

（2）结构性：在空间两个不同点 x 与 $x+h$（此处 h 也是个三维向量，它的值表示 x 点与 $x+h$ 点的距离）处的物性值 $Z(x)$ 与 $Z(x+h)$ 具有某种程度的自相关性，这种相关性反映了储层沉积过程的结构性。

（3）局部性：区域化变量，顾名思义，只限于一定的区域内，称之为区域化的几何域；区域化变量一般是按几何概念定义的，既指平面上的几何概念，也包括空间立体上的。任何的区域化变量都是在一定的范围内才有意义。

（4）连续性：区域化变量这种特性的存在，使得储层的某些属性（如孔隙度、渗透率等）具有被模拟表征的可能性。如果区域化变量不具备这样的性质，那么模拟出来的井间参数就没有意义。连续性是通过两个相邻样品之间的变差函数来表征的。

（5）各向异性：某一区域内，并非所有的变量都是各向异性的，部分变量具有相同的特征。

区域化变量的上述几种特性几乎同时存在，仅用经典概率统计方法不足以描述这些特性，而地质统计学中变差函数的引入恰恰能够很好地解决这个问题。

2. 变差函数概念及基本特征

地质数据具有结构性和随机性特征，变差函数是属性参数在空间随距离变化的度量，它表征属性参数空间位置的变化尺度。对于二阶平稳的区域化变量 $Z(x)$，变差函数是指 $Z(x)$ 在 x 与 $x+h$ 两点处增量的方差之半，数学表达式为：

$$\gamma(h) = \frac{1}{2} E\left\{[Z(x) - Z(x+h)]\right\}^2 \tag{4-1}$$

根据样品点计算的变差函数叫实验变差函数，其计算公式为：

$$\gamma^*(h) = \frac{1}{2N(h)} \sum_{i=1}^{N(h)} [Z(x_i) - Z(x_i + h)]^2 \tag{4-2}$$

式中　x_i——第 i 个观测点的坐标；

　　　$Z(x_i)$，$Z(x_2+h)$——分别为 x_i 和 x_i+h 两点处的观测值；

　　　h——两个观测点 x_i 和 x_i+h 之间的距离；

　　　$N(h)$——相距 h 数据对的数目；

　　　$\gamma^*(h)$——实验变差函数值，以 h 为横坐标、$\gamma^*(h)$ 为纵坐标，构成变差函数图。

变差函数 $\gamma(h)$ 随滞后距 h 变化的各项特征，包括影响区域的大小、空间各向异性程度及变量的空间连续性，反映了区域化变量的各种空间变异性。这些特征可通过变差函数图的各项参数来表示：变程（Range）、块金（Nugget）值、基台（Sill）值（图 4-1）。其物理意义如下。

变程（Range）：对区域化变量在空间相关性范围的控制。其核心是保证变量在变程之内，否则变程之外的数据不具有相关性，对于估计结果不产生任何影响。

块金值（Nugget）：如果变差函数在原点间断，称为"块金效应"，反映在很短的距离内有较大的空间变异性，而在数学上块金值相当于变量纯随机性部分，它可以由测量误差引起。

基台值（Sill）：代表变量在空间上的总变异性大小，即为变差函数在 h 大于变程的值，其为块金值与拱高之和。

各种变差函数的理论模型是从区域化变量空间变异性的特点抽象归纳出来的。常用的理论变差函数模型包括以下三种（图 4-2）：

1）球状模型

$$\gamma(h) = \begin{cases} C_0 + C\left(\dfrac{3h}{2a} - \dfrac{h^3}{2a^3}\right) & (0 < h \leqslant a) \\ C_0 + C & (h > a) \end{cases} \tag{4-3}$$

式中　C_0——块金常数；

　　　C——拱高；

C_0+C——基台值；

a——变程。

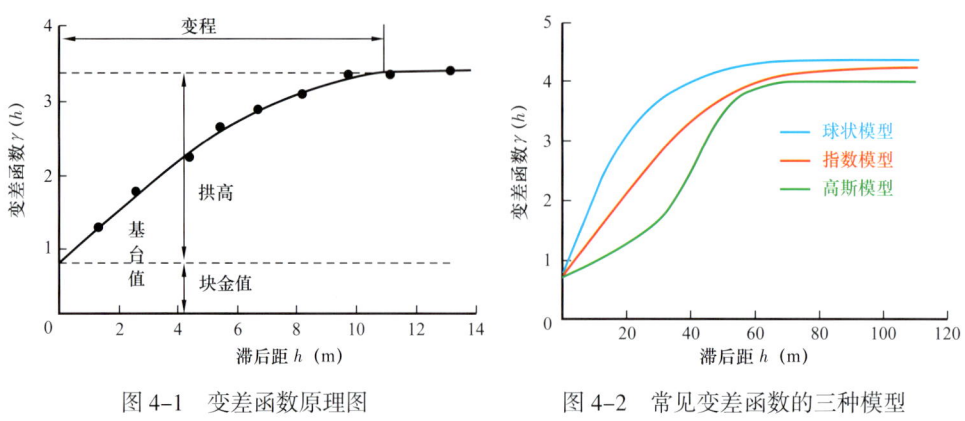

图 4-1 变差函数原理图　　　　图 4-2 常见变差函数的三种模型

接近原点处，变差函数趋于线性，在变程处达到基台值。储层的大部分岩石物性参数空间分布的结构特征都可以用此模型描述，如渗透率、孔隙度等。当 C_0 取值为 0 时，$\gamma(h)$ 为 0。

2）高斯模型

$$\gamma(h) = C_0 + C\left(1 - e^{-\left(\frac{3h}{a}\right)}\right) \tag{4-4}$$

变差函数渐进逼近基台值。在实际变程 a 处，变差函数为 $0.93C_0$，模型在原点处为抛物线，该模型连续性好但稳定性较差。

3）指数模型

$$\gamma(h) = C_0 + C\left|1 - e^{-h/a}\right| \tag{4-5}$$

此处 a 不是变程。因为当 $h=3a$ 时，有 $1-e^{-h/a} = 1-e^{-3} \approx 0.95 \approx 1$，$\gamma(h) = C_0 + C$，其变程为 $3a$。当 $C_0=0$，$C=1$ 时称为标准指数函数模型。

区域化变量的结构分析是指结合地质认识和区域化变量有限的空间观测值求取变差函数模型的过程。其步骤为：数据准备→实验变差函数计算→理论变差函数模型的最优化拟合→变差函数参数的最优性检验。

3. 样本数据的正态得分原理

根据已知样本数据对井间未知参数做随机预测时，常常需要对原始数据进行正态得分转换。所谓正态得分转换（Normal Score）就是指将任一非正态分布函数 $F(x)$ 与标准正态分布函数 $E(y)$ 联系起来（Goovaerts，1997；Deutsch 和 Journel，1998）。如图 4-3 所示，在正态得分转换过程中，变量 x 被转换后服从正态分布；在逆向转换过程中，服从正态分布的变量 y 被转换回原来的分布。换句话说，随机变量 x 和 y 是通过其累计概率分布联系起来的：

$$F(x)=E(y)$$

$$y=E^{-1}[F(x)] \quad (4-6)$$

$$x=F^{-1}[E(y)]$$

y 是 x 经过转换后的值，服从标准正态分布，$y\sim N(0,1)$。在具体的转换过程中，对每个时间步长、每个元素都要建立该概率函数，然后将模型中的变量进行正态得分转换；在转换后的变量空间内进行数据融合，然后将更新后的模型进行逆向转换，回到原来的空间分布。正态得分转换的示意图如图 4-3 所示。

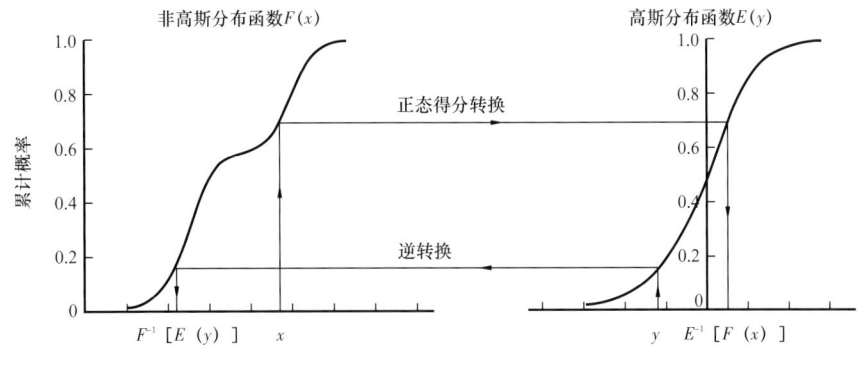

图 4-3　正态得分转换示意图

利用 Petrel 软件进行储层参数建模时，其数据分析时的数学变换（transformation）中的正态得分，其实是一种简化了的正态得分过程。系统把原始的样本数据变成一种按照平均值来测量的相对量，并且用标准偏差（Standard Deviation）来校正这个相对量，其数学表达式为：

$$Z=(X-\text{Mean})/SD \quad (4-7)$$

式中　Z——变换后数据；
　　　X——原始数据；
　　　Mean——平均值；
　　　SD——标准偏差。

经过这样的变换，样本数据中发生的变化有：(1) 数据 Z 将严格按中心对称分布，这是正态分布的基本特征；(2) 数据 Z 是直接与原始数据 X ——映射的，新的函数关系已经构建。

二、几种常见的随机建模方法及其原理

1. 截断高斯原理

假设 N 类沉积微相可用每种相 i 的一个指示函数来描述。对于第 i 种相，其指示值可用高斯随机函数 $Z_x(x\in D)$ 来定义：

$$I(Z(x))=\begin{cases}1, Z(x)\in(Z_{i-1},Z_i]\\0, 其他\end{cases} \quad (4-8)$$

式中 Z_i——截断值。

因此，仅当$Z(x) \in (Z_{i-1}, Z_i]$时，点x属于第i种相；如果区间$(Z_{i-1}, Z_i]$覆盖了整个实数空间R，则可定义函数：

$$F(x) = \sum_{i=1}^{N} \text{cod}(i) I(Z_{i-1} < Z(x) \leqslant Z_i) \qquad (4-9)$$

式中 $\text{cod}(i)$——第i种相的整数代码。仅当点x属于第i种相，即$I(Z_{i-1} < Z(x) \leqslant Z_i) = 1$，$F(x)$在点$x$处取值$\text{cod}(x)$。

由于点x属于第i种相的概率可由整个区块D内第i种相的占有频率求得：

$$P(Z_{i-1} < Z(x) \leqslant Z_i) = G(Z_i) - G(Z_{i-1}) \qquad (4-10)$$

$G(Z_i)$属标准正态分布函数。因此，截断值Z_i可由高斯正态函数的反变换求得：

$$Z_{N-1} = G^{-1}(P_1 + P_2 + \cdots + P_{N-1}) \qquad (4-11)$$

P_i是相i的占有频率。实际模拟时，要对模拟区内所有节点位置x进行克里金估值：

$$Z(x) = Z^*(x) + \sigma \cdot U \qquad (4-12)$$

式中 $Z(x)$——利用已知数据经过正态转换后进行的克里金估值；

σ——相应位置x的克里金方差；

U——来自标准正态分布的函数样本。

则位置x的微相类型$Z_F(x)$为：

$$Z_F(x) = \sum_{i=1}^{N} \text{cod}(i) I(Z_{i-1} < Z(x) \leqslant Z_i) \qquad (4-13)$$

截断高斯模拟的主要实现步骤如下：

（1）用不同数字表示不同的模拟对象，区分模拟对象出现的先后顺序；

（2）对数字化的属性值进行统计，确定属性值在横向和纵向上的概率分布；期间将得到井控的截断值Z_i；

（3）将得到的所有的井控截断值Z_i进行高斯型数据转换，确定条件模拟数据场；

（4）在条件模拟数据场（高斯场）的限制下，对井间未知区域的属性值进行模拟。

2. 序贯指示模拟原理

Journel和Alabert（1989）提出一种新的绘图方法即序贯指示模拟建模方法，该方法能够综合各种类型精度的资料，在忠实于现有数据的空间分布规律的基础上，考虑模型中预测值的不确定性，能够反映储层多种参数的非均质性，进而对储层做出较为可靠的随机预测，此方法常用于砂泥岩分布模拟、沉积相模拟等。序贯指示建模方法是以指示变换和指示克里金为基础的，所谓指示变换就是将原始数据按照不同的门槛值，编码成1或0的过程。

假设在x处的参数$Z(x)$，对门槛值为Z_c的指示变换可写成：

$$I(Z_c, Z) = \begin{cases} 1, Z \leqslant Z_c \\ 0, \text{其他} \end{cases} \qquad (4-14)$$

如果考虑测量某一变量 Z，假设对它测量时，对它作 n 次测量，测得 n 个 Z_j（$j=1$，2，$\cdots$，n），就可以用来模拟 Z 的不确定性，即未知值小于或等于某一门槛值 Z_o 的概率可以用 $Z_j < Z_o$ 的测值个数占整个测值总个数的百分比来表示，即：

$$P\{Z \leqslant Z_o|(n)\} = Z_j \leqslant Z_o \tag{4-15}$$

对上式进行指示变换，可写成：

$$F\{Z, Z_o|(n)\} = P\{Z \leqslant Z_o|(n)\} = (1/n)\sum_{j=1}^{n} I(Z_o, Z_j) \in [0, 1] \tag{4-16}$$

式（4-15）是对待模拟估值变量的概率场的一种指示性引导，即对被模拟变量在概率场内随机取值的一种限制。在实际模拟过程中，往往要同时对多个变量进行模拟，指示变换后的概率函数可以同时模拟被赋予不同整数数值的变量，给出不同的模拟变量落在不同概率区间的可能性。

序贯指示模拟的另一个理论基础是指示克里金法，也称概率克里金法，是一种不等权加权法，其表达式可写成：

$$F\{z, x|(n)\} = [I(z, x)]^* = \sum_{j=1}^{n} a_j(Z_o, Z_j) \cdot I(z, z_j) \tag{4-17}$$

式中 $[I(z, x)]^*$——预测的量；

$a_j(Z_o, Z_j)$——权系数，可以通过解下列方程组而求得：

$$\sum_{j=1}^{n} a_j(Z_o, Z_j) \cdot C_I(z, x_j - x_j) + \mu(z, x) = C_I(z, x_j) \tag{4-18}$$

$$\sum_{j=1}^{n} a_j(z, x) = 1 \tag{4-19}$$

就某一位置而言，对每个门槛值，都对应一个方程系。实际上，在变量变化范围内，可用 k 个门槛值 Z_k（$k=1$，$\cdots$，k）对该范围进行离散化，因此在每处要解 k 个方程组才能求出离散的累计函数 $F[Z_k, x|(n)]$，才能对不确定性进行评价。在 $[Z_k, Z_{k+1}]$ 之间的累计密度函数值可以通过线性插值或其他方法而求得，一般常用 Monto Carlo 法求取。对于随机变量 $Z(x)$ 为分类变量，比如岩相、沉积微相等，只需将指示变量的定义变为：

$$I(x, Z_k) = \begin{cases} 1, Z(x) \in \text{类型 } k \\ 0, Z(x) \notin \text{类型 } k \end{cases} \tag{4-20}$$

式中 Z_k——类型 k，此时阈值的个数 k 对应于 $Z(x)$ 的 k 种类型。

根据上面的原理，归纳出序贯指示模拟实现的步骤如下：假设将变量区划分为 k 个阈值（设有 n 个初值，L 个待估点）。

（1）读取初始值；

（2）k 个阈值对应的指示数值集；

（3）读取各指示协方差模型，假定协方差值已由指示数据或其他的信息推导出；

（4）定义通过所有待估结点的随机路径；

（5）随机路径中任意待估点 l（$l=1$, 2, ⋯, L）：① 定义查找范围内的条件数据；② 保留邻区数据点。在克里金中，实践上每个象限可保留一定的指定数据，以减少数据冗余性；③ 对任意 $k=1$, 2, ⋯, k 对应的阈值，由该阈值的指示协方差模型建立普通克里金方程组，然后求解，最后由指示条件数据的线性组合计算该阈值的分布函数；④ 由 Monto Carlo 法得到位置 l 处的模拟值；⑤ 按已定义的 k 个阈值，将模拟值转换为 k 个指示值；⑥ 将模拟结果归入条件指示数据集中；

（6）重复（5）直到所有的结点都被模拟。

3. 序贯高斯原理

序贯高斯模拟可以理解为在高斯模拟场中，自始至终按照一定的顺序对网格化的模拟对象进行插值估算。序贯高斯模拟对随机抽取的未知连续变量 $Z(x)$ 的模拟始终遵循"就近原则"——即参考未知变量所处位置周围所有最近的多个已知变量的值进行模拟估值。图 4-4 示意了序贯高斯模拟的原理，在待估值位置点 x 的四周存在四个已知的某种属性值（即原始条件数据），它们形成了限制模拟值取值范围的条件分布；在模拟过程中，已知的最初条件数据（即井控数据）和被模拟过的数值（即井间预测值）共同建立了累计条件概率分布（Cumulative Conditional Probability Distribution）。模拟的结果是累计条件概率分布中所有等可能概率事件中的一个实现。

设 $\{Z(x)|x \in D\}$ 是一个高斯模型，其序贯高斯模拟步骤如下：

（1）确定原始数据 $\{Z(x_a)|a=1,2,3,\cdots,n\}$ 的单变量分布函数 $F_z(z)$，通常是获取经验分布函数 $\hat{F}_z$。

（2）利用 $\hat{F}_z$ 进行原始 Z 数据的正态变换，得到服从单变量正态分布的数据 y。此时可认为 $\{y(x_a)|a=1,2,\cdots,n\}$ 是来自一个随机场模型 $\{Y(x)|x \in D\}$，该随机场模型具有一维的边缘正态分布。

（3）对 y 数据进行二元正态检验，若满足二元正态性，则可认为 $\{Y(x)|x \in D\}$ 是近似服从高斯场模型。

（4）指定一个网格系统结点的随机访问路经，在每个网格结点 $u \in D$，保留指定数目的特定邻域内的条件数据。其中，包括原始 y 数据和先前已模拟过的网格结点 y 值。

（5）利用简单克里金估计来确定位置 U 处高斯场 $\{Y(x)|x \in D\}$ 的条件分布函数的两个参数：均值和方差。

（6）从上述确定的条件累计分布函数中抽取一个模拟值 $y^{(l)}(u)$。

（7）将模拟值 $y^{(l)}(u)$ 追加到已知条件数据中。

（8）再接着处理下一个网格结点，直至所有网格结点都被模拟完毕。

（9）将模拟的正态网格结点值 $\{y^{(l)}(u)|u \in D\}$ 进行反变换，得到原始 z 数据的模拟值 $\{Z^{(l)}(u)|u \in D\}$。

上述序贯高斯模拟是一种条件模拟。

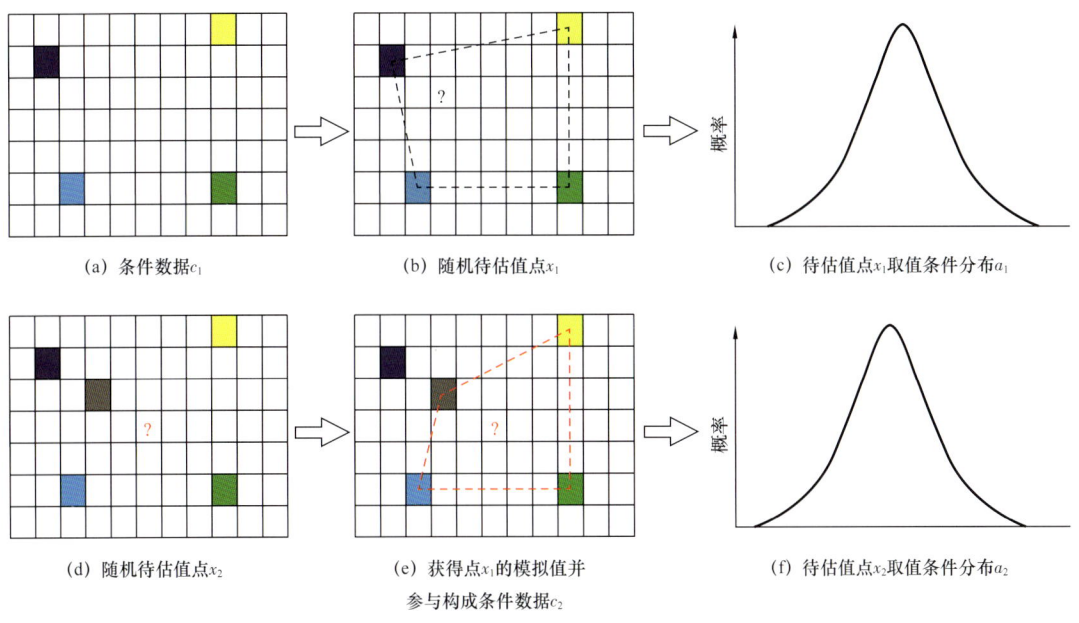

图 4-4 序贯高斯模拟原理示意简图

除了以上介绍的三种随机建模方法，其他建模方法也被广泛应用。这里对几种常用的随机建模方法做简要的对比（表 4-1）。

表 4-1 常见随机模拟方法及其优点

随机模拟方法	模拟算法	提出者	模拟对象类型	方法优点
布尔模拟方法	布尔型	Haldorsen（1983）	离散型	应用参数较少；易于实现，对相对简单的目标模拟效果好
序贯指示模拟	序贯模拟	Journel 和 Alabert（1989）	离散型	可以综合多种定性和定量、可靠性不同的信息；能较好地表达非均质性
截断高斯模拟	序贯模拟	Journel（1984）	离散型	易于实现且速度快；模拟结果与前期地质认识吻合度高
序贯高斯模拟	序贯模拟	Desutsch（1998）	连续型	各向异性问题能自动化处理，模拟结果的连续性好；较好地再现目标的几何形态
分形模拟方法	—	Vertterling（1988）	连续型	自相似性，局部和整体的相似度高
模拟退火方法	模拟退火算法	Metropolis 在 1953 年提出，Kirkpatrick 在 1983 年将其推广优化	离散型、连续型	克服了模拟插值过程中陷入局部极小化或极大化；能较好保持数据反映的空间结构；对样品非均质性的重现效果好
SNESIM	多点地质统计学模拟法与序贯算法相结合	Strebelle（2001）	离散型、连续型	克服传统两点地质统计学不能有效再现目标形态的不足；忠于硬数据，运算速度快

三、苏里格气田气藏建模的难点

苏里格气田是复杂陆相致密砂岩气田，气藏地质模型建立有其特殊而显著的技术难点，主要表现在两个方面：

1. 纵向多层含气，有效单砂体规模有限，储层致密且非均质性强

苏里格气田为典型的河流相致密砂岩气藏，纵向有多个含气层段（一般为3~7层），单层有效砂体规模小、叠置形式多样、结构复杂；储层的平面和纵向非均质性强，储层量化表征难度大。

2. 目前建模方法适应性不强

对于致密强非均质砂岩气藏的建模方法，中外学者已做了大量的研究，但多数仅局限于传统的确定性沉积相建模或随机性沉积相建模方法阶段，且单独使用传统的确定性沉积相建模和随机性沉积相建模方法时均存在较大的局限性，其地质模型与动态拟合的符合率偏低。

第二节　储层构型精细描述

一、储层构型的提出

河流沉积模式是沉积相和沉积环境研究的一个重要方法，是依据一维（钻井剖面）和二维（地震剖面或露头剖面）研究建立的。有时也是仅依据二维研究结果，勾画出块状图表示沉积相和沉积环境三维的空间展布。实践证明，许多沉积环境相当复杂。用二维不可能反映其特征和复杂性，或者说不能全面地反映其特征，特别是空间的几何形态。三维构型的提出可以解决一维、二维难以解决的问题。20世纪70年代初，加拿大多伦多大学地质系教授A.D.Miall开始对河流沉积进行精细研究并于1978年提出了河流沉积岩相分类；1985年，A.D.Miall根据多年的研究，在《Earth Science Reviews》(V.22(4))发表了"Architectural-Element Analysis: A New Method of Facies Analysis Applied to Fluvial Deposits"，将河流分成12类，同时提出了一种新的研究方法，即"构型（或建筑结构）要素分析法（Architectural Element Analysis）"，并指出无论现代还是古代，每一条河流都具有其特殊的一面，传统的河流分类和相模式存在较多的局限性。模式化仅仅是构成要素的简化，而能够反映河流本质特征的正是它们所具有的基本构成要素。界面分级（Bounding Surface Hierarchy）、岩相模型（Lithofacies）和构型要素（Architectural Elements）三大内容构成了构型研究方法的基本格架和研究主体。

二、储层构型概念及含义

储层构型亦称为储层建筑结构（Architecture），是指不同级次储层构成单元的形态、规模、方向及其叠置关系。储层构型研究内容是河流相砂体的岩相特征、外观形体（几何形态）及其内部结构，分析研究的目标是描述储层内部的非均质性，最终用于进一步挖潜剩余气，提高气田采收率。

构型规模（Architectural Scale）：沉积物是由各种规模的岩相及结构组成的，从小型沙纹层理到整个河流相沉积体系。

构型要素（Architecture Elements）：构型要素是由几何形态、相组合及其规模所表现出的岩性体，并能代表其沉积体系内的特定沉积作用或一套沉积过程。每一种规模的沉积单元是随着特定时间范围内的沉积作用产生的，并且可以依据不同的界面等级将其区分开来。

三、密井网试验区构型分析

1. 单井构型要素识别

不同的构型要素单元具有不同的测井响应模式，通过取心井岩心观察，分析主要构型要素的岩电特征（图4-5至图4-7），建立相应的测井相识别图版（图4-8），并进行密井网试验区单井构型要素识别（图4-9）。

1）心滩构型

心滩一般在其底部具有凸凹冲刷面，底部滞留沉积厚度较大，岩性多含泥砾、石英砾、分选中—差，大型板状交错层理、平行层理发育，反映了坡降大、水浅流急、水量变化大、沉积物粗、砾砂含量高、载货量大、河床极其发育的辫状河道特征（图4-5）。

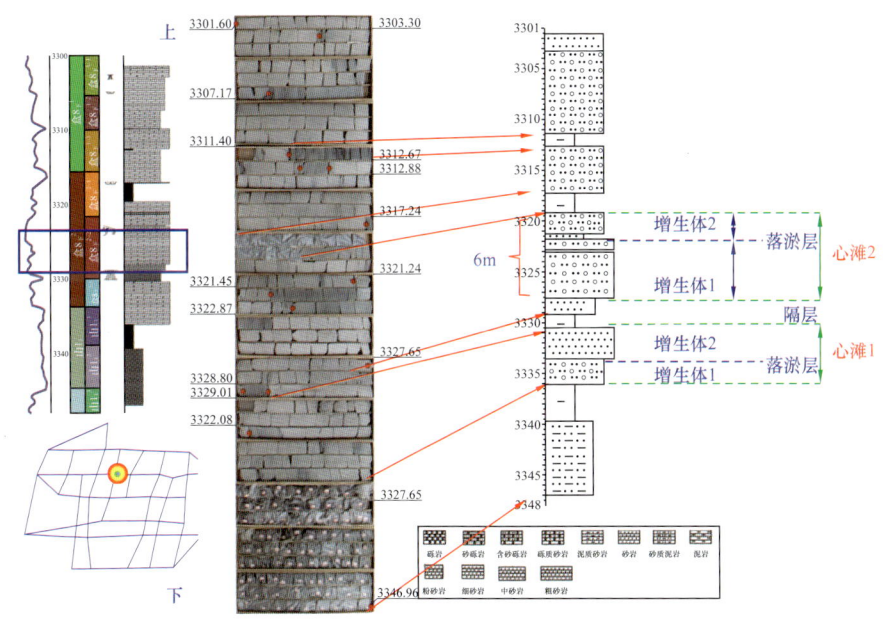

图4-5　心滩岩电响应特征

2）辫流水道

辫流水道与心滩交互分布，其底部也可见到明显的凸凹冲刷面，具有底部滞留沉积，岩性向上正韵律变化明显，有明显的二元结构特征，下部以中—细砂岩为主，向上快速变为粉泥、泥粉细粒沉积，小型板状交错层理、平行层理发育（图4-6）。

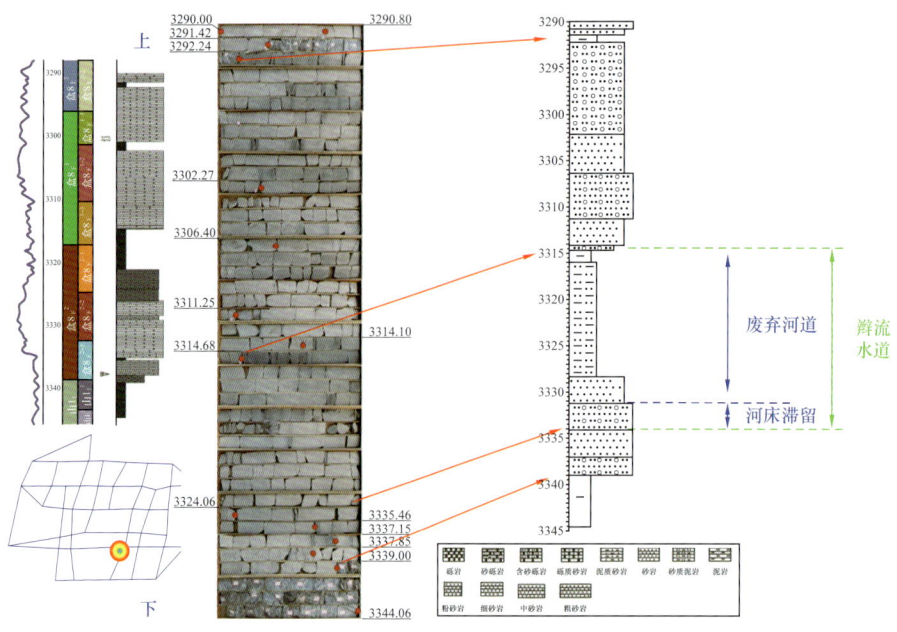

图 4-6 辫流水道岩电响应特征

3）点坝

边滩构型要素其底部也具有明显的冲刷面，发育平行—隐平行层理、斜层理、交错层理，底部滞留不是很发育，可见泥砾，具有典型正韵律，内部冲刷相对减弱，发育侧积泥质夹层（图4-7）。

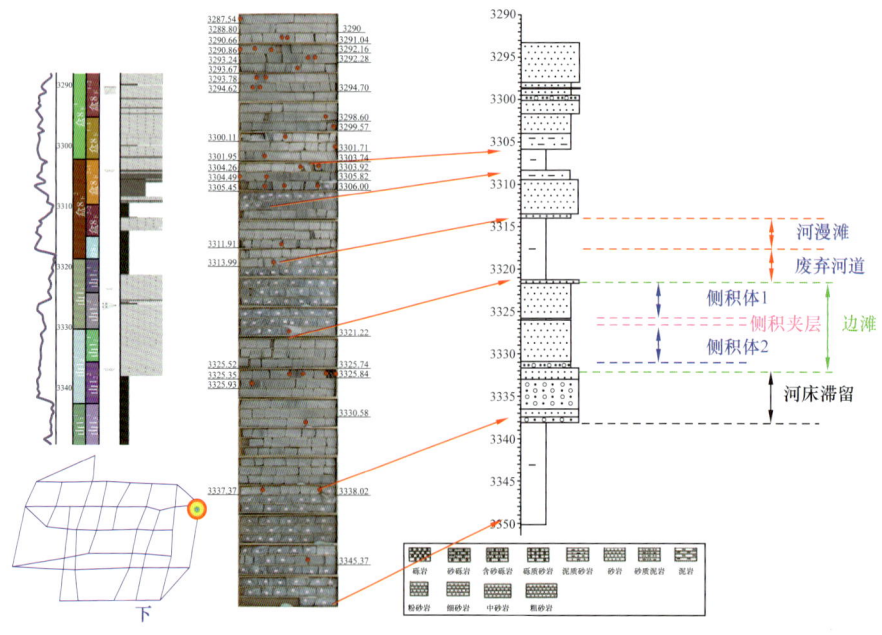

图 4-7 边滩岩电响应特征

分类	厚箱形	箱形	指状	梳状	圣诞树形	不规则箱形	钟形	帽形
典型曲线	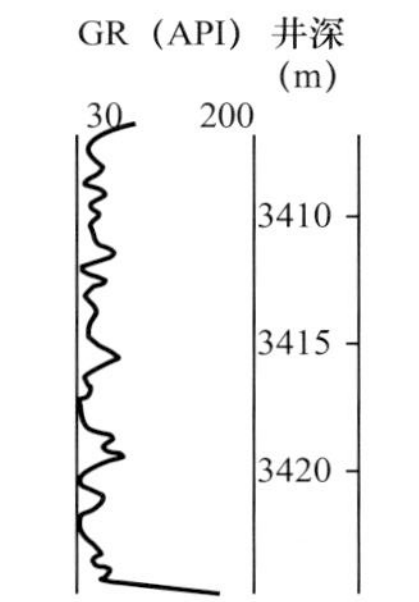 GR值较小，25~30API，砂层厚8~15m，光滑或弱齿化箱形曲线	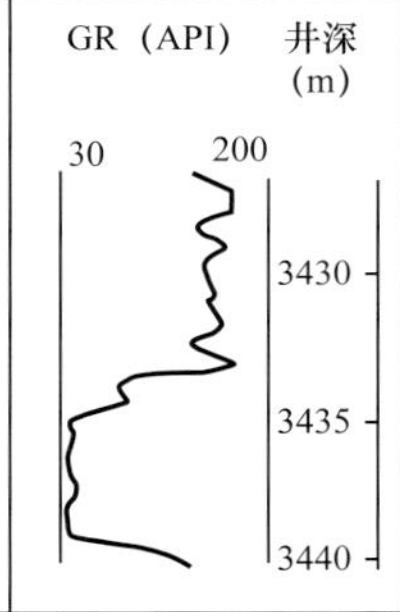 GR值下部较小，多小于50API，砂层厚度5~10m，箱形或钟形	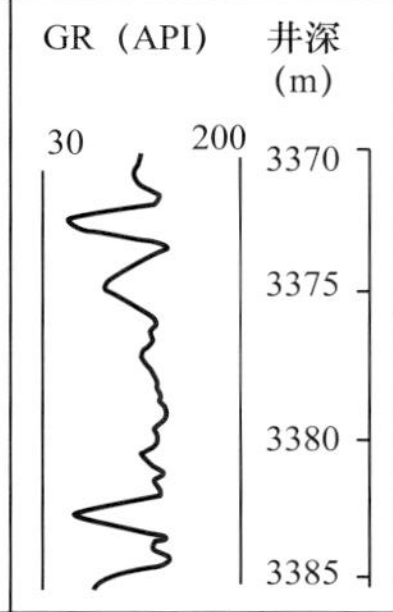 GR曲线为中低值，指尖GR值小于70API，厚度多小于3m	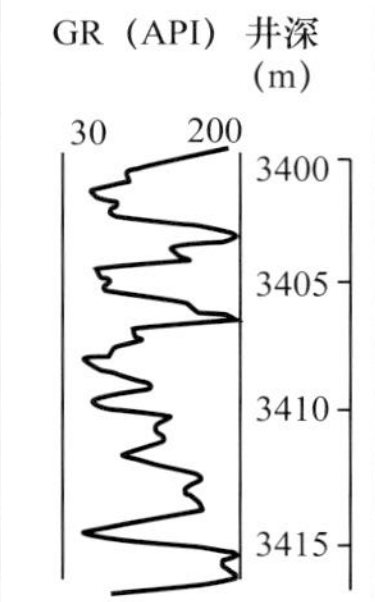 GR曲线从高值到低值的频繁突变，反映河道与非河道沉积指状交错	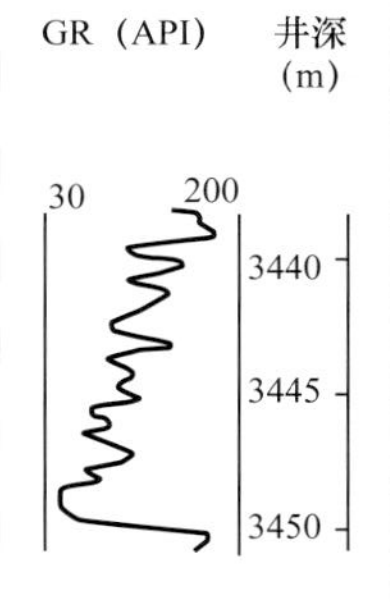 GR值从下部低值齿化递变为高值，底部GR值多小于50API，规模5~10m居多	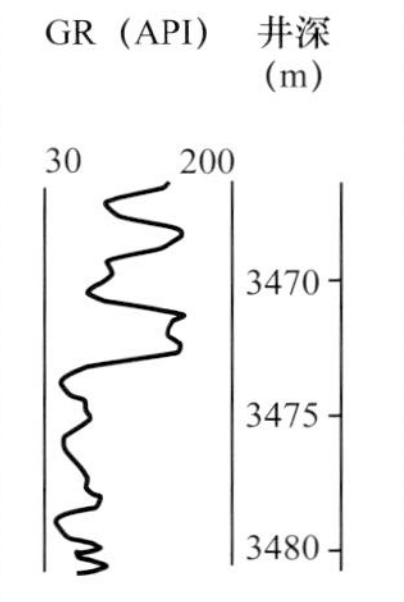 GR值下部略低，在50API左右，厚度3~5m，不规则箱形曲线	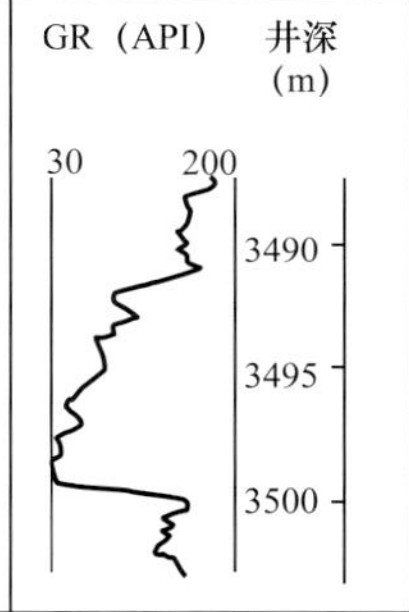 GR值从下部低值递变为高值，底部GR值小于50API，砂体厚5~10m者居多	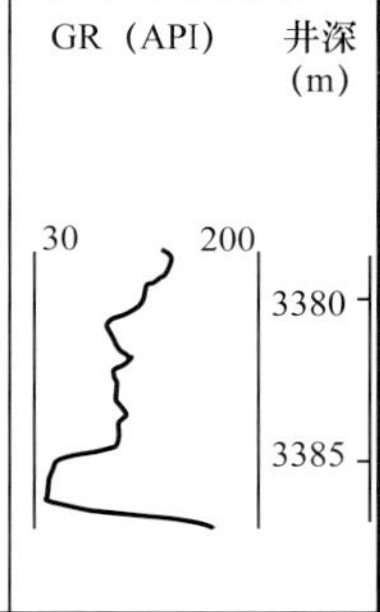 底部低值GR曲线（一般多小于50API），厚度多小于3m，向上变为100API
特征描述								
环境解释	辫状河心滩及河道充填	曲流河边滩	决口扇	辫状河道	主河道过渡为河道边缘	次河道	曲流河主河道	废弃河道
代表井段	苏14-24-37 盒8_F^1、盒8_F^2	苏14-7-39 山1_1	苏14-0-40 盒8_F^2	苏14-0-29 盒8_F^2	苏14-2-26 盒8_F^1、盒8_F^2	苏14-4-35 山1_2	苏14-9-32 山1_2	苏14-9-52 盒8_F^2

图 4-8 不同构型要素测井相特征

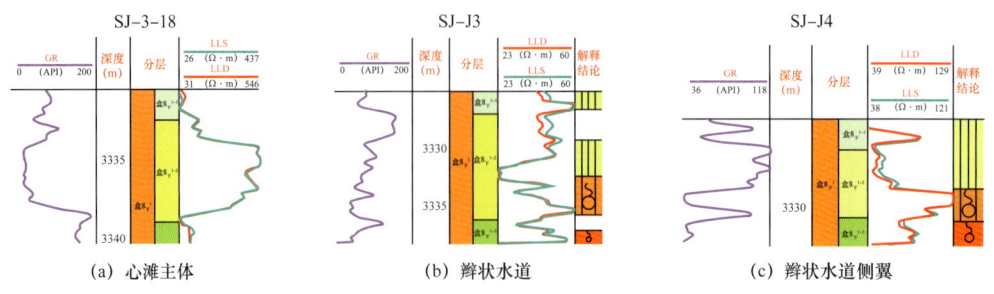

图 4-9 不同构型要素测井相响应实例

2. 储层构型定量表征

在单井构型要素识别基础上，进行剖面的构型要素组合，确定单一构造要素的延展规模，同时根据沉积微相的平面发育情况，进行平面、剖面的交互验证，实现构型要素展布在空间的闭合。剖面构型要素组合主要根据邻井河道是否发育、高程差异、韵律差异及规模变化等进行判断。

1）邻井砂体发育情况

两条河道之间位置，往往留下河间沉积物的踪迹，不连续分布的河间砂体（河间泥或溢岸沉积）正是不同单一河道分界的标志（图 4-10）。

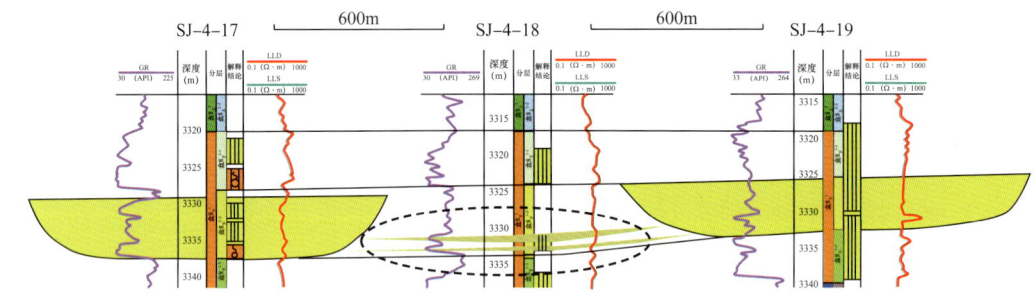

图 4-10 河间薄砂体界定两支河道

2）河道砂体顶面层位高程差异

受沉积古地形、沉积能量的微弱差别和河道改道影响，不同河道砂体顶面层位上会出现明显差异，可以将其作为两个河道砂体的边界的标志（图 4-11）。

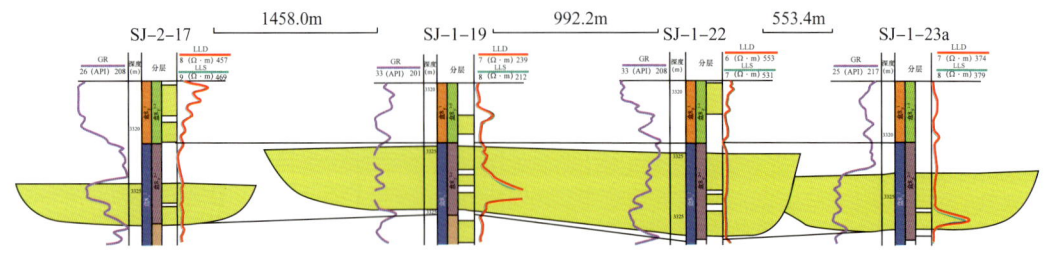

图 4-11 高程差异界定两支河道

3）砂体规模变化

同一河道沉积的砂体，一般中间厚两边薄，若出现"厚—薄—厚"变化特征，则可以判断属于不同河道（图 4-12）。

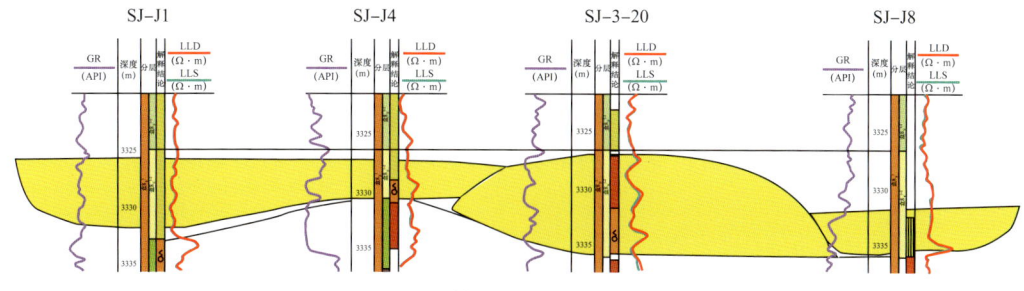

图 4-12　砂体规模变化界定两支河道

4）韵律差异

河道分流能力受到水动力、古地形等因素影响，必将导致不同河道砂体的沉积韵律上出现差异，如果这种差异性可以在较大范围内追溯，很可能就是不同河道单元的指示（图 4-13）。

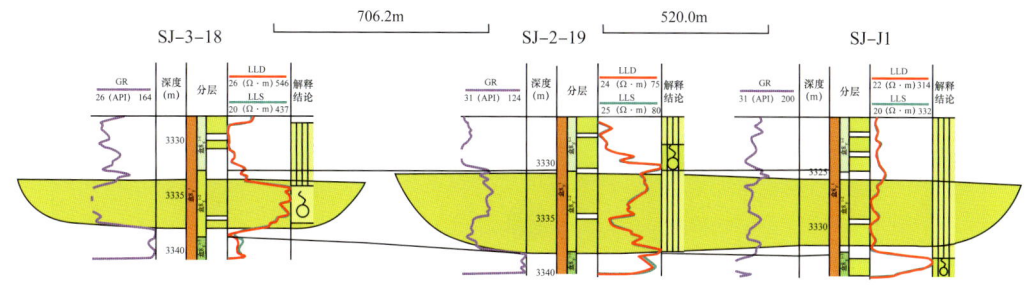

图 4-13　砂体韵律差异界定两支河道

剖面沉积微相构建后，局部与平面相展布不一致，此时就要利用平面、剖面相结合，进行局部校正，实现单一构型要素在空间的展布闭合，以便准确测量其规模，实现其定量表征（图 4-14）。

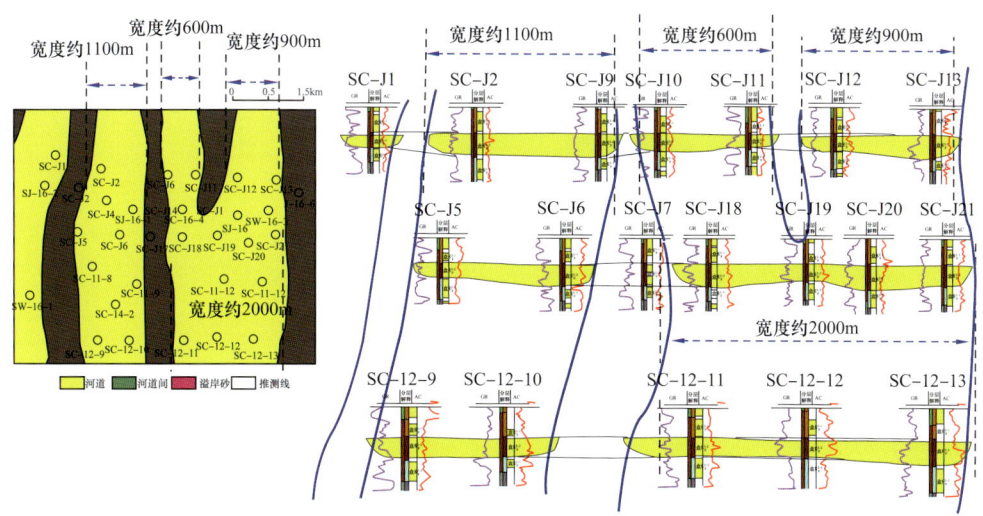

图 4-14　单一河道展宽估算（以 SC 加密区盒 $8_{下}^{2-2}$ 为例）

3. 砂体连通性评价

静态资料是地质认识的来源、静态地质模型的基础，动态资料体现的地质再认识尺度范围虽然不完全一致，但并不影响其作为验证静态模型准确与否的标准之一。原始地层压力测试、干扰试井能够很好分析储层砂体间的连通性，指导完善静态储层地质认识，有效指导气田高效开发。

1）原始地层压力测试

2013年在SJ加密区原有5口井的基础上部署8口加密井（SJ-J1井至SJ-J8井），并开展原始地层压力测试。测试结果只有SJ-J7井压力正常，即29.41MPa，其余7口井均明显低于原始地层压力（29～31MPa）。说明在（300～500）m×（300～400）m井网下井间干扰明显（图4-15）。

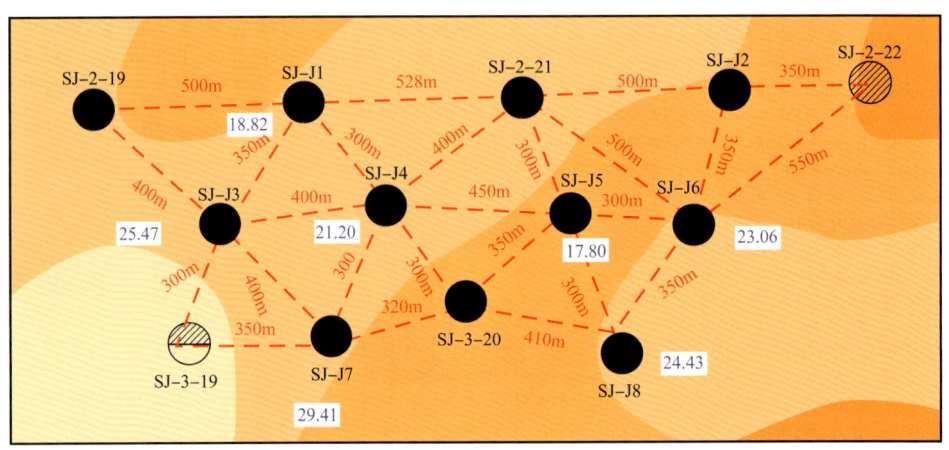

图4-15 SJ加密井组地层压力分布图（单位：MPa）

SJ-3-20井于2007年7月12日投产，截止地层压力测试时已累计产气$3175.7×10^4m^3$。2013年5月11日对相邻加密井进行地层压力测试。东边SJ-J8井（相距410m）地层压力24.4MPa，表明盒$8_下^1$有效砂体连通；西边SJ-J7井（相距350m）地层压力29.4MPa，表明该井地层压力未受到邻井生产影响，盒$8_下$有效砂体都不连通（图4-16）。

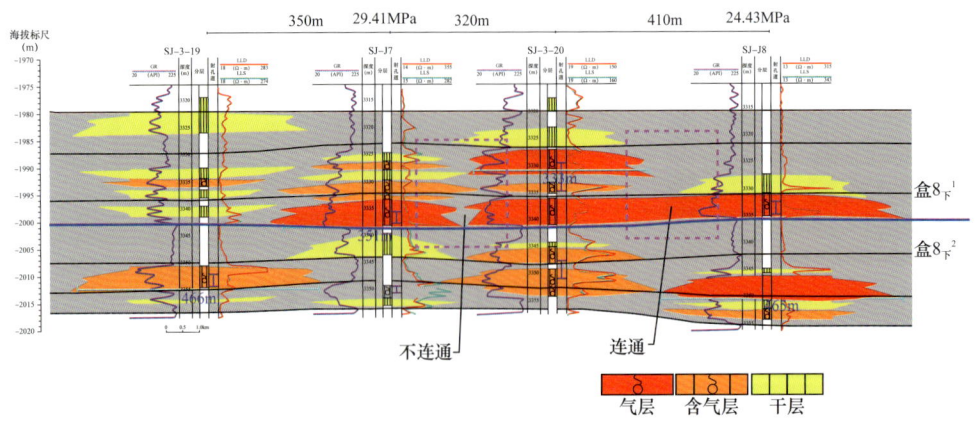

图4-16 SJ-3-19至SJ-J8井组气藏剖面图

2）干扰试井

2013年，SJ-11加密区开展干扰试验5井组，激动井SJ-2-21，其中2井组见干扰；说明SJ-2-21与SJ-j2、SJ-j6井间储层连通（图4-17）。

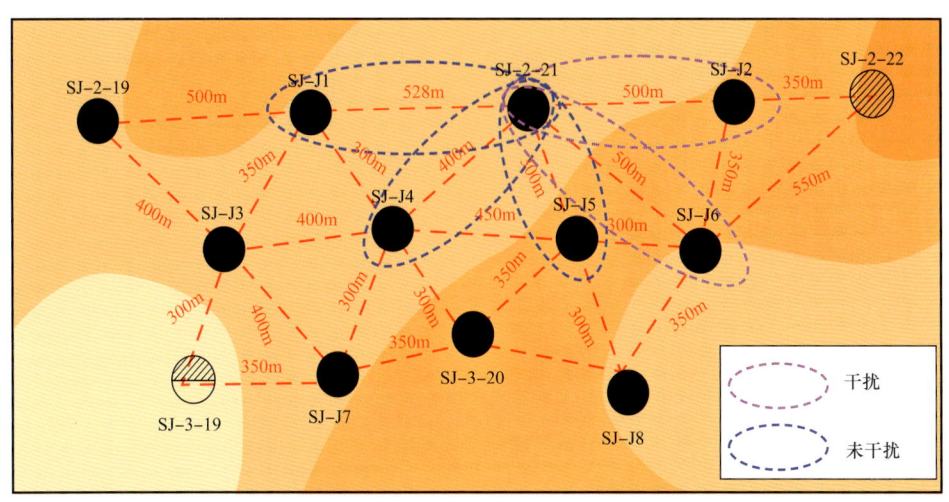

图4-17　SJ加密区干扰试验分布图

激动井SJ-2-21于2007年12月17日投产，生产层位盒$8_下$，干扰试验时日产气$1.96×10^4m^3$，套压13.4MPa，累计采气$4382.3×10^4m^3$。东边观察井SJ-J2（相距500m）压力下降，表明盒$8_下$有效砂体连通。西边观察井SJ-J1（相距528m）压力上升，表明SJ-2-21井与SJ-J1井盒$8_下$有效砂体不连通（图4-18）。

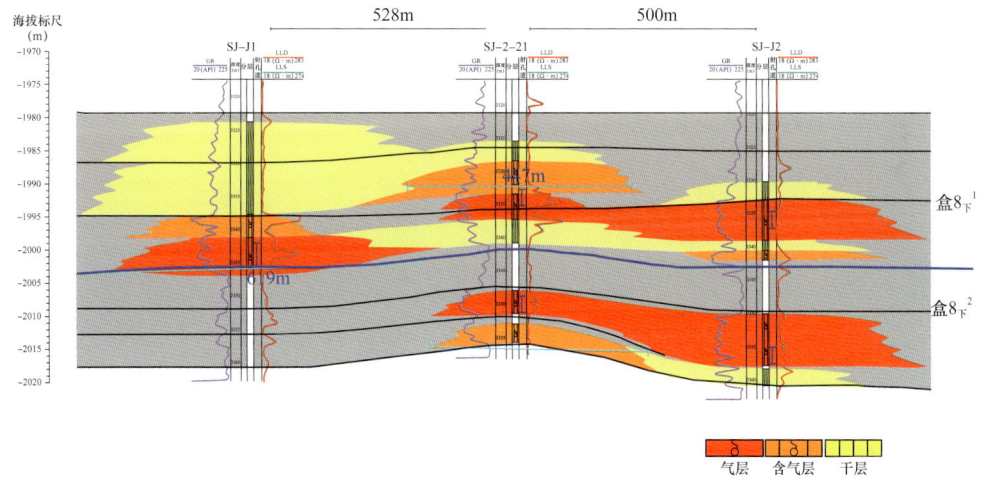

图4-18　SJ-J1至SJ-J2干扰试井分析剖面图

四、储层地质知识库构建

储层地质知识库是对油气田储层特征的综合描述，包括沉积环境和沉积要素的长度、宽度、长宽比、宽厚比及测井响应特征等，用以指导气藏精细建模、井网优化、井位部署和水平井地质导向等。

统计分析苏里格气田4个密井网试验区的构型解剖结果，并利用原始地层压力测试、干扰试井等生产动态资料进一步修正完善，建立了苏里格气田主力含气层段的储层地质知识库。

（1）心滩长宽比为2～3∶1，宽厚比为50～80∶1，长厚比为100～160∶1。

（2）山1段—盒8段受区域沉积构造与环境的影响，河流类型由山1段曲流河演化至盒$8_下$的辫状河，然后至盒$8_上$演化为曲流河。演化过程中，河道平面宽度大小不一，河道宽度从400～1800m不等，平均为800m；心滩一般长600～800m，宽300～400m。

综合现代沉积、野外露头、加密先导试验区构型解剖等资料，建立了苏里格气田储层参数定量地质库及岩电解释图版（表4-2，表4-3）。

表4-2　苏里格气田盒8段—山1段储层参数地质知识库

参数类型	主要范围	参数类型	主要范围
辫流带宽度（m）	2000～5000	平均水流深度（m）	4.5～7.5
心滩长度（m）	600～800	河道宽深比	30～46
心滩宽度（m）	300～400	心滩长宽比	2.2～4.3
河道宽度（m）	400～1800		

表4-3　苏里格气田辫状河储层岩电解释图版

构型要素	构型级次	岩性	层理	旋回	测井响应	平面形态	剖面特征	横向规模范围（m）	纵向规模范围（m）	厚度（m）
单一河道	五级	顶部：灰色粉砂质泥岩；底部：中粗砂岩—砾岩	顶部：水平层理、沙纹层理；底部：槽状层理、叠瓦状层理			席状	顶平底凸	2000～5000	—	—
心滩坝	四级	粗—中砂岩	块状层理 槽状层理			纺锤形	顶凸底平	200～400	500～1000	3～6
辫流水道 砂质充填	四级	顶部：细砂—粉砂岩；底部：粗—中砂岩	交错层理			条带状	顶平底凸	80～300	—	<6
辫流水道 泥质充填	四级	顶部：粉砂岩—泥岩；底部：粗—中砂岩	顶部：水平层理；底部：交错层理			透镜状	顶平底凸	80～150	—	<6

第三节 气藏地质模型建立

一、建模技术思路

SC区块是苏里格气田开发先导性试验区之一，包括钻井、录井、测井、岩心、地震、试采和开发生产等各类丰富的静态、动态资料，特别是井网加密区试验评价为苏里格气田规模开发奠定了良好的基础。建模流程是在储层综合精细研究、有效砂体解剖、生产动态分析、井间连通性、气井动储量和泄流范围等研究成果的基础上，将确定性建模与随机建模相结合，采用相控建模的思路建立加密区的气藏地质模型，并结合井筒模型及生产历史拟合，优选建模参数。主要分为三部分：

（1）以沉积相的综合研究为基础，以有效单砂体规模论证为指导，采用确定性建模与随机建模相结合的方法分层、分级建立沉积相模型，并通过孔隙度、渗透率和饱和度的变差函数分析开展相控参数建模。该方法可有效刻画储层内部夹层，更能体现河流相储层的非均质性。

（2）通过对气井泄流宽度、长度的分析统计，取累计概率P10、P20、P30、P40、P50、P60、P70、P80、P90共9组数据设置有效储层的变差函数，固定随机种子数，开展相控有效储层建模，并通过生产历史拟合，优选建模参数。该方法所建有效储层模型有别于传统的应用有效储层下限值所建的静毛比（NTG）模型，更加忠实于气藏地质及动态信息。

（3）在加密区精细地质研究及建模参数优选的基础之上，建立整个SC区块沉积相的训练图像，应用多点地质统计学方法建立整个SC区块的沉积相模型，并通过相控建模的思路开展储层参数及有效储层的随机模拟，详细建模流程如图4-19所示。

二、建模准备

1. 加密试验区基本情况

加密区是长庆油田为了深化苏里格气田储层非均质性和开采效果认识而开辟的先导性试验区，先后开展了包括加密钻井、地震采集与处理、试采评价及干扰试验等一系列试验研究工作。其中2001—2002年完钻开发井12口，2003年进一步部署了两排东西向加密井（图4-20），2008—2011年加密钻井20口，东西向最小井距366m，南北向最小井距565m。整个试验区总体东西向平均井距562m，南北向平均井距630m。相对于其他区块加密试验区动态、静态资料最为丰富，井网最密且大致相似，地质认识程度最高。

2. 数据准备

利用Schlumberger公司的Petrel软件进行地质建模时需要准备的数据有：

（1）井头数据（well head）：包括井名、地面井位坐标、地面补心海拔。

（2）井斜数据（well deviation）：可以采用能够反映单井井斜状况的各种不同数据组合，

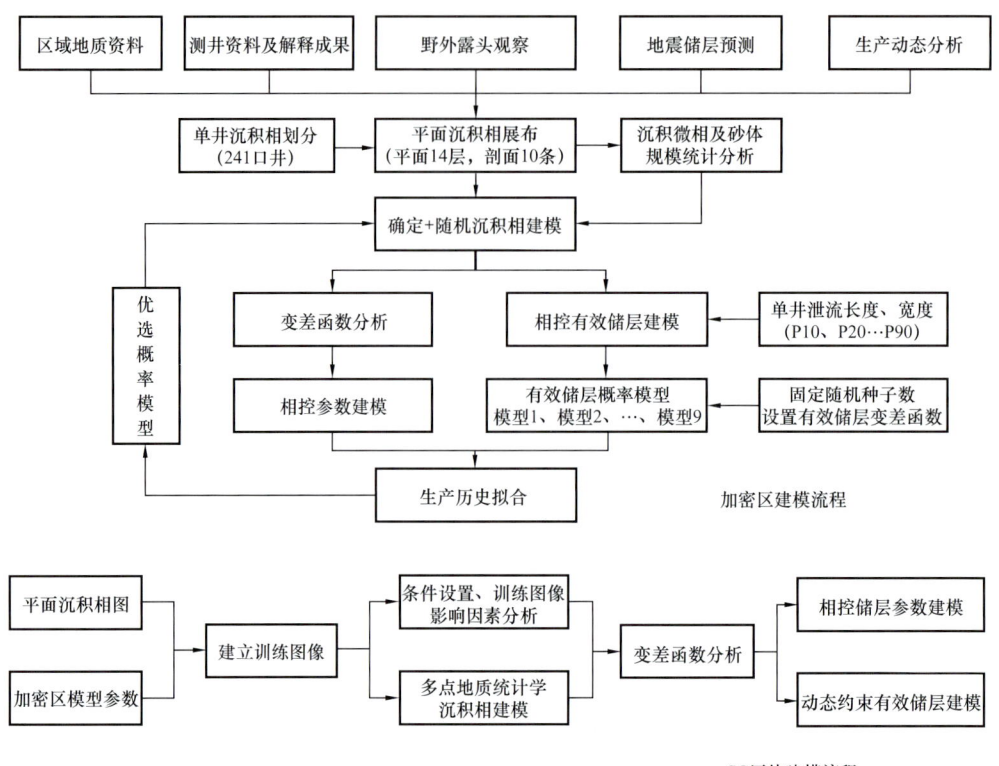

图 4-19 苏里格气田气藏建模技术流程

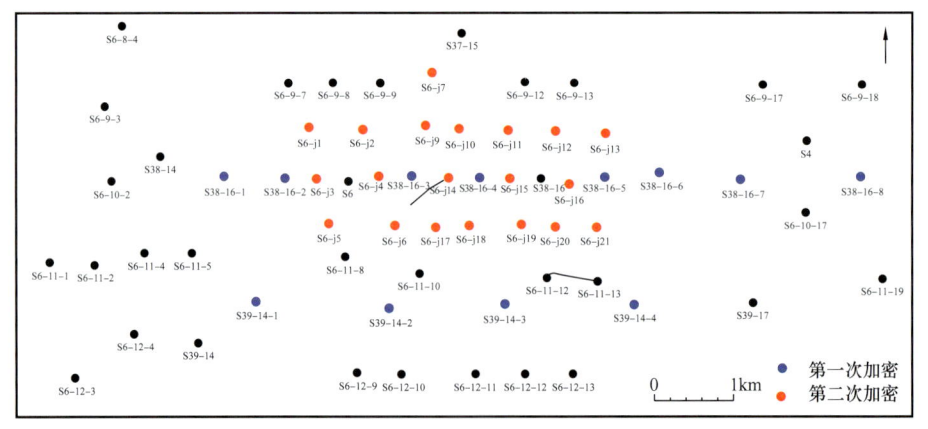

图 4-20 SC加密区井位图

例如测深、井斜角和方位角组合或者测深、X方向位移和Y方向位移等组合形式都能作为井斜数据，井斜数据文件主要作用在进行井斜校正。本次建模主要采用测深、井斜角和方位角组合。

（3）分层数据（well top）：包括井名、层号、层型、单井分层点测深等信息。

（4）断层数据（fault）：可由地震构造解释程序生成，也可间接从构造图数字化获得。本次建模断层数据主要从构造图数字化获得，并利用断点数据对其加以约束。

（5）相数据：包括深度和相代码两种信息。深度可以采用任何能反映相数据点三维空间位置的数据形式，最常用的是测深；相代码为某一深度点处对应的不同沉积微相代码。

（6）测井数据：包括深度和测井值两种信息。深度最常用的是测深，测井值为不同测井曲线在某一深度点对应的属性值。本次建模首先分析测井解释结果与岩心分析结果之间的误差，对测井解释结果进行二次校正。

数据准备好之后，需要对补心海拔和井斜进行相应的校正。以海平面作为统一基准面来进行补心海拔校正，其目的是消除地表起伏和补心高差异对气藏构造模型的影响；井斜校正一般由Petrel软件自动进行。

3. 建模单元划分

加密区面积24.8km²，参与建模的总井数42口，目的层段包括石盒子组盒8段和山西组山1段，根据地质分层结果，纵向共划分为7个小层16个单层（图4-21），平面建模单元为20m×20m，保证两口井之间的网格总数在10个以上；纵向单个网格厚度分布在0.4~0.8m之间，平面网格数为350个×219个，纵向细分为216个小层，可用于薄砂层和泥岩隔夹层的精细刻画。整个地质模型的网格数为16556400个。

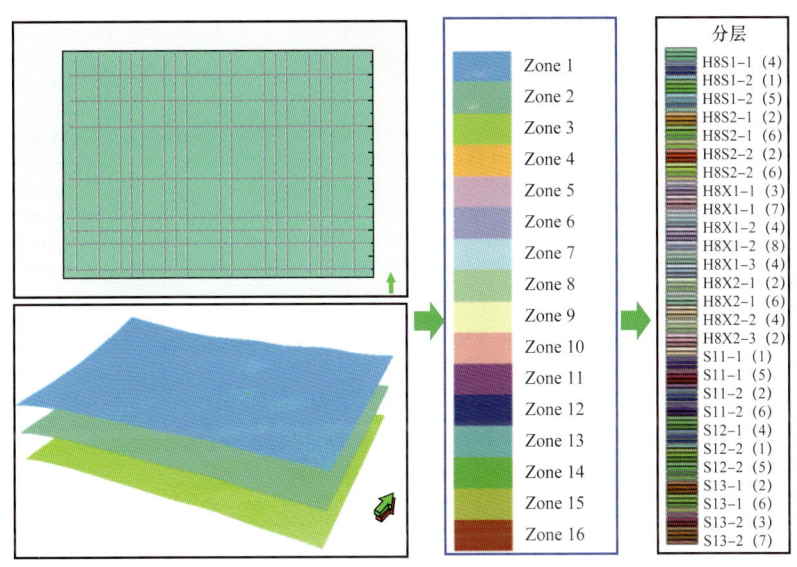

图4-21 网格系统划分示意图
括号中的数字代表有效小层数

三、构造模型

构造模型在油气藏模型建立过程中起着承前启后的作用，既是地层划分与对比、构造分析、地震分析成果的继承，又是后续沉积相研究、物性研究的基础，在三维地质建模研究中十分重要，它是综合利用构造数据（或井分层数据）、井点物性数据（或曲线）、沉积相分析结果建立起的全三维地层格架模型，包括建立断层模型和层面模型，断层模型只是模拟断层产状的几何面，与层面模型以一定的切割、空间配置关系相互作用，叠合在一起，并把一定的体积赋予每个层面之间，形成构造模型。

苏里格气田上古生界气藏总体上断层不发育，为北东—南西向倾斜的单斜构造，幅度5~15m/km，相对平缓，在缓坡背景上存在多个鼻隆构造和高点。构造建模首先确定建模边界（油气藏边界），建立骨架网格系统，初步限制模型的顶底范围；然后利用井分层数据结合构造限制面建立各小层的层面。初始随机插值生成的层面模型通常会出现凹凸不平、上下串层的情况，这种情况一方面受井控程度的影响，另一方受系统插值过程算法的影响。在核实井分层数据无误的情况下，平滑每个层面中的异常区域，使层面中等值线的走向、趋势符合自然规律和实际认识（图4-22）。

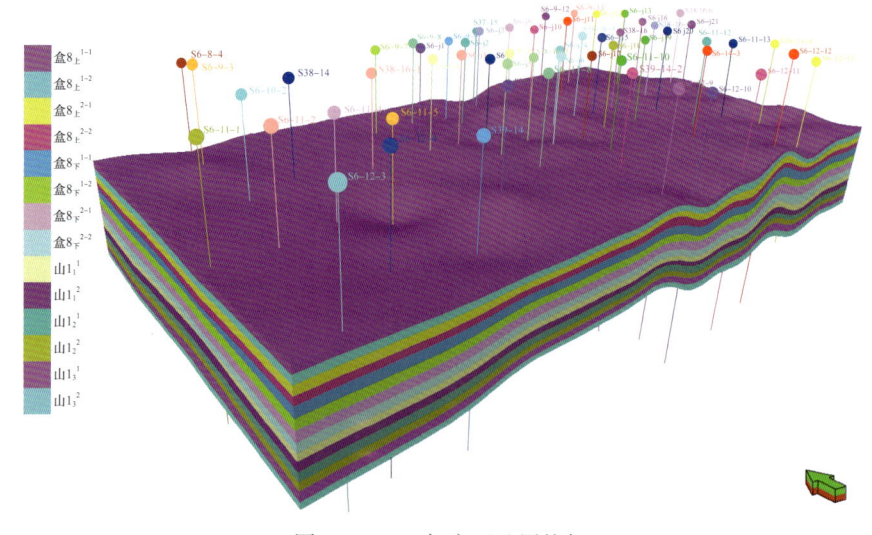

图4-22　SC加密区地层格架

四、沉积相模型

沉积相建模是为了表征地质沉积体在地层中的叠置关系。建模方法有确定性和随机性两大类，确定性建模是对井间未知区给出确定性的预测结果，而随机建模则是对井间未知区应用随机模拟方法给出多个可选的、等可能的预测结果，该方法认为对控制点以外地质变量的认识具有不确定性，即具有随机性，其建模结果为一组等概率的可能实现。建立沉积模型过程中，要合理利用已经成图的沉积相地质图件，利用Petrel提供的强大的交互式处理工具，在建模工区内建立各个微相的限制面，再把它们有层次地赋在一个大小为构造模型范围边界大小的面上，利用优选出来的模拟算法进行运算的时候，这些微相面就可以起到很好的控制作用，这对井点数据不足、数据分布不均等不利建模条件具有很好的弥补作用，同时结合已绘制的小层微相平面图，参考各微相控制下砂体的平面展布形态和定量地质知识库中的内容，对各微相的离散化数据进行分析处理，得到各微相的变差函数及相关参数，最后进行模拟插值运算得到未知点的属性值。

苏里格气田加密试验区虽然井网密度较大，地质认识程度较高，但对于井间未知区的沉积相类型只能通过沉积模式中的相序加以判断，仍存在很大的不确定性。确定性沉积相建模多以沉积相的平面图作为确定性的边界条件，采用网格赋值的方法直接生成，未考虑平面沉积相图的成图过程，平面沉积相图一般是以某地层单元的单井优势相为基础，再参考区域沉积背景、砂体厚度、砂地比等约束条件综合成图，这样势必会造成部分地质信息的丢失，例如一口井在某成图单元内划分了水下分流河道和水下分流间两种微相，且水下分流河道占主体地位，在平面成图时这口井很可能会被划分为水下分流河道，这样就丢失了水下分流间的薄层泥岩信息，如果直接用来约束参数建模，就很难体现储层内部的非均质性。为了解决这一问题，本次沉积相建模采用确定性建模与随机性建模相结合的两步建模方法，分级建立沉积相模型。该方法首先以网格赋值的方法建立确定性沉积相模型（图4-23），再以确定性沉积相模型为控制条件、以单井沉积相划分为基础，根据各种沉积微相的展布规模设置变差函数，采用序贯指示的方法随机模拟沉积微相（图4-24）。

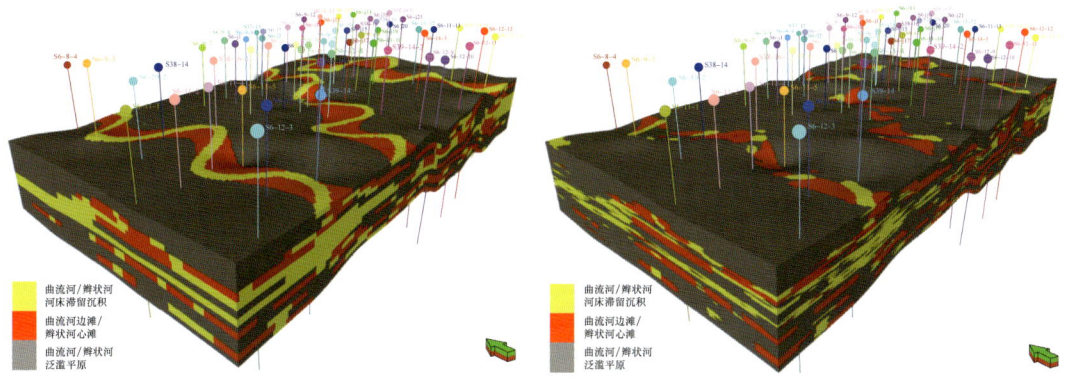

图4-23　SC加密区确定性沉积相建模　　　　图4-24　SC加密区确定+随机沉积相建模

表4-4为确定性沉积相建模各种沉积微相所占比例的分层统计情况，盒8上、山1段曲流河沉积中储层发育相对较差，沉积微相中泛滥平原所占比例较大（33%~73.6%）；其次为边滩（14.8%~44.1%），发育最少的是规模相对较小的河床滞留沉积（11.7%~22.9%）。盒8下辫状河沉积储层相对发育，连通性较好，各层主要以河床滞留沉积为主（53.8%~64.8%），心滩沉积次之（24.6%~33.4%），泛滥平原发育较少（5.4%~21.6%）。

表4-4　加密区沉积微相的分层统计（确定性沉积相模型）

沉积微相	各种沉积微相所占比例（%）													
	盒8上				盒8下				山1段					
	1	2	3	4	1	2	3	4	1	2	3	4	5	6
曲流河/辫状河河床滞留沉积	11.8	14.9	19.4	22.9	53.8	55.5	57.9	64.8	11.7	20.7	18.2	17.8	15.4	16
曲流河边滩/辫状河心滩	14.8	30.4	33.9	44.1	24.6	33.4	28.8	29.8	15.2	34.3	31	31.4	24.6	26.8
曲流河/辫状河泛滥平原	73.4	54.7	46.7	33	21.6	11.1	13.3	5.4	73.1	45	50.8	50.8	60	57.2

表4-5是在确定性沉积相模型的控制下进行沉积微相随机模拟得到的各种沉积微相所占比例的分层统计，与表4-4相对照，该模拟结果中曲流河/辫状河河床滞留沉积、曲流河边滩/辫状河心滩分层所占比例减少，曲流河/辫状河泛滥平原所占比例相应增加，说明该方法所建沉积相模型对薄层及隔夹层的刻画更为精细，更能反映沉积储层的非均质性（图4-25），可更好地用于约束参数建模。

表 4-5 SC 加密区沉积微相的分层统计（确定 + 随机沉积相模型）

沉积微相	各种沉积微相所占比例（%）													
	盒 8$_上$				盒 8$_下$				山 1 段					
	1	2	3	4	1	2	3	4	1	2	3	4	5	6
曲流河/辫状河河床滞留沉积	5.1	5.1	11.2	10.6	30.5	39.4	32.1	48.9	6.4	11.5	7.6	8.7	7.4	10.0
曲流河边滩/辫状河心滩	11.2	26.8	27.3	43.7	22.0	31.3	23.0	25.5	11.3	32.9	26.0	27.3	17.0	23.0
曲流河/辫状河泛滥平原	83.7	68.1	61.5	45.7	47.5	29.3	44.9	25.6	82.3	55.6	66.4	64.0	75.6	67.0

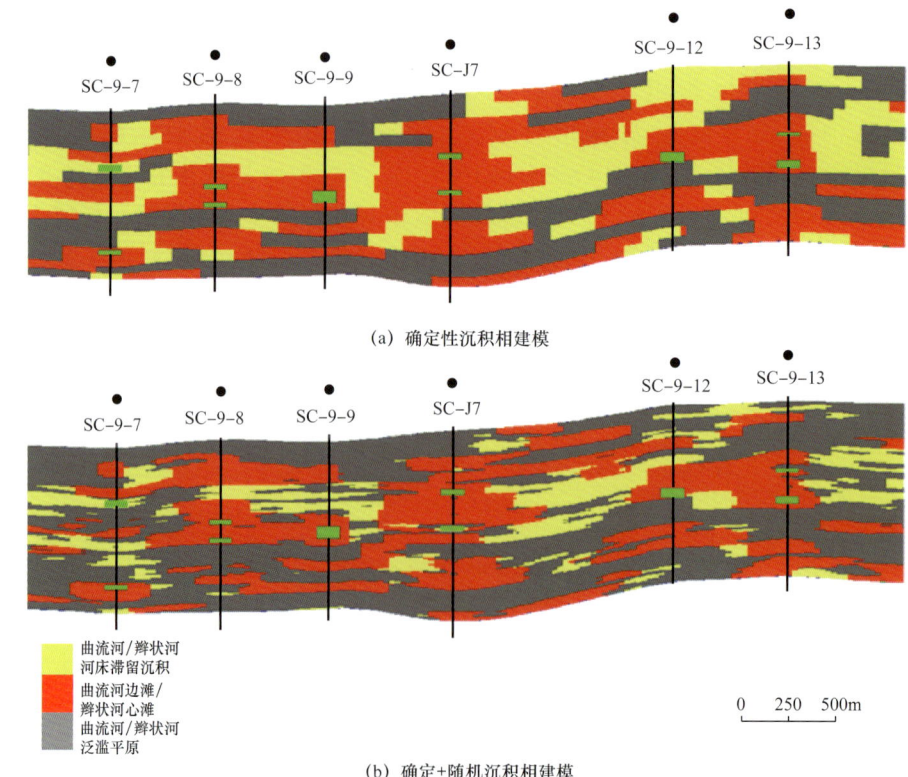

图 4-25 确定性沉积相建模与确定 + 随机沉积相建模剖面对比

五、物性模型

不同的油气藏属性参数可以从不同角度来反映储层特征，如渗透率反映了油气储层的渗透性，对应的渗透率模型能很好地反映地层流体在油气藏中流动的地质条件，体现储层的三维宏观非均质性特征；有效厚度则反映了油气藏中油层或气层的分布特征，因而其对应的储层物性参数模型可以用来进行油气藏地质储量计算；为适应不同的研究需要，可建立不同的油气藏属性模型。在属性建模方面目前常见的方法是相控建模，又称为二次建模，即在构造模型建立之后，先建立沉积（微）相模型，然后在沉积相模型的基础上利用相带来控制井间插值，不同相带的插值相互独立，也可以使用不同的插值方法。

1. 相控建模原理

相控建模首先在构造模型的基础上建立沉积相模型，然后以沉积相模型为控制条件进行储层物性模拟，得到相控参数模型。在加密区沉积相和物性参数建模过程中，采用确定性—确定性（DD）、随机性—随机性（SS）或确定性—随机性（DS）的建模技术。沉积相控制的物性参数模拟一般采用序贯高斯模拟（Sequential Gaussian Simulation）方法，得到相控条件下储层参数的三维空间分布模型，该方法先将研究区离散化为网格系统，然后序贯地处理每个网格结点，因为每个网格结点处随机变量是服从条件化的正态分布，所以网格结点值由均值和方差两个参数确定，通过求解克里金方程组可得出该网格节点处的均值和方差，从而确定该节点处变量的正态分布，并采用相应的抽样方法得到该网格节点处一个样本。

2. 模拟参数设置

（1）沉积相模型：将前面建立的沉积相模型作为输入参数，岩石物理参数将忠实于沉积相带分布，参数赋值亦因相而异。

（2）数据变换：主要为截断变换，即截除一些由于测井解释造成的异常低值和异常高值，使井参数符合正常分布。对于渗透率而言，一般要对其进行对数变换，模型建立后，再进行反变换。

（3）正态得分变换：序贯高斯模拟方法要求模拟的参数具有正态分布特征，因此首先对孔隙度、渗透率等属性参数进行正态得分转换（图4-26），使其符合高斯分布，模型建立后，进行反变换。

3. 变差函数分析

变差函数是区域化变量空间变异性的一种度量，反映了空间变异程度随距离的变化特征。变差函数强调三维空间上的数据构形，可定量描述区域化变量的空间相关性，即地质规律造成的储层参数在空间上的相关性。变程大小不但能反映某区域化变量在某一方向上变化性的大小，而且还能大体上反映出区域化变量的载体（如储层砂体）在这个方向上的平均尺度，因此可以利用变程来反映储层参数的影响范围，从而预测砂体的大小及分布规律。变差函数曲线分析目的就是找出适合的变程值。

表4-6为加密试验区孔隙度、渗透率、含水饱和度的分层变差函数值，从统计结果看，各物性参数分层变差函数变程相差不大，主变程主要分布在500~700m之间，次变程主要分布在420~550m之间，垂向变程主要分布在4.0~6.5m之间。

图4-27为盒$8_{下}^{1-2}$孔隙度、渗透率的变差函数分布情况。各属性参数相应的主变程、次变程、垂向的值表征了各属性参数在水平方向和垂直方向的非均质性。一般变程越大，非均质性越弱；反之，变程越小，非均质性则越强。

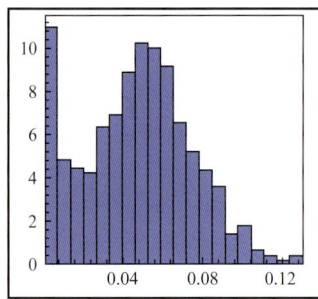 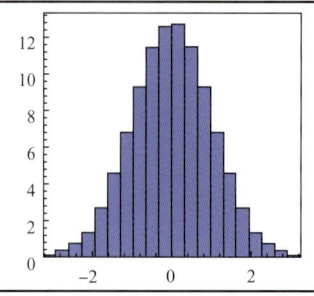

特征值	变换前	变换后
最小值	0	-3.23
最大值	0.13	3.23
平均值	0.047	0
标准差	0.027	0.9998

(a) 孔隙度正态分布处理

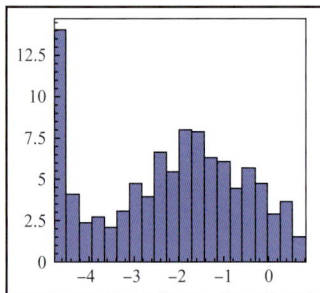 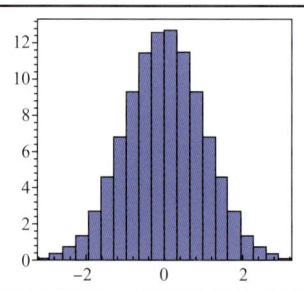

特征值	变换前	变换后
最小值	-4.772	-3.23
最大值	0.804	3.23
平均值	-2.167	0
标准差	1.554	0.9998

(b) 渗透率（对数）正态分布处理

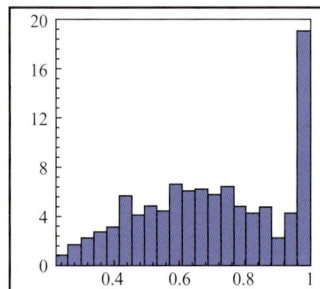 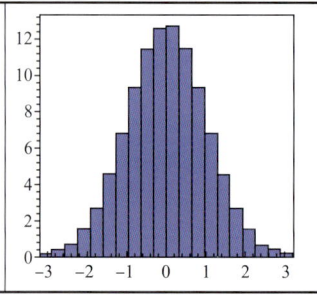

特征值	变换前	变换后
最小值	0.222	-3.22
最大值	1	3.22
平均值	0.701	0
标准差	0.214	0.9998

(c) 含水饱和度正态分布处理

图 4-26 盒 $8_{下}^{1-2}$ 储层参数正态分布处理

表 4-6 加密试验区储层参数分层变差函数分析统计表

层位	孔隙度变程（m）			渗透率变程（m）			含水饱和度变程（m）		
	主方向变程	次方向变程	垂向变程	主方向变程	次方向变程	垂向变程	主方向变程	次方向变程	垂向变程
盒 $8_{上}^{1-1}$	650.1	428.5	5.8	659.5	483.1	6.2	607.7	522.1	6.6
盒 $8_{上}^{1-2}$	759.9	515.0	6.2	581.5	530.6	6.1	517.1	444.2	6.4
盒 $8_{上}^{2-1}$	651.3	452.3	5.3	676.8	550.3	5.8	759.9	566.9	6.3
盒 $8_{上}^{2-2}$	613.0	494.9	5.8	678.7	549.8	5.5	586.6	493.6	5.7
盒 $8_{下}^{1-1}$	641.6	433.8	6.4	658.7	482.6	6.1	736.3	548.8	7.5
盒 $8_{下}^{1-2}$	754	566	3.95	427	459	6.31	614.4	511.2	4.8

续表

层位	孔隙度变程（m）			渗透率变程（m）			含水饱和度变程（m）		
	主方向变程	次方向变程	垂向变程	主方向变程	次方向变程	垂向变程	主方向变程	次方向变程	垂向变程
盒$8_{下}^{2-1}$	497.6	458.3	6.2	551.9	509.8	6.2	568.7	519.1	5.6
盒$8_{下}^{2-2}$	676.3	518.9	5.2	639.3	566.2	3.9	640.6	470.9	5.3
山1_1^1	571.6	364.3	6.3	493.6	458.4	5.2	621.2	478.8	5.9
山1_1^2	670.1	473.6	3.8	588.7	426.8	6.4	644.3	545.3	6.5
山1_2^1	594.3	485.2	5.5	624.5	523.4	5.3	611.3	471.2	5.1
山1_2^2	560.3	469.7	4.1	553.4	467.2	4.4	621.7	566.3	3.6
山1_3^1	622.3	539.5	5.1	533.2	438.3	5.1	596.2	450.8	4.5
山1_3^2	686.9	543.5	4.1	663.3	551.0	4.7	605.1	477.5	5.3

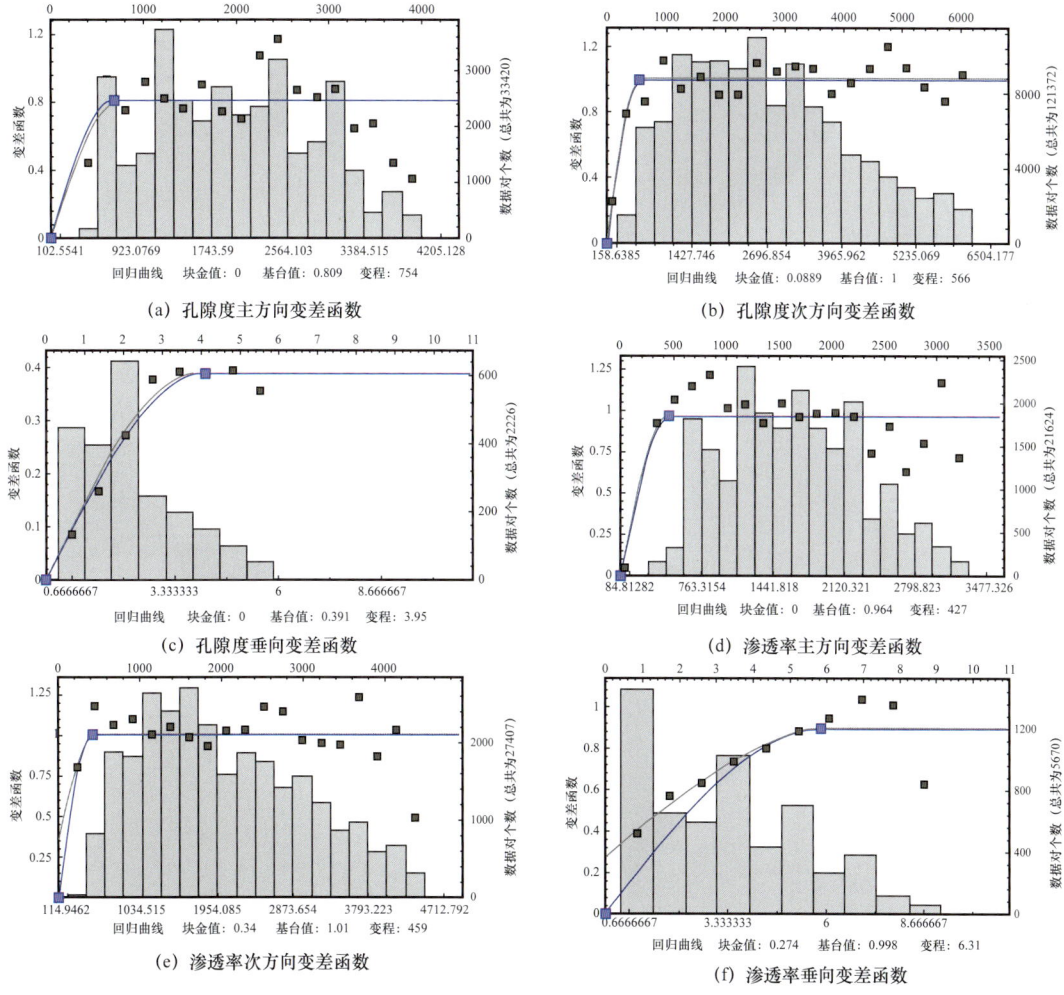

图 4-27 盒$8_{下}^{1-2}$孔隙度、渗透率变差函数分析

4. 相控参数模拟

根据相控建模原则，在建立的沉积相模型基础上，分层统计分析不同微相物性参数的分布特征，即求取不同微相物性参数的标准偏差、概率分布和变差函数等，在条件井的各类物性参数控制下，采用序贯高斯模拟方法，建立模拟单元中各沉积微相的孔隙度、渗透率和含气饱和度模型（图4-28至图4-30）。模拟结果显示，储层物性参数受沉积相控制明显，非均质性强，辫状河心滩微相物性最好，其次为曲流河边滩，与地质认识一致（图4-31至图4-33）。

图4-34为加密试验区储层孔隙度、渗透率模型数据体与原始测井数据分布直方图对比，其中蓝色代表属性模型的数据体，红色是原始的测井解释结果，绿色代表对原始数据进行离散化后得到的数据体；可以看出，除了首尾极大与极小值由于消峰效应有一定差异外，具有相似的分布规律，说明物性模型较为忠实地反映了原始地质信息。

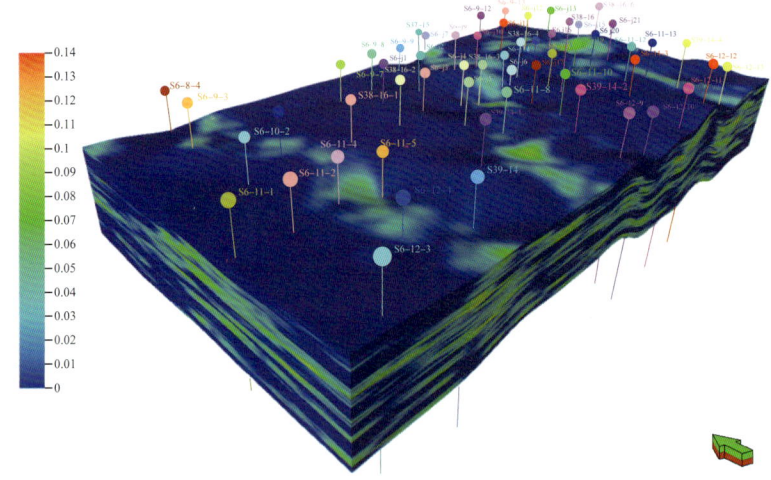

图4-28 加密试验区相控孔隙度模型

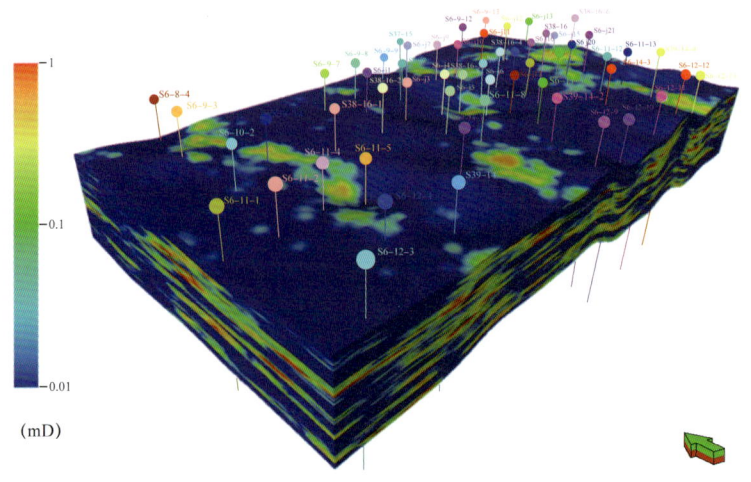

图4-29 加密试验区相控渗透率模型

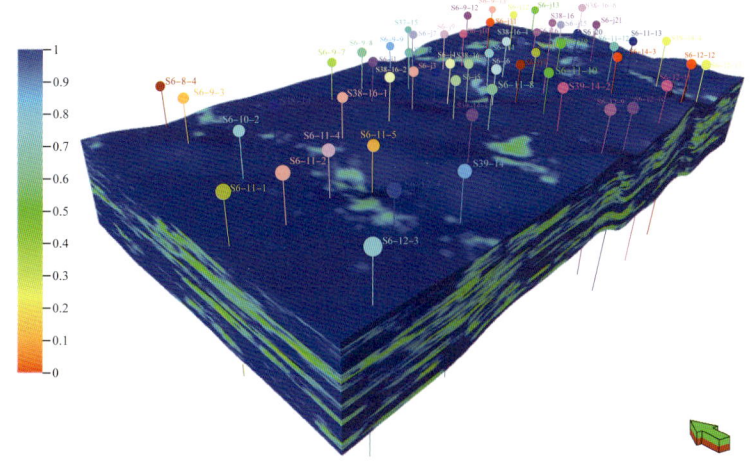

图 4-30 加密试验区相控含水饱和度模型

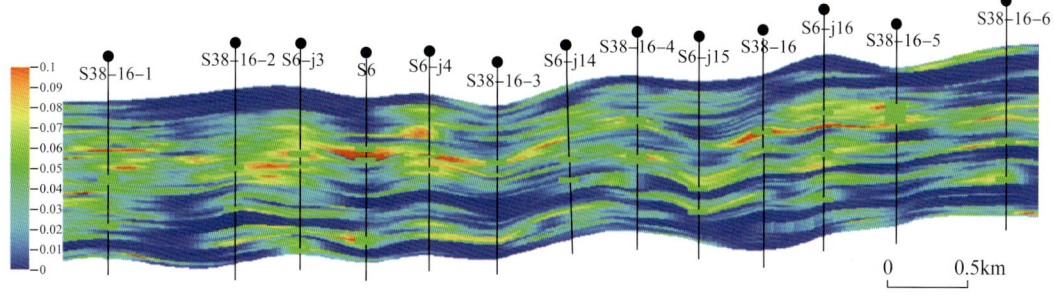

图 4-31 加密试验区相控孔隙度模型剖面

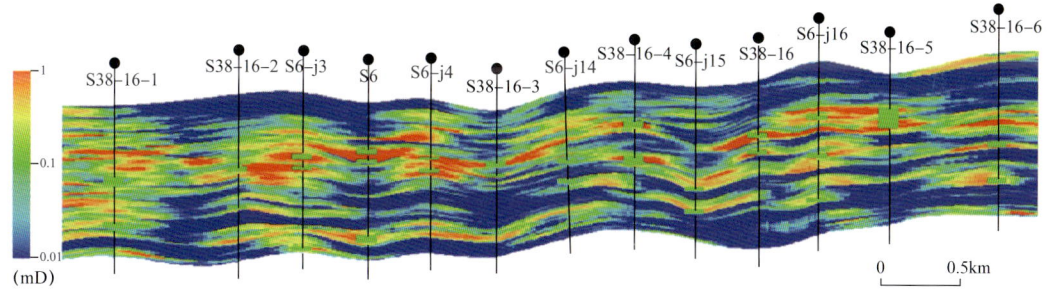

图 4-32 加密试验区相控渗透率模型剖面

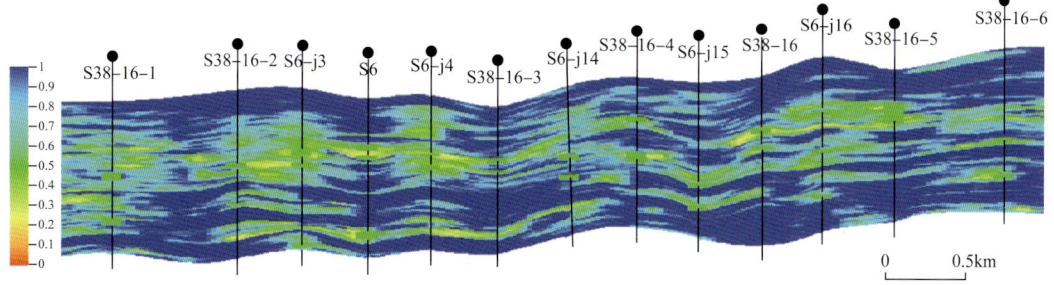

图 4-33 加密试验区相控含水饱和度模型剖面

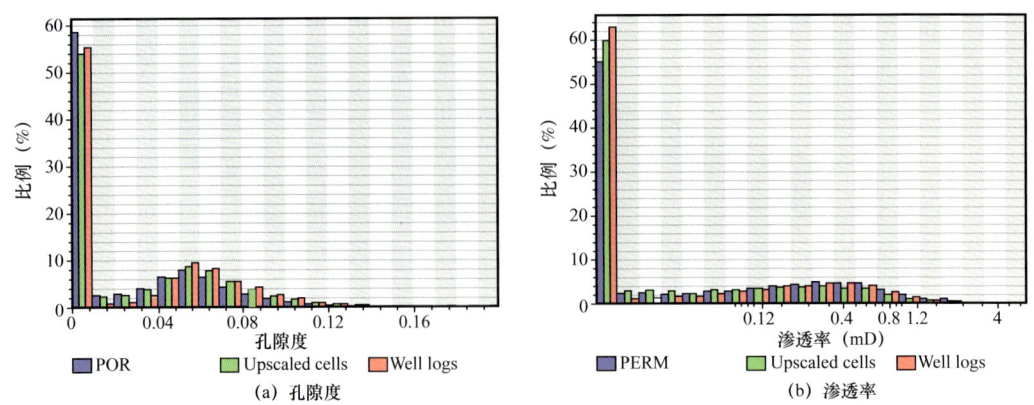

(a) 孔隙度　　　　　　　　　　　　　　　(b) 渗透率

图 4-34　加密试验区储层属性参数模型与原始数据分布对比
POR—孔隙度模型整体网格数据；PERM—渗透率模型整体网格数据；
Upscaled cells—测井曲线粗化数据；Well logs—原始测井曲线数据

六、有效储层模型

有效储层模型（NTG 模型）是气藏精细地质模型建立过程中非常重要的一个环节，它对模型的地质储量、储层的连通关系及后续的井网优化部署等开发政策具有非常大的影响。加密试验区盒 $8_上$、盒 $8_下$ 和山 1 段有效砂岩厚度占砂体厚度的比例小，分别为 5.6%、24.6% 和 13.4%，有效储层规模小，连通性较差，总体呈现"厚砂薄储"特征。如何实现有效储层建模，是实现该区精细地质建模的关键。本次建模共尝试了两种不同的有效储层建模方法，对所实现的地质模型分别进行生产历史拟合，优选拟合效果最好的模型作为最终的有效储层模型。

1. 方法一：传统的有效储层下限值法

1）建立有效储层模型

根据苏里格气田测井解释有效储层孔隙度、渗透率、含水饱和度的下限标准，利用属性计算公式在三维孔隙度、渗透率、含水饱和度模型的基础上建立有效储层模型（图 4-35）。计算模型地质储量为 $36.92 \times 10^8 m^3$，储量丰度为 $1.43 \times 10^8 m^3/km^2$。

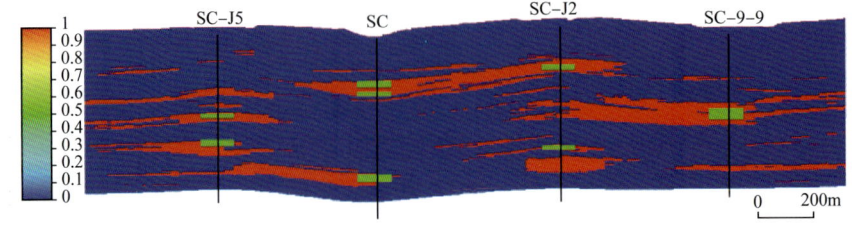

图 4-35　应用储层物性下限值建立的有效储层模型（精细网格）

2）模型粗化方法优选

进行生产历史拟合前，对模型进行粗化处理，但须满足粗化后模型计算的地质储量、储层连续性和连通性等关键属性与粗化前的精细模型基本保持不变。苏里格气田主力储层有效砂体规模小，叠置模式复杂，连通性和连续性差，模型粗化比较困难。为了验证模型粗化对历史拟合的影响，截取面积为 10km² 的模型设计三套粗化方案比较分析：（1）不对模型进行粗化处理直接进行数值模拟历史拟合分析；（2）平面网格步长不变，垂向以 16 个地质分层为网格单元进行粗化处理（图 4-36）；（3）平面网格步长不变，将盒 8 下主力层每个地质分层划分 3 个网格，盒 8 上、山 1 段每个地质分层划分 2 个网格，垂向共 34 个网格（图 4-37）。通过三种粗化方案的数值模拟结果对比，方案三即垂向上划分 34 个网格的粗化方法可以有效降低地质模型的总网格数，充分保留精细地质模型中储层参数的分布趋势、隔夹层信息及储层连通关系，且与精细地质模型的历史拟合效果相差不大。

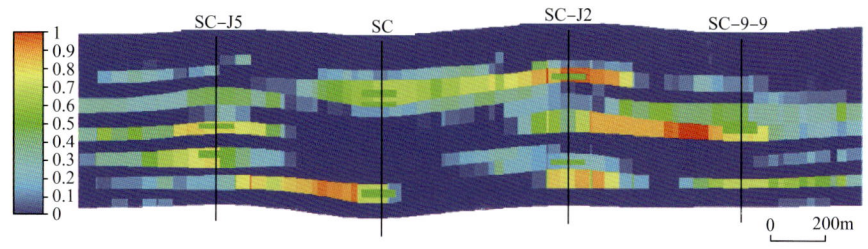

图 4-36　应用储层物性下限值建立的有效储层模型（方案二）

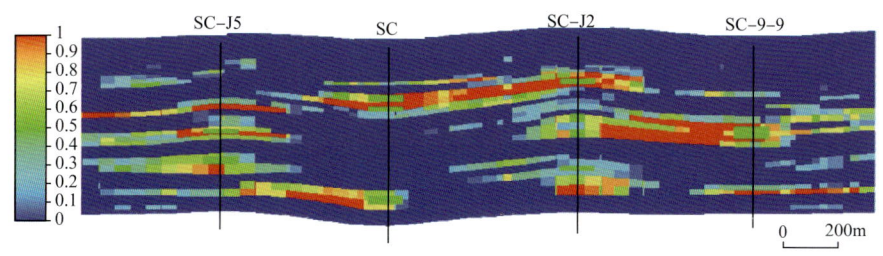

图 4-37　应用储层物性下限值建立的有效储层模型（方案三）

3）生产历史拟合

按照以上优选的粗化方法，采用算数平均和几何平均法对加密区有效储层、孔隙度、渗透率、含水饱和度模型进行粗化，计算模型储量为 $36.51\times10^8\text{m}^3$，与精细地质模型基本一致。对粗化模型采用定产求压的方式开展生产历史拟合，在不修改任何模型参数的情况下，参与建模的 42 口井中只有 7 口井拟合较好，28 口气井模拟流压值比实际历史值偏高（图 4-38），7 口井偏低，模型拟合符合率仅为 16.6%，整体拟合效果差。

为分析模型拟合效果差的原因，设计四套方案进行历史拟合对比分析：（1）模型原值；（2）模型原值 + 阻流带（$K\times0.01$）；（3）模型原值 + 渗透率覆压校正；（4）模型原值 + 阻流带（$K\times0.1$）+ 渗透率覆压校正。方案一在原始模型的基础上进行生产历史拟合；方案二在原始模型的基础上参考气井的平均泄流半径加载间隔为 300m×850m 的阻流带，边界的传导系数设置为 0.01，以降低储层平面的连通性；方案三在原始模型基础上，参考苏里格地区的应力敏感试验（图 4-39），对常规渗透率进行覆压校正；方案四在原始模型的基础上加载间隔为 300m×850m 的阻流带，边界传导系数设置为 0.1，并同时对渗透率模型进行覆压校正。

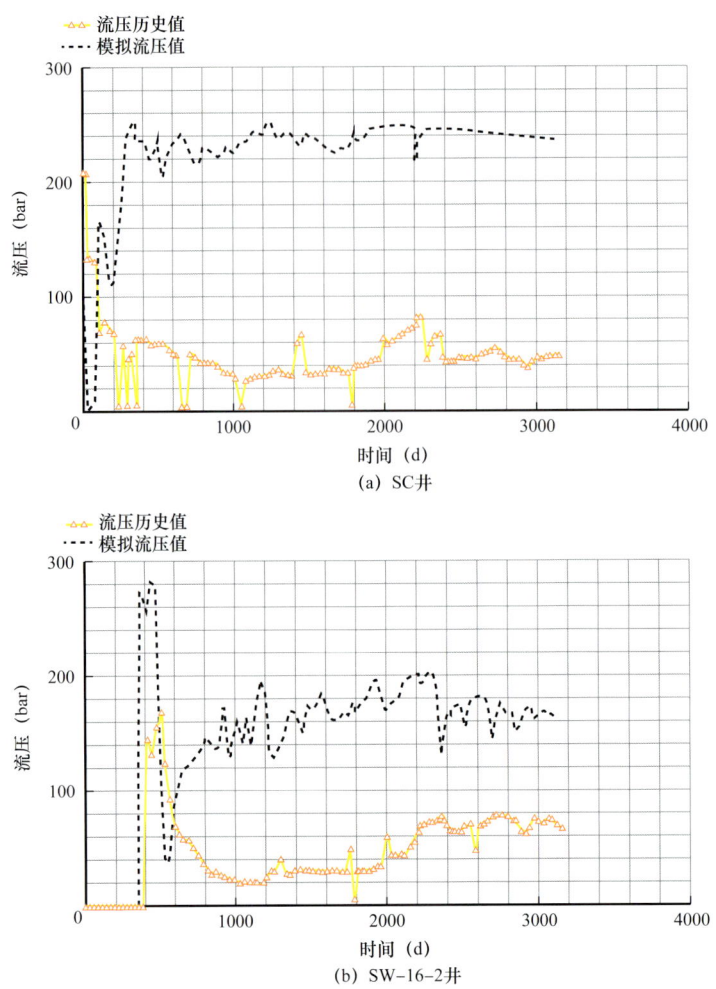

图 4-38 加密试验区部分井历史拟合曲线

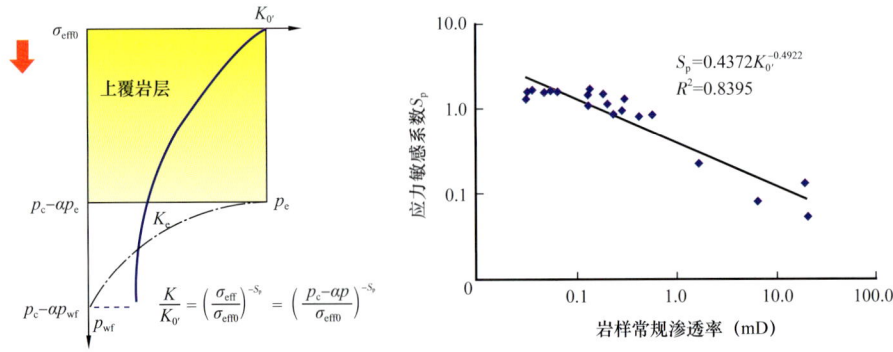

图 4-39 苏里格气田岩样 S_p—$K_{0'}$ 关系图

四套方案的历史拟合结果都不理想，方案二、方案三、方案四流压模拟值整体下降，但趋势与方案一基本一致（图 4-40）。说明用储层物性参数下限截断所生成的有效储层模型地质储量偏大，平面和垂向连通性过于乐观，导致流压模拟值居高不下。

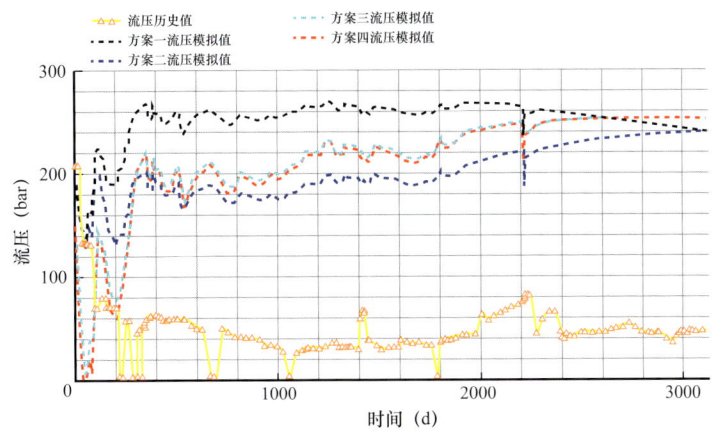

图 4-40 SC 井四套方案的拟合曲线

4）最终累计产气量预测

针对模型可能存在的问题，对四套方案分别进行了累计产气量的预测（图 4-41），并将预测结果与动态预测结果做对比分析，用以分析模型的总体质量。方案一预测的气井平均可采储量最高，达到 $3725 \times 10^4 m^3$，方案二、方案三、方案四对模型进行适当调整后，预测的气井平均可采储量有所下降（分别为 $2538 \times 10^4 m^3$、$2970 \times 10^4 m^3$ 和 $2818 \times 10^4 m^3$），明显高于实际生产动态预测结果。

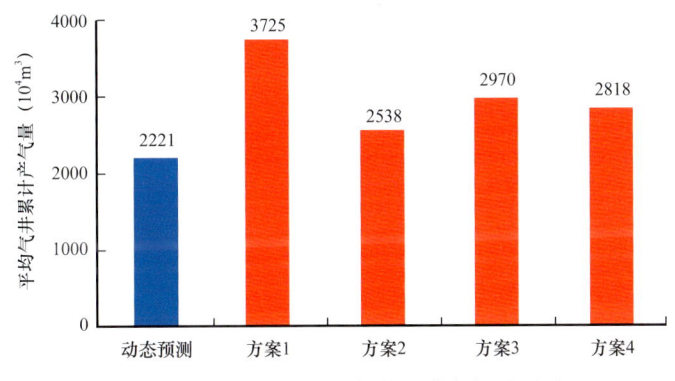

图 4-41 四套方案平均气井累计产气量预测

总之，通过对模型的生产历史拟合和气井可采储量预测对比，在不进行任何修正的情况下，用传统的有效储层下限值法建立的有效储层模型地质储量明显高于实际地质储量，储层连通性偏好，无法反映真实储层的强非均质性，无法满足数值模拟及后续开发的技术政策优化需求。

2. 方法二：基于动态成果约束的相控有效储层建模

基于动态成果约束的相控有效储层建模主要是以测井解释的气层、含气层、干层、水层和气水层为目标，在精细沉积相建模的基础上，采用相控建模的思路，以动态、静态资料论证的有效砂体范围为基础设置变差函数，采用序贯指示方法对其进行随机模拟。该方法区别于传统的有效储层下限法建立的有效储层模型，注重以测井解释的有效砂岩为目标，以相控建模思想为主导，有效储层分布在井上完全符合测井解释结果，井间插值符合单井统计概率，可提供多套有效砂体模型，用以进行不确定性评价。

1）有效砂体规模论证

苏里格气田井网加密试验区有效砂体规模精细解剖结果统计表明，盒8$_上$、盒8$_下$和山1段有效砂体长度均值分别为709m、786m和893m，长度主要分布在600～900m之间（图4-42）。根据该气田水平井钻遇的有效砂体规模统计，块状孤立型砂体占钻遇砂体类型的44%，其有效砂体长度平均为670m，最小值为350m，最大值为1300m（表4-7）；物性夹层、泥质夹层占钻遇砂体类型比例分别为34%、11%，两者长度均值分别为780m、770m。叠置型砂体类型分别为横向切割叠置型和串糖葫芦型，占钻遇砂体的比例分别为6%、5%，其有效砂体长度均值在1000m以上。

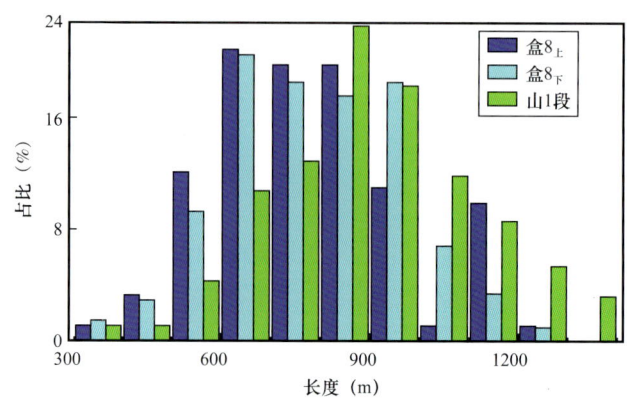

图4-42 苏里格加密试验区有效砂体长度分布图

表4-7 苏里格气田水平井钻遇有效砂体参数统计表

钻遇砂体类型	比例（%）	有效砂体长度（m）		
		最小值	最大值	平均值
块状孤立型	44	350	1300	670
物性夹层垂向叠置型	34	350	1200	780
泥质夹层垂向叠置型	11	600	1000	770
横向切割叠置型	6	1000	3500	1600
横向串糖葫芦型	5	800	1600	1100

另外，动态研究结果表明，加密试验区气井泄流长度平均为850m，泄流宽度为270m，与地质认识基本一致（图4-43）。但由于加密区目前多是合层开采，动态计算的单井泄流半径仍不能简单地用以代表单砂体的规模。

2）相控有效储层建模

相控有效储层建模主要是根据气井泄流宽度、长度，取累计概率P10、P20、P30、P40、P50、P60、P70、P80、P90共9组数据设置变差函数（表4-8），采用序贯指示方法，在沉积相模型的控制下，分析不同沉积微相类型有效储层的分布概率，设定随机模拟种子数，开展相控有效储层建模。共实现9个有效储层模型（图4-44），9个模型的地质储量分布在（28.96～30.48）×10^8m^3之间，总体相差不大，储量丰度为（1.119～1.177）×10^8m^3。

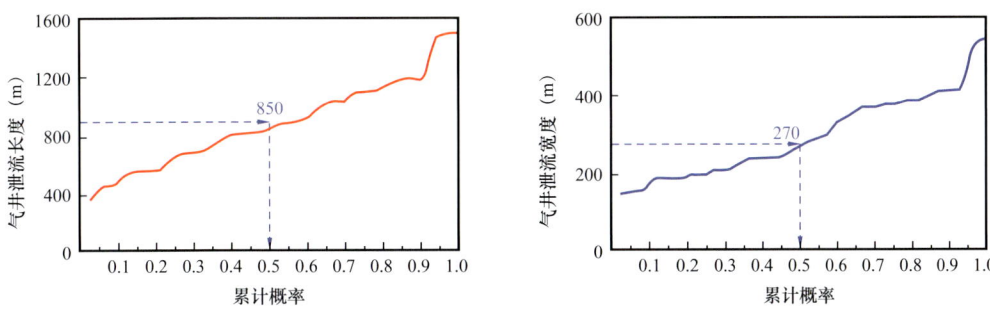

图 4-43 加密试验区动态分析气井泄流长度、宽度累计概率曲线

表 4-8 相控有效储层模拟基本参数及模型储量

模型参数	有效储层模型								
	1	2	3	4	5	6	7	8	9
泄流半径累计概率	P10	P20	P30	P40	P50	P60	P70	P80	P90
泄流长度（m）	530	614	673	763	864	1045	1193	1252	1332
泄流宽度（m）	164	190	208	236	267	323	369	387	412
模型储量（$10^8 m^3$）	29.19	29.16	30.48	30.08	29.99	29.91	28.96	29.67	29.41
储量丰度（$10^8 m^3/km^2$）	1.127	1.126	1.177	1.162	1.158	1.155	1.119	1.146	1.136
历史拟合成功率（%）	26.2	50.0	45.2	47.6	52.4	50.0	50.0	45.2	47.6

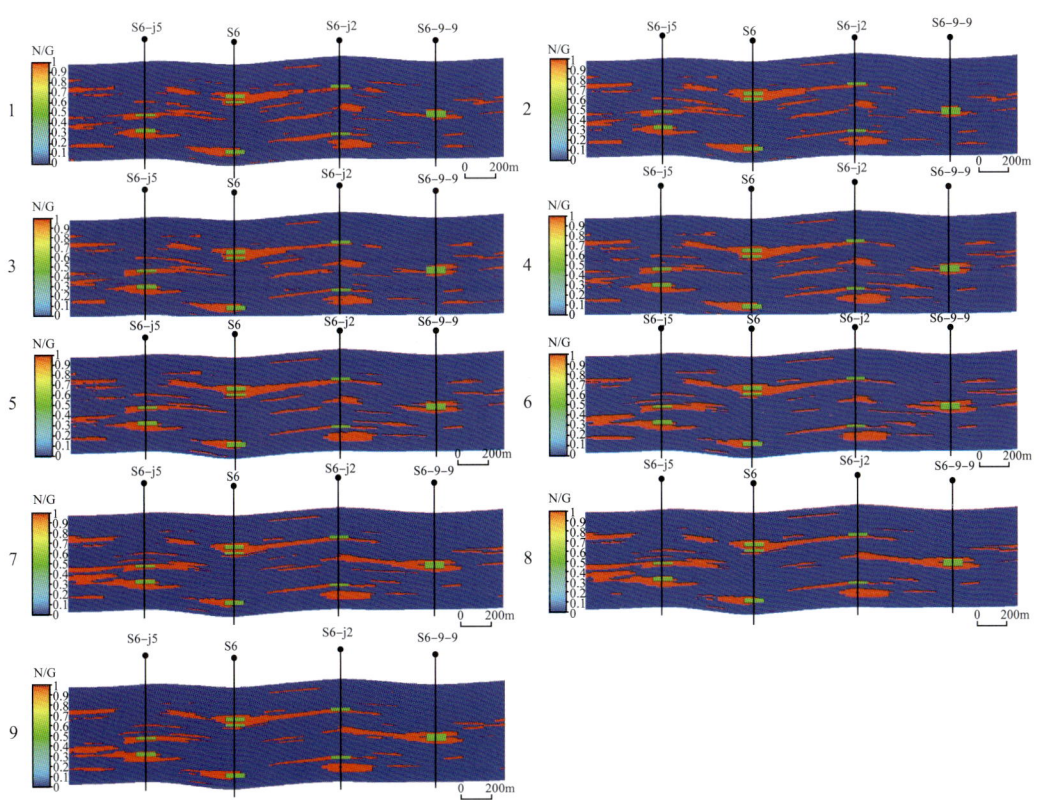

图 4-44 加密试验区相控有效储层建模的 9 个实现

9个有效储层模型中,由于设置的有效储层变差函数在不断增大,从模型1到模型9储层连通性逐渐变好,将模型1与模型9对比看,砂体连通性已有明显区别,但由于相控随机模拟时设定了随机种子数,所以9个模型在储层分布上基本一致。

3）生产历史拟合

在不对储层做任何参数修正的情况下,9个模型历史拟合符合程度为26.2%~52.4%（表4-8),其中效果最好的是模型5,该模型设置的有效储层变差函数为长864m、宽267m,单井历史拟合较好的井27口,拟合符合程度52.4%,比方法一建立的有效储层模型拟合成功率提高36%,但仍有15口井无法达到满意的拟合效果（3口井模拟流压值低于实际值,12口井模拟流压值高于实际值）,对这15口井周围储层物性进行局部修正后,模型拟合符合程度提高至79%（图4-45）,再结合人工裂缝及储层改造参数调整,模型与地质认识及生产历史整体符合情况可满足要求。

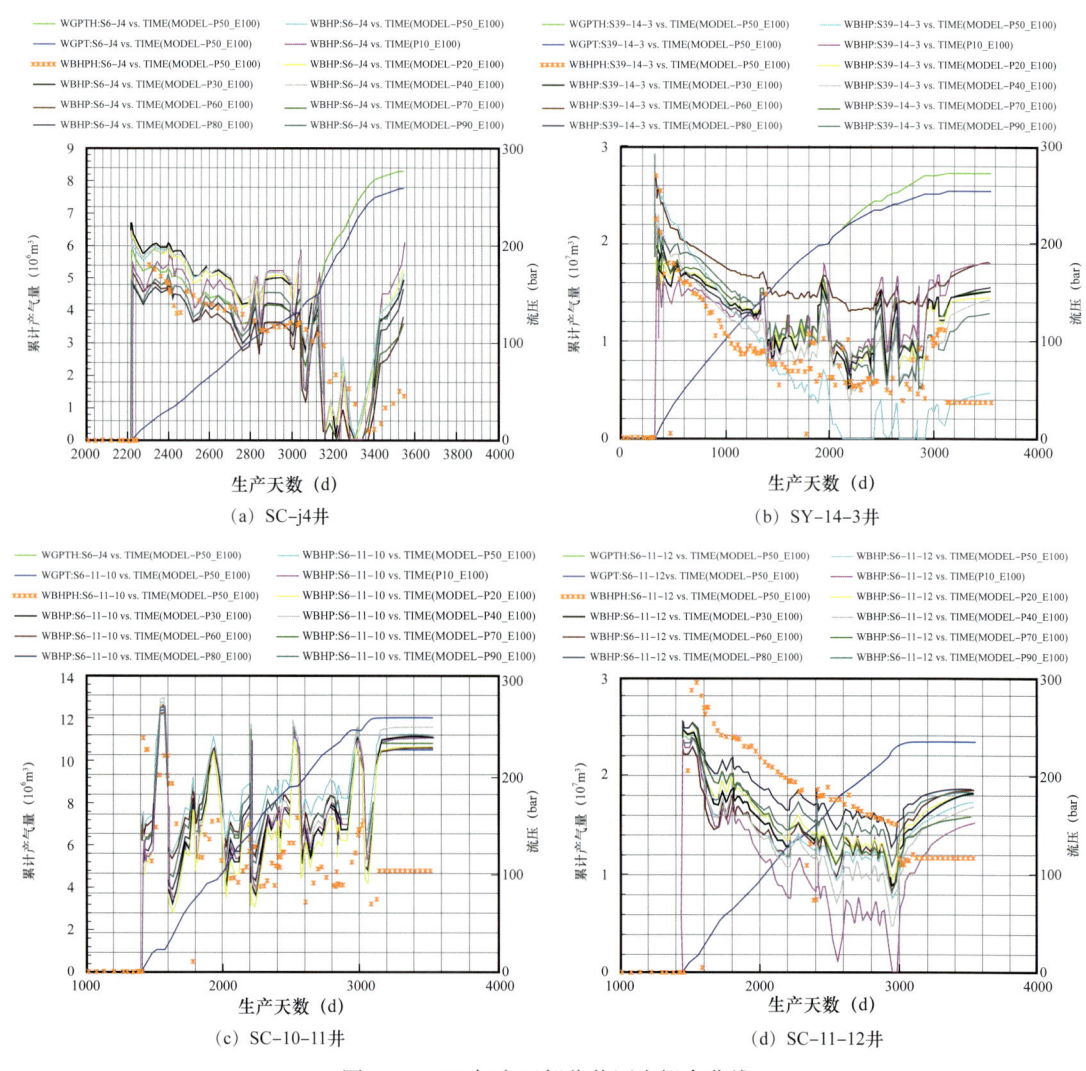

图4-45 SC加密区部分井历史拟合曲线

第四节　区块气藏模型

建立整个SC区块的地质模型旨在探索如何把适用于井控程度高、动静态资料相对丰富的加密试验区建模方法推广应用到井控程度较低的外围工区。其思路是依据加密区沉积相等精细地质研究及建模参数，应用多点地质统计学方法，分层建立SC区块沉积相训练图像，再随机建立整个SC区块的沉积相模型，并通过相控建模思路开展储层参数及有效储层的随机模拟。

一、多点地质统计学原理

多点地质统计学是相对于传统的两点（基于变差函数）地质统计学而言的，它表达的是空间多点之间的相关性，对于该方法的理论基础，国内外已有学者对其进行了研究和论述，其关键是应用训练图像来代替变差函数。所谓训练图像是能够表述实际储层结构、几何形态及其分布模式的数字化图像，反映的是沉积微相分布的定量地质模式，不必忠实于井点信息，而只是反映一种先验的地质概念（或原型模型）。如图4-46b为一个反映河道（蓝色）与河道间（黄色）分布的训练图像，通过应用多点的数据事件（图4-46a）对训练图像进行扫描，可得到4个重复。其中，中心点为河道的重复有3个，中心点为河道间的重复有1个。因此，该取样点为河道的概率为3/4，为河道间的概率为1/4，这样就得到了未取样点处的条件概率分布函数。由此可见，多点地质统计学方法可以克服传统两点地质统计学难以表达复杂储层空间结构和再现目标几何形态的不足。

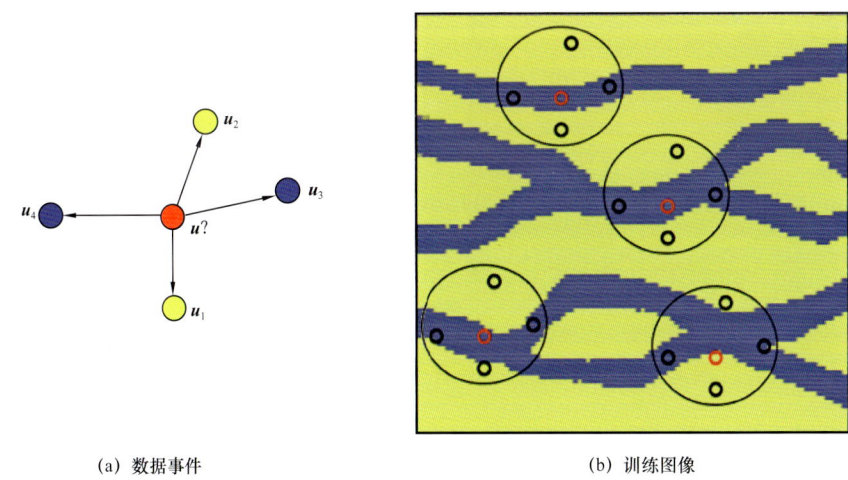

(a) 数据事件　　　　　　　　　(b) 训练图像

图4-46　数据事件与训练图像示意图

（a）由中心点 u 和邻近4个向量构成的5点数据事件，其中 u_3 和 u_4 代表河道，u_1 和 u_2 代表河道间；（b）反映河道（蓝色）与河道间（黄色）的平面分布，图中4个圆环表示数据事件对训练图像扫描的4个可能的重复

二、区块沉积相建模

应用多点地质统计学方法建立沉积相的先决条件是建立训练图像，训练图像是沉积相空间分布的定量地质模型，反映的是一种先验的地质概率或原型模型。对于 SC 区块加密区外围工区来说，井网密度相对较小，单纯应用井点资料一般很难建立精细的沉积相图。为此，根据加密区的精细沉积相建立训练图像后，应用目前比较成熟的 SNESIM 算法，对研究区各沉积微相进行随机建模，通过扫描训练图像以构建搜索树，选择随机路径，然后按照序贯方法求取各模拟点的条件概率分布函数，最后通过抽样获得模拟实现，在模拟过程中同时采用 SC 区块的沉积相图作为约束条件，设置平面搜索半径南北向为东西向的 2 倍。图 4-47 为多点地质统计的一个随机实现，可以看出多点地质统计的随机模拟实现反映了训练图像的结构性，同时再现了微相砂体的几何形态，局部差异反映了砂体的非均质性，经检验各井点处也完全忠实于井信息，而且骨架砂体连续性较好，符合地质认识。

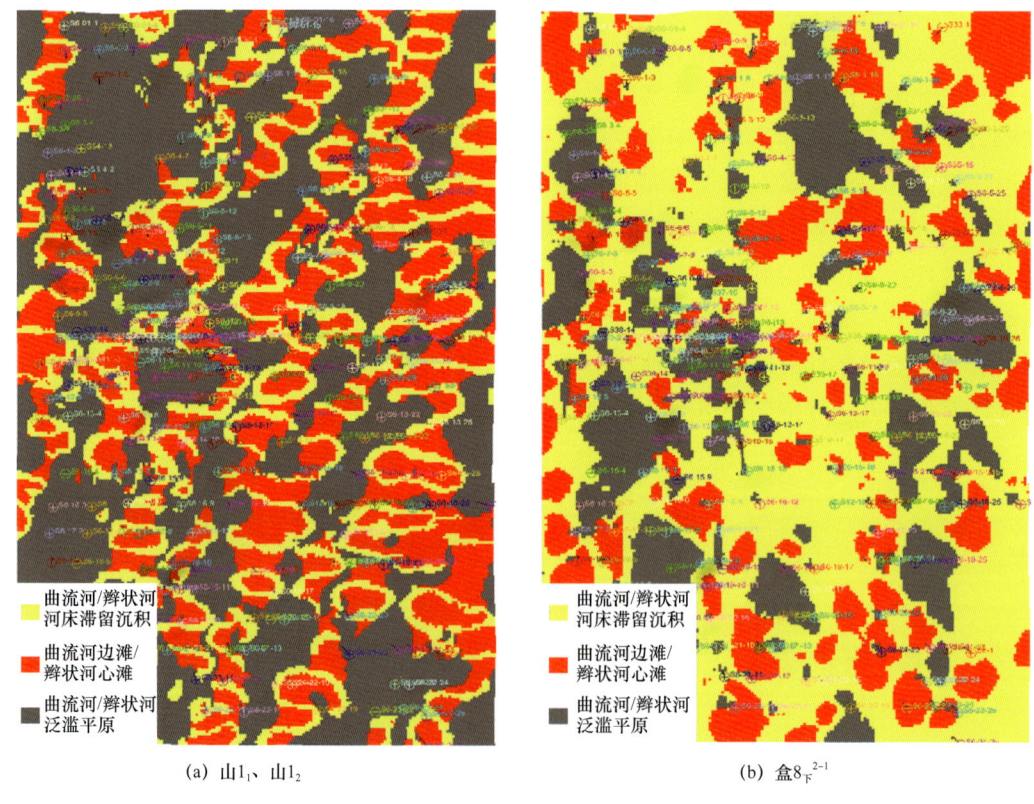

图 4-47 应用多点地质统计学方法建立的沉积相模型

三、相控参数模型

应用多点地质统计学建立沉积相模型后，根据相控建模原则，统计不同微相物性参数的标准偏差、概率分布等，变差函数按照加密区的物性参数变差函数设置，在条件井的控制下，采用序贯高斯模拟方法，模拟孔隙度、渗透率和含气饱和度模型（图 4-48）。模拟结果显示，储层物性参数非均质性较强，高值区大致呈南北条带状展布，受沉积相控制的特征明显。

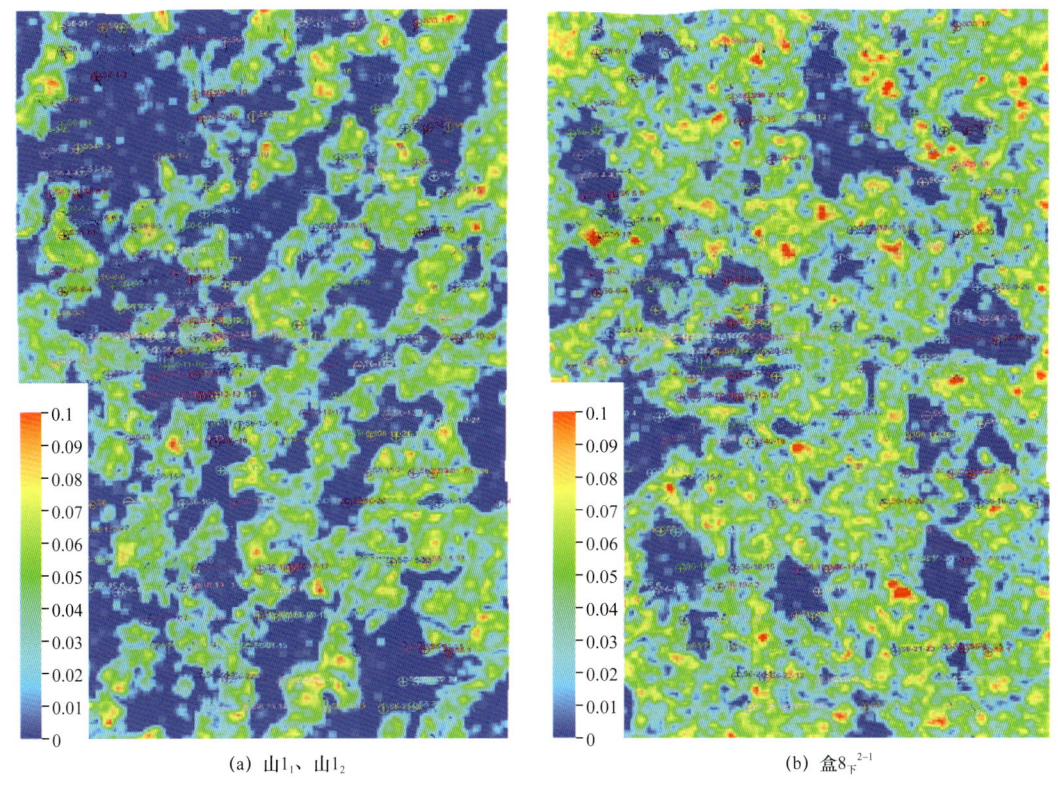

(a) 山1₁、山1₂　　　　(b) 盒8下²⁻¹

图 4-48　SC 区块相控孔隙度模型

四、有效储层模型

SC 区块有效储层建模采用相控有效储层建模方法，建模以测井解释的气层、含气层、干层、水层和气水层为目标，在沉积相模型的基础上，采用相控建模思路，以加密区有效储层建模论证的有效储层参数为指导，设置有效砂体长变程为 864m、短变程为 267m，再采用序贯指示方法对其进行随机模拟。从模拟结果看，井间插值符合单点统计概率，有效砂体分布趋势受沉积相模型约束，与沉积相走向及分布趋势基本一致，有效砂体规模较小，呈南北条带状展布（图 4-49）。从有效储层的横切剖面看（图 4-50），砂体的连通关系与动态分析的结果相符。

五、模型粗化及检验

按照加密区网格粗化方法，将整个 SC 区块的精细地质模型在纵向上粗化为 34 层，总网格数为 1829280 个。按照粗化模型采用容积法计算地质储量（图 4-51），模型总储量为 $357.66 \times 10^8 m^3$，储量主要分布在盒8下¹⁻³、盒8下²⁻¹、盒8下²⁻²、盒8下²⁻³ 四个层，各层储量分布与有效储层分布基本一致。

对模拟结果进行统计分析，对比输入参数的分布特征，分析模型是否能较好地反映原始输入参数的分布特征。从模拟结果与原始数据分布对比直方图可以看出（图 4-52），孔隙度、渗透率分布形态与输入值基本一致，说明模拟结果完全可以反映井点原始数据的统计规律，模型比较可靠。

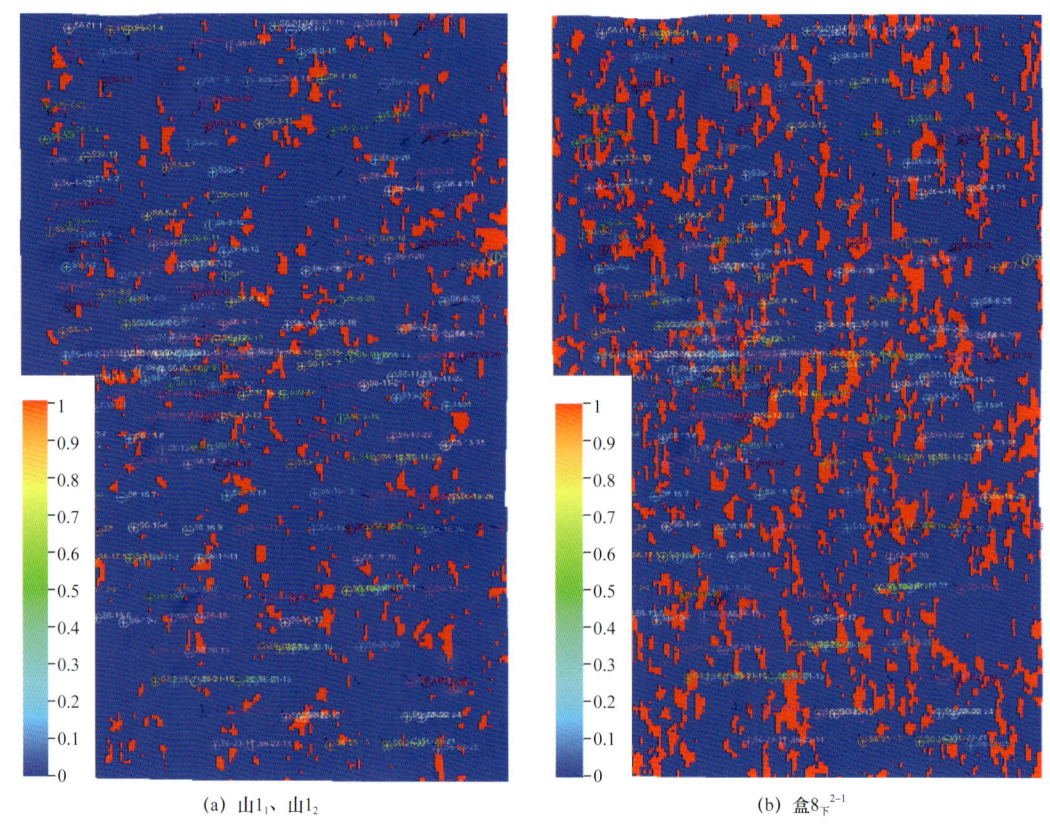

(a) 山1_1、山1_2 (b) 盒8_F^{2-1}

图 4-49　SC 加密区块有效储层模型

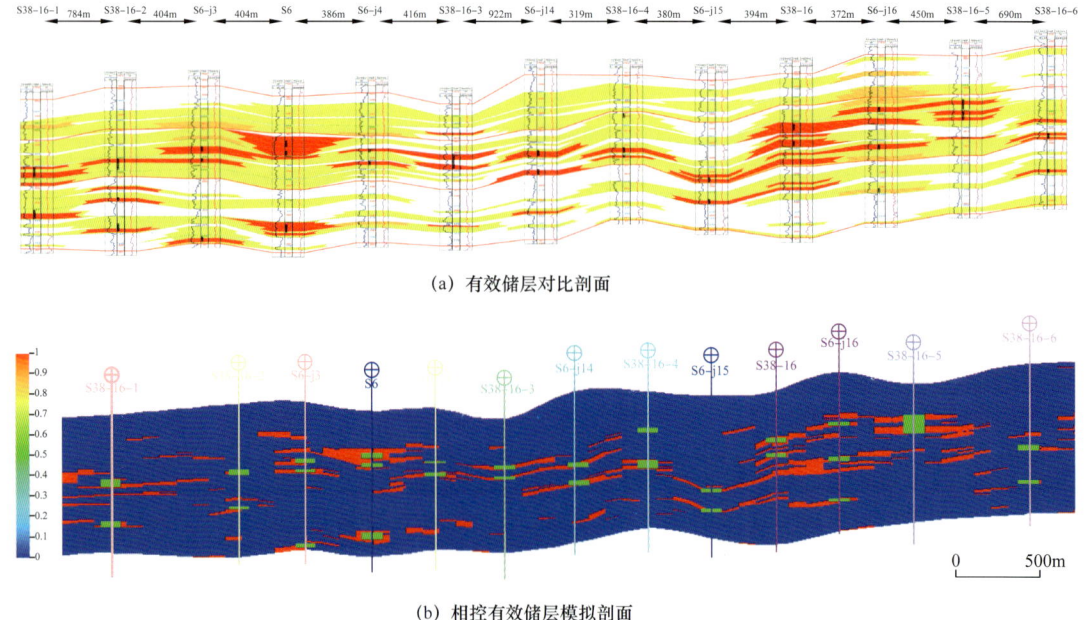

(a) 有效储层对比剖面

(b) 相控有效储层模拟剖面

图 4-50　SC 区块相控有效储层模拟与手工剖面对比

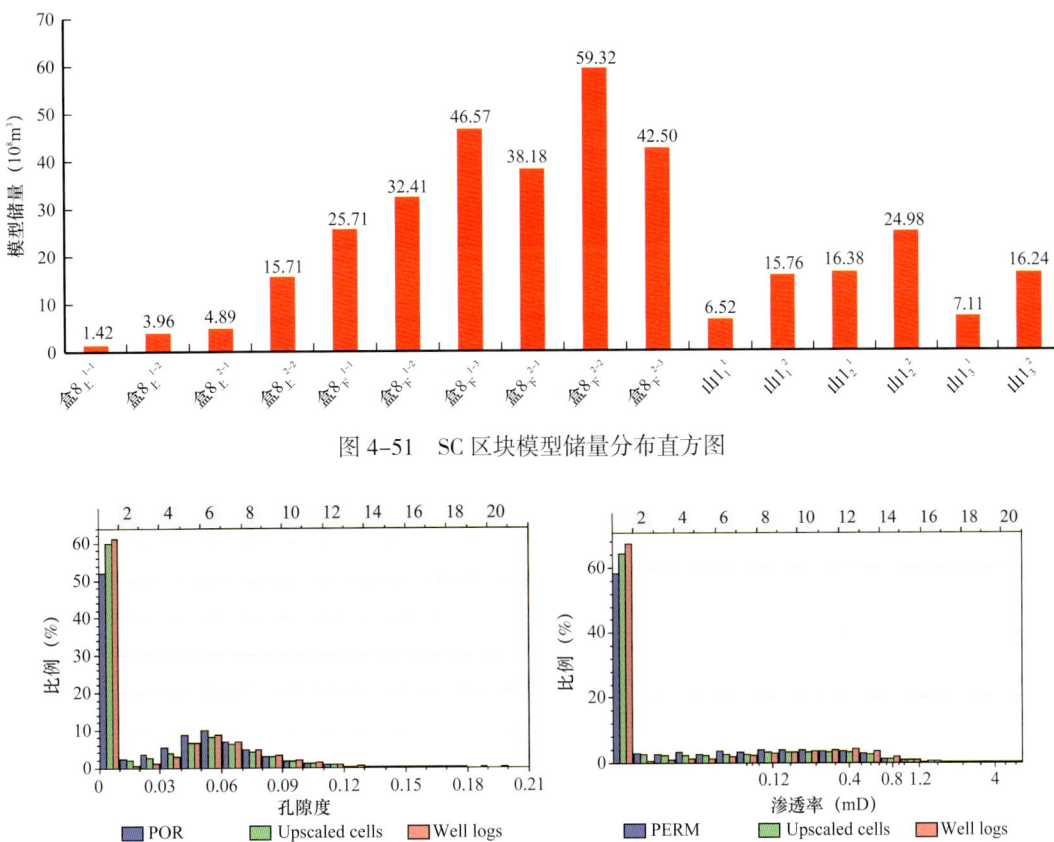

图 4-51 SC 区块模型储量分布直方图

(a) 孔隙度

(b) 渗透率

图 4-52 SC 区块储层属性参数模型数据体与原始数据分布对比直方图

POR—孔隙度模型整体网格数据；PERM—渗透率模型整体网格数据；
Upscaled cells—测井曲线粗化数据；Well logs—原始测井曲线数据

第五章 开发井网优化

与常规气藏不同,致密砂岩气藏一方面由于储层横向连续性和连通性差,单井控制面积小、控制储量低,需要采用较密的井网开发,以提高地质储量动用程度;另一方面,由于单井产量低、递减快,保持较长时间规模稳产所需钻井数量大。因此,合理的开发井网对致密气藏提高采收率、实现高效开发至关重要。

苏里格气田密井网试验证明,主力储层有效砂体规模小,叠置形式多样,储层在平面和纵向上非均质性强,连通性差。这种复杂的地质条件,对开发井网提出了更高的要求,若井网过稀,对储量控制和动用程度低;井网过密,井间干扰严重,单井累计采气量降低,开发效益难以保证。

第一节 密井网区干扰试井解释

苏里格气田主力储层纵向多层发育,横向连通性差,即使主力层位相同且横向连续存在的两口邻井,往往由于岩性的变化而不连通。干扰试井是评价井间储层连通关系,测算井间连通参数,研究储层平面分布状态,优化开发井网最直接也是最重要的方法之一。

一、井间干扰测试方法概述

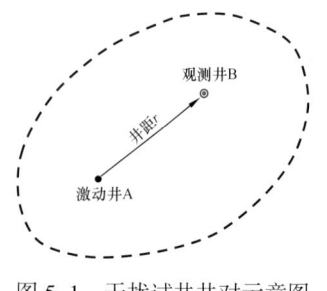

图 5-1 干扰试井井对示意图

现场干扰试井测试一般针对 2 口或多口井,但其基本单元仍然是由 2 口井组成的井对,其中一口井称为激动井,在测试过程中改变工作制度,对地层压力造成激动;另一口井称为观测井,在测试过程中全程关井,并下入高精度、高分辨率的井下压力计,记录由于激动井激动而导致的压力变化(图 5-1)。

在现场实施时,常常有多口井同时参与测试施工,如图 5-2 所示。

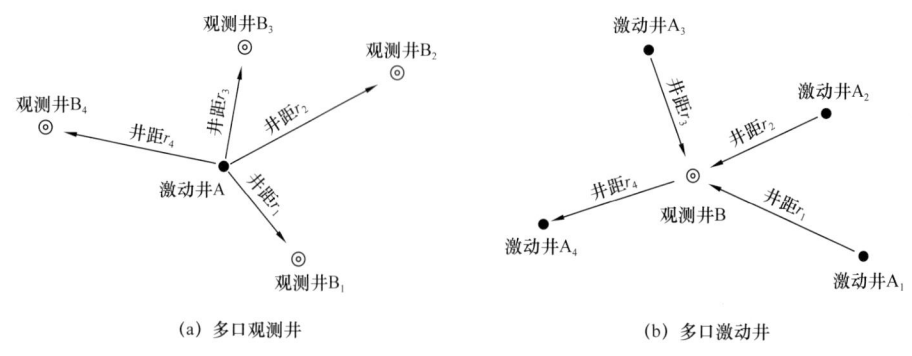

(a) 多口观测井　　　　　　　　　(b) 多口激动井

图 5-2 多口井参与的干扰试井示意图

无论参与测试的井数（对）多少，有一条基本原则必须遵守：同一个时段可以设置多个观测井同时进行观测，但只能有唯一的一口激动井改变工作制度产生激动信号，否则将导致干扰压力源（激动井及其方位）和激动井产量无法确定，资料分析陷入混乱。这个简单的原则同样适用于偶然加入到测试井组中的干扰源。例如相邻井进行压裂作业施工，进行试油试气的完井放喷作业，甚至是机械故障造成的关井等。

假定参与测试的井组中有4口激动井，分别是A_1、A_2、A_3和A_4；有4口观测井，分别是B_1、B_2、B_3和B_4。它们的开关井激动和下入压力计观测的时间顺序如图5-3所示。

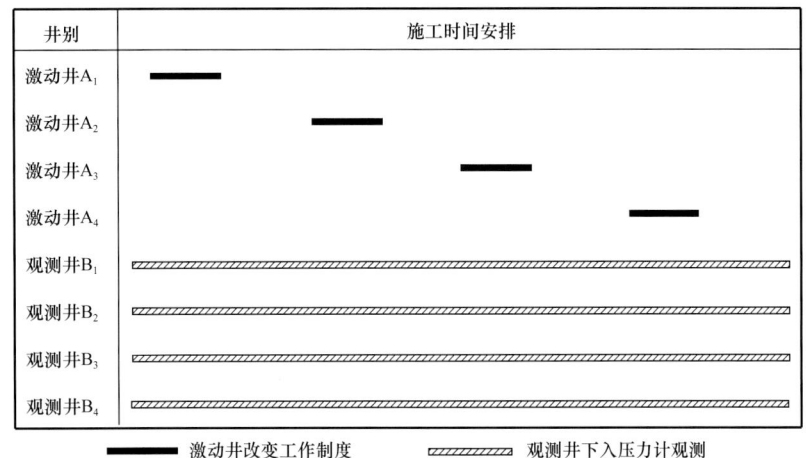

图5-3 多口井参与的干扰试井时间安排顺序示意图

激动井的激动，不但时间上不能彼此重叠，而且由于干扰压力的反映具有一定的滞后时间，因此还要拉开一定间隔，至于间隔的大小，根据储层参数（渗透率K、井距r等）数值，经过试井设计来确定。

通过干扰试井，在观测井中录取到从激动井传播而来的干扰压力，如图5-4所示。

从图中看到，整个测试过程分成三段。

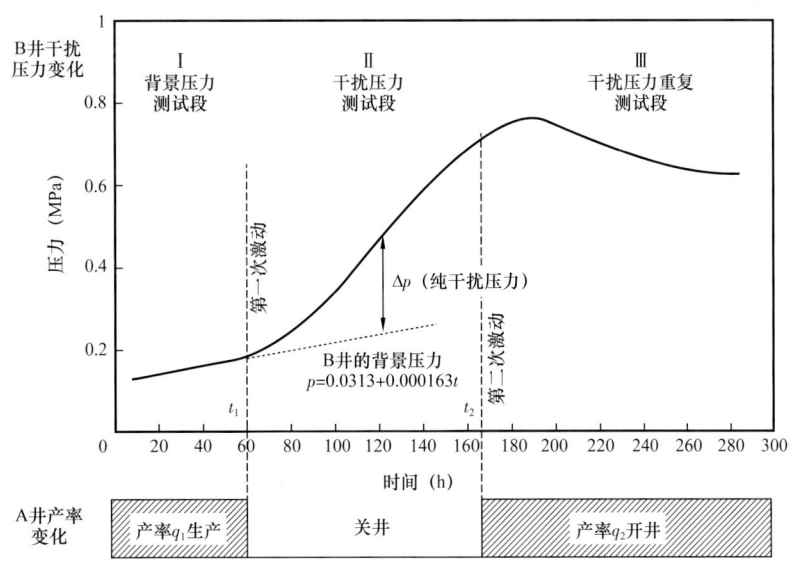

图5-4 干扰试井测试结果示意图

1. 背景压力测试

作为测试井,即使在未受到激动井影响的情况下,井底压力也以某种规律变化:或者基本保持稳定,或者以某种趋势上升,或者以某种趋势下降,或者存在某种波动和噪声。这样作为观测井的 B 井,在正式记录干扰压力以前,须预先安排足够长的时间,连续监测这种背景压力。

监测背景压力的目的有两个。

(1) 了解观测井 B,是否胜任监测干扰压力的要求。

有以下几种情况说明 B 井是不胜任的:

① 存在 0.001~0.1MPa 级的压力波动,而且不能确定其原因;

② 存在频率以秒计或以分计的噪声;

③ 存在每天超过 1MPa 的急剧压力上升或下降;

④ 压力偶尔出现不明原因的台阶跳。

油气井井底从来都是不平静的。因此在监测井观测干扰压力以前,要预先测试背景压力情况,排除不具备条件的观测井,或通过改进监测方式,达到合格监测井的要求。

(2) 找出背景压力的变化规律。

如图 5-4 所示,背景压力可以用一个解析式来表示。从实测压力与背景压力的偏离情况,可以判断是否受到干扰压力影响;另外从实测压力与背景压力的差值,可以分离出纯干扰压力值。

2. 干扰压力测试段

这是干扰试井的主要数据段。

从这一段,可以求出纯干扰压力值 Δp。作 Δp 与时间 Δt 的双对数图,可以通过图版拟合求出储层参数。其中 Δp 被称为纯干扰压力,它是在背景压力下,单纯由于激动井影响而产生的压力变化;Δt 被称为纯干扰时间,它的 0 点是激动井改变工作制度的时间 t_1。

第 2 段数据,也是判断两井间是否有干扰影响的主要依据段。如图 5-4 所示,A 井对 B 井产生了干扰压力影响:激动井 A 井作为生产井关井后不久,造成地层压力回升,观测井 B 的压力偏离背景压力呈上升趋势,说明激动井和观测井之间的储层是连通的。但实际现场测试中常常会出现一些异常现象:或者在激动井 A 改变工作制度以前,即 t_1 时刻以前,B 井已开始发生变化;或者 A 井的关井激动,对应了 B 井的压力下降;或者 B 井的压力开始上升后又出现突然下降。这些都说明 B 井中的压力变化属于假象,应从干扰压力反映中排除。

3. 干扰压力重复测试段

对于存疑的干扰试井结果,第 3 段的重复测试无疑是必须的排除手段。此时作为激动井,往往要恢复原有的工作制度,只需在监测井中延长测试时间即可完成。从重复测试段中,同样可分析储层参数,并可用该段压力历史,对整个分析结果进行验证。

二、加密试验区干扰试井设计

苏里格气田自开发以来,先后在SC、SJ和SA等几个密井网试验区成功开展了50多个井组干扰试验测试,获取干扰压力变化曲线,评价井间储层连通性,解释计算了井间的连通流动系数(Kh/μ)、产能系数(Kh)和渗透率K等井间连通参数,为开发井网的优化和进一步的开发调整提供依据。

1. 典型干扰试井井组地质概况

SC井网加密试验区位于苏里格气田中部,盒$8_下$和山1段砂岩发育(以盒$8_下$为主),砂体基本呈南北走向,厚度一般为28~45m,宽度为1~2.5km,砂地比为26.31%~52.36%,平均为40.57%。2003年和2007年经过两次加密钻井,东西向井距400m左右,南北向井距600m左右,加密区井位和井距情况如图5-5所示。地层对比研究显示,试验区主力层位东西方向岩性变化剧烈,连通性差,但部分薄层仍然存在连通的可能性,需要进一步开展干扰试井加以证实。

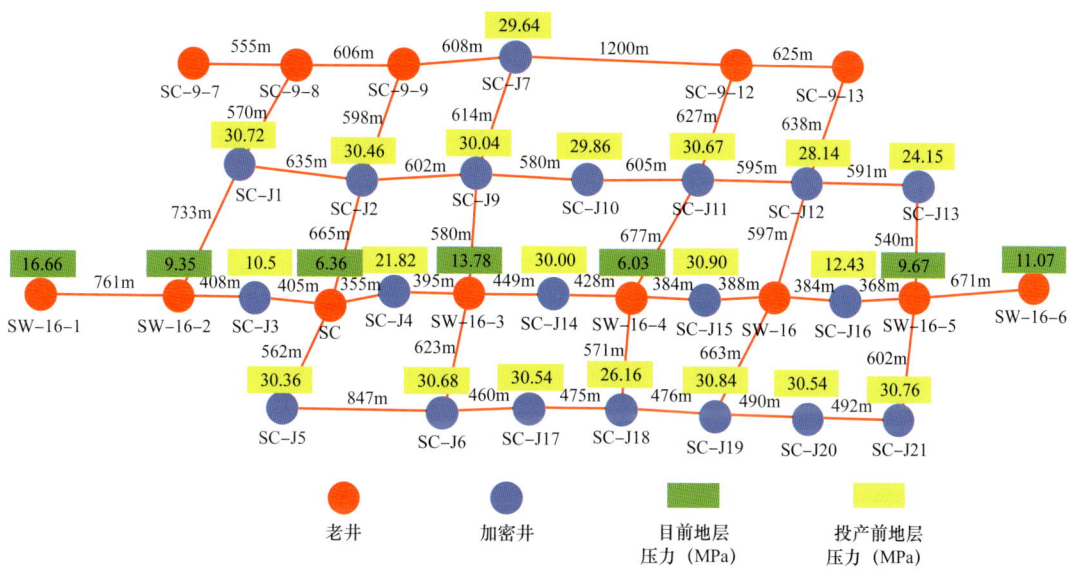

图5-5 SC密井网区干扰试验井组示意图

2. 干扰试井设计与测试

由于干扰试井测试方法的特殊性,判断井间是否连通需要结合测试井组的动态特征进行分析,判断井组间储层连通的可能性,优选出重点井再建立井组数值模型,进行模拟设计。

1)干扰试井井组选择

SC试验区于2007年完成了第二批加密井后测试了9口井的井底静压,同时也全程进行了井口压力测量,为加密区干扰试井井组选择和设计提供了重要依据。测试结果见表5-1。

表 5-1　SC 密井网试验区地层静压测试情况

测试压力类型	井号	测压日期	关井恢复时间（d）	地层中深（m）	中深静压（MPa）
加密井完井后初始地层压力	SC-J1	2007/10/10	26	3347.80	30.72
	SC-J2	2008/3/12	92	3336.50	30.46
	SC-J3	2008/4/24	187	3356.00	10.5
	SC-J4	2008/3/8	121	3329.00	21.82
	SC-J5	2008/3/8	96	3347.75	30.36
	SC-J6	2008/5/15	45	3346.50	30.68
原有老井目前地层压力	SC	2008/3/6	73	3323.90	6.355
	SW-16-2	2008/3/4	71	3355.50	9.35
	SW-16-3	2008/3/2	69	3326.50	13.78

加密井初始静压测试表明：SC 井东西一线的 SC-J3 井和 SC-J4 井静压远低于静水柱压力，表明受到了 SC、SW-16-2 和 SW-16-3 等早前生产老井的影响，加密井 SC-J3 井井底压力（10.5MPa）与相邻的老井 SW-16-2 井井底压力（9.35MPa）相近，表明这两口井之间连通的可能性较高，但与其东边的邻井 SC 井井底压力（6.355MPa）相差明显，井间连通的可能性不大；离开 SC 井东西线井排，向北 600m 的 SC-J1 井、SC-J2 井，向南 650m 的 SC-J5 井、SC-J6 井，初始压力均维持在 30MPa 以上，表明这几口井并未受到先期投产的 SC、SW-16-2 和 SW-16-3 等井长时间生产的影响，其井间储层不连通；加密井 SC-J4 井压力虽然也明显降低到 21.82MPa，但远高于东侧相邻的 SW-16-3 井，更高于西侧邻井 SC 井，静压值都相去甚远，表明其间即使存在某种程度的关联，其连通程度亦有限。

从井口油压与邻井生产产量变化关系分析来看，SC-J3 井于 2007 年 10 月 16 日压裂完井后关井恢复，至 2007 年 2 月油压恢复趋于平稳（约 8.59MPa）。邻井 SW-16-2 井于 2008 年 3 月 5 日开井生产，初期平均产量约 $0.57 \times 10^4 m^3/d$，20 天后 SC-J3 井井口油压开始下降，显示极有可能受到西侧 408m 处的 SW-16-2 井压力干扰影响。在此期间 SC-J2 井虽然也开井生产，但该井完井时气层中部压力为 30.46MPa，维持在静水柱压力，与 SC-J3 井相差近 10MPa，两口井相距较远，加之 SC-J3 井压力变化起始时间在 SC-J2 井开井生产前，说明 SC-J3 井和 SC-J2 井彼此并无关联，受其影响的可能性微乎其微（图 5-6）。另外，SC-J4 井关井期间井口油压与邻井生产产量变化关系显示，该井与周围邻井存在某种弱连通关系，若选为干扰试井井组，短期内难以取得明显的测试结论（图 5-7）；而 SC-J5 井和 SC-J6 井完井后一直关井，明显监测到的是本井完井后关井压力恢复过程，与邻井无明显的连通关系（图 5-8）。

综上分析，结合加密区现场条件及各井生产动态，优先选择 2 个测试井对进行干扰试验：即 I 号井对——SW-16-2（激动井）和 SC-J3（观测井）井对和 II 号井对——SW-16-3（激动井）和 SC-J4（观测井）井对。其中 I 号井对是较为有利的干扰试井井组。

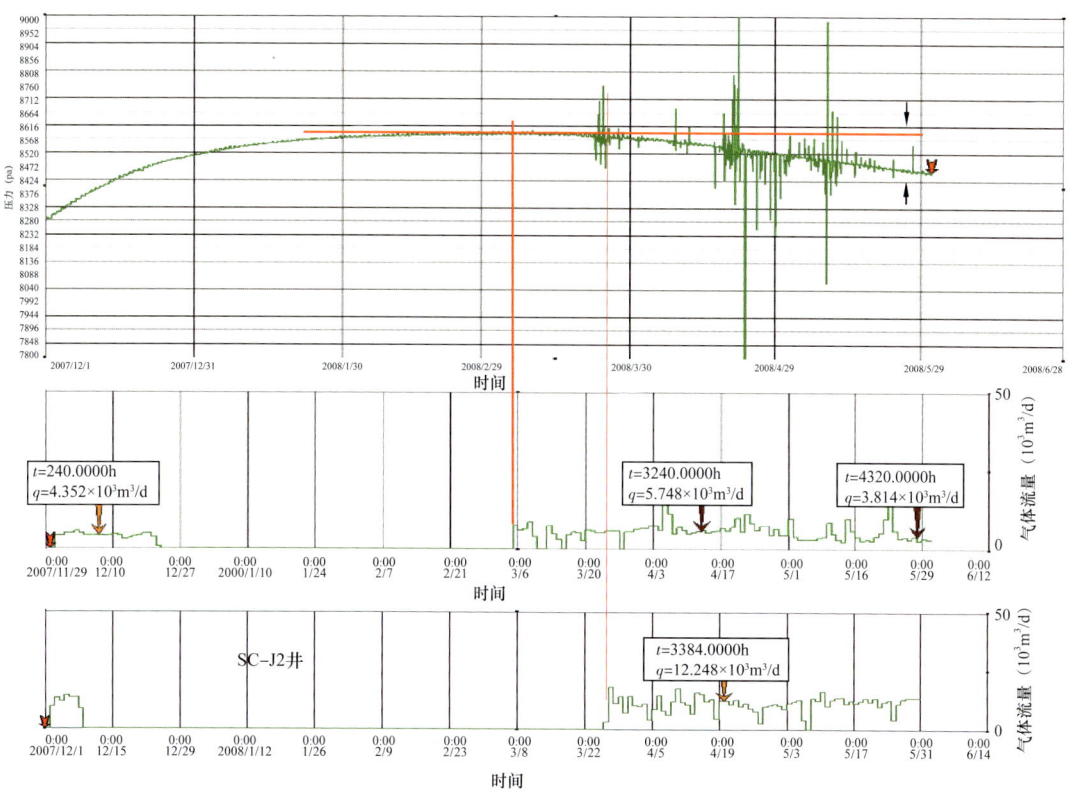

图 5-6　SC-J3 井关井井口压力变化曲线

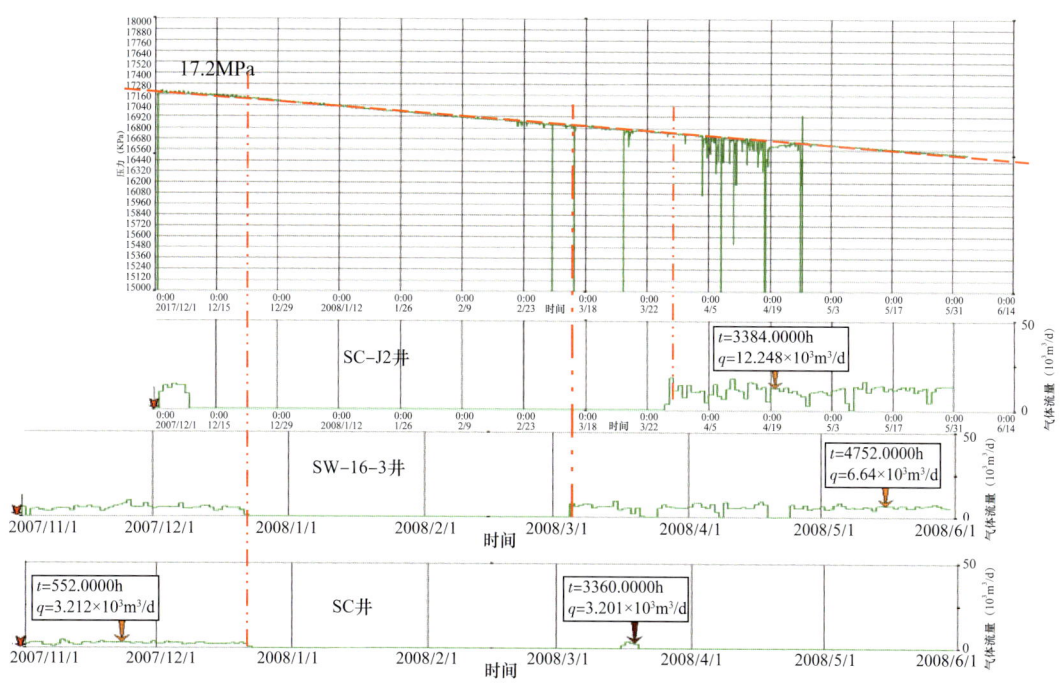

图 5-7　SC-J4 井关井井口压力与邻井生产产量变化曲线

- 123 -

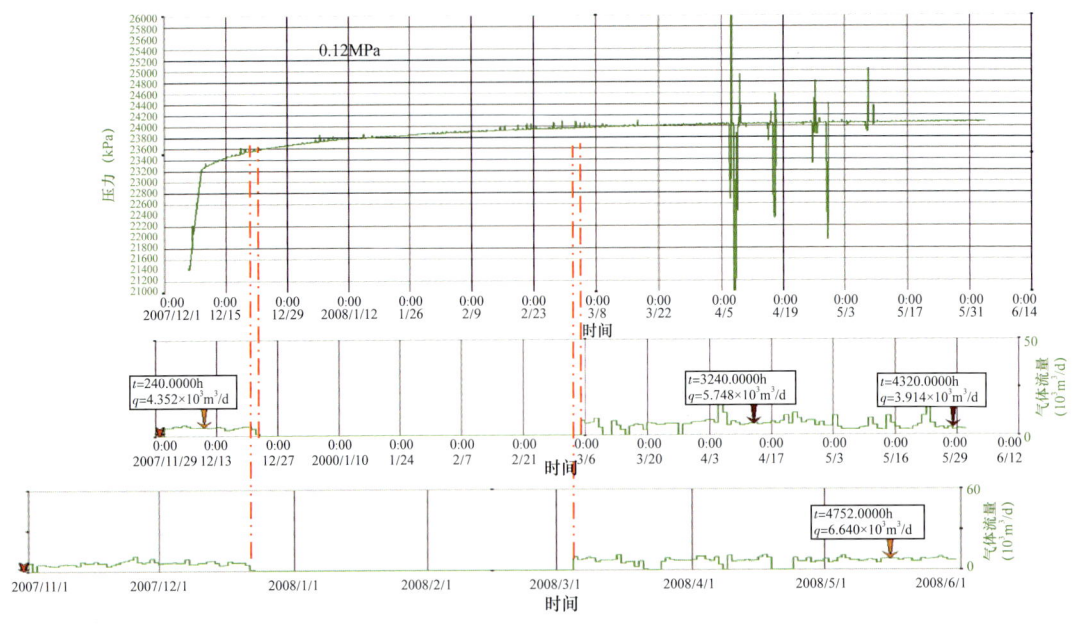

图 5-8　SC-J5 井关井井口压力与邻井生产产量变化曲线

2）干扰试井设计

根据干扰井组优选结果，以Ⅰ号井对和Ⅱ号井对为干扰试井目标井组，取井组目的储层二叠系盒 8 段参数平均值建立数值模拟模型，应用试井软件进行干扰试井设计。图 5-9 是干扰试井井组设计示意图，图 5-10 是 SC-J3 井与 SW-16-2 井干扰试井设计模拟曲线。

因为东边的Ⅱ号井对与西边的Ⅰ号井对动态上互不关联，所以可以同时进行干扰试井测试，在井组涉及的 9 口井均安装井口电子压力计进行压力监测，试井过程大致分三个阶段。

（1）背景压力录取段：为方便观察观测井井底背景压力变化规律，要求把井下电子压力计下放到观测井 SC-J3 和 SC-J4 井底（产层中部位置）；测试过程中，激动井 SW-16-2 和 SW-16-3 尽可能保持稳定产量连续生产，井组内其余井工作制度保持不变，且测试时间不少于 10d，压力记录间隔 1min/ 点。

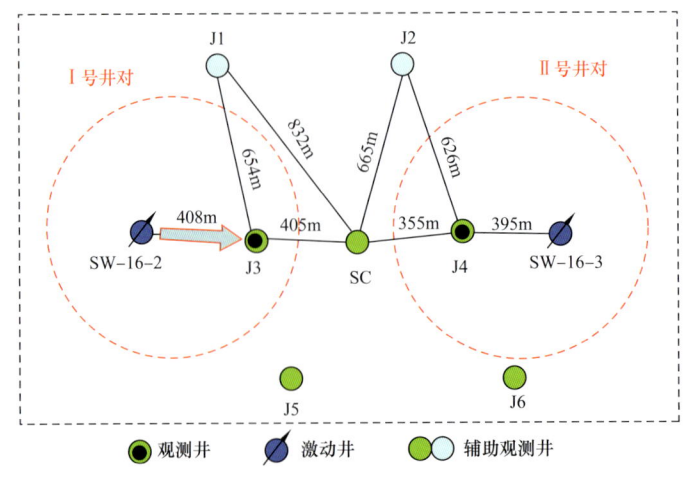

图 5-9　干扰试井井组设计示意图

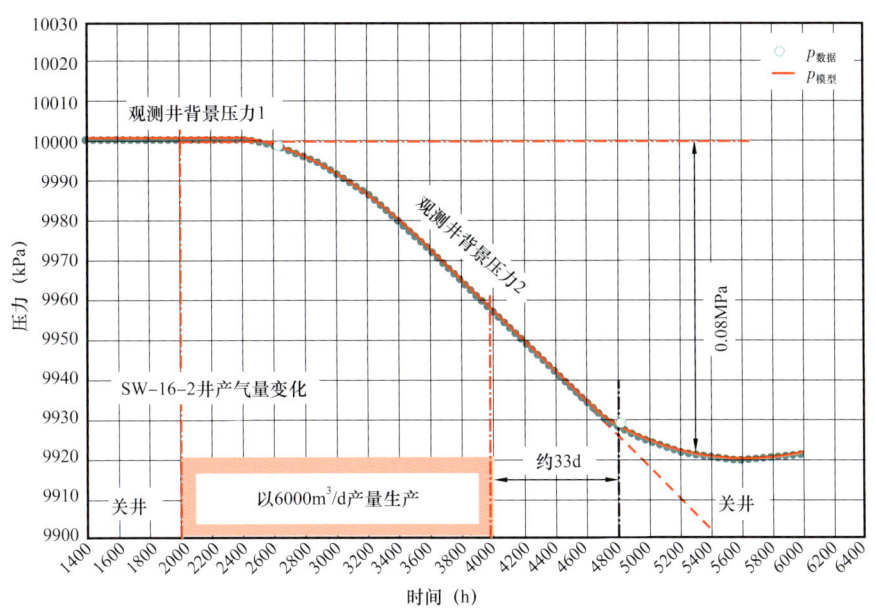

图 5-10 SC-J3 井干扰压力模拟曲线

（2）干扰试井曲线录取段：激动井 SW-16-2 和 SW-16-3 同时关井，进行地层压力激动，准确记录关井时间和关井前日产气量；激动井关井时间维持 2000h（约 90d），连续记录关井条件下观测井 SC-J3 和 SC-J4 井底压力变化，期间每 720h（30d）更换一次压力计，压力记录间隔 1min/点。期间 SC-J1 井、SC-J2 井尽量保持原有产量生产，SC-J5 井、SC-J6 井继续关井，并记录井口压力变化。

（3）干扰试井曲线核实：也称之为干扰试井重复验证段，如果对于干扰试井结果存在疑问，可开展重复验证测试，核实测试过程中压力记录方式与干扰试井段相同，激动井 SW-16-2 和 SW-16-3 同时开井，进行地层压力反向激动。

三、干扰试井资料解释分析

1. 干扰试井测试结果

以 I 号干扰井组为例。图 5-11 为 SC-J3 井录取得到的干扰压力变化曲线。

图 5-11 显示 SC-J3 井压力变化明显受到了 SW-16-2 井开井和关井的影响。

（1）SC-J3 井自从试气投产以后，不久接着关井，压力逐渐恢复；

（2）待 SW-16-2 井 2007 年 12 月 23 日关井停产后，SC-J3 井压力恢复速率逐渐变缓，到 2008 年 2 月下旬压力恢复趋于稳定（曲线趋于水平），持续 1 个月井口恢复压力稳定在 8.5912MPa；

（3）当 SW-16-2 井于 2008 年 3 月 6 日开井生产 20d 后，SC-J3 井明显出现压力下降趋势，延续近 60d，压力下降趋势近似直线，压降速率 0.002MPa/d，其解析表达式为：

$$p=8.56826-8.88779\times10^{-5}(t-3121.27) \quad (5-1)$$

式中　p——压力，MPa；
　　　t——时间，h。

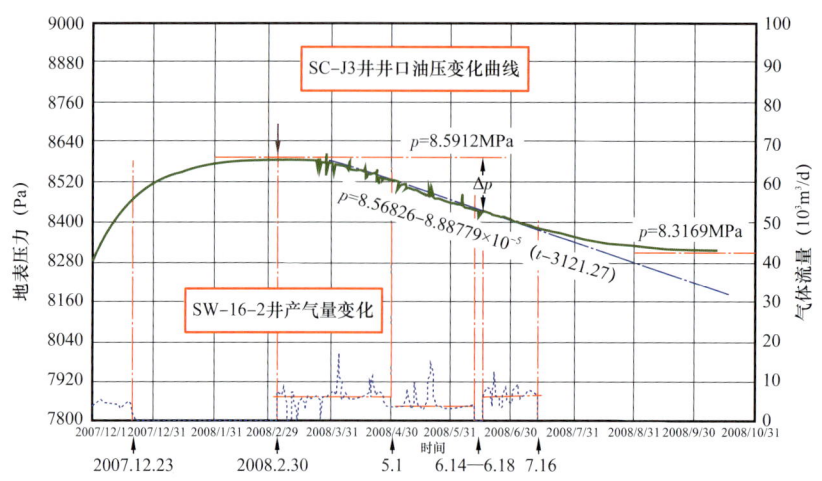

图 5-11　SC-J3 井与 SW-16-2 井干扰试井结果曲线

（4）2008 年 5 月降低 SW-16-2 井产量改变工作制度，并于 2008 年 7 月 14 日最终关井后，SC-J3 井压力离开原有的直线下降趋势，渐渐趋于平缓，最后接近水平，纯干扰压力值 0.2743MPa，其变化形态与该井组干扰试井模拟设计结果基本一致，进一步验证了井间干扰的存在。

综上分析可以确认，干扰试井井组中 SC-J3 井和 SW-16-2 井，处于同一有效连通砂体中。干扰试井测试及分析对于苏里格气田合理开发井网的确定，具有现实的指导意义。

2. 干扰试井资料解释

根据 SC-J3 井干扰压力与 SW-16-2 井产气量变化过程，确定纯干扰压力和纯干扰时间，绘制纯干扰压力和纯干扰时间的双对数曲线，通过纯干扰压力平方图版分析，进行干扰试井资料参数解释。由于 SC-J3 井压力测试受环境温度的影响，存在某些跳动，计算纯干扰压力时先确定干扰前的背景压力，与干扰后的实测压力值之差即为纯干扰压力，在图版拟合分析时采用纯干扰压力平方与纯干扰时间的关系作图，得到拟合曲线如图 5-12 所示。

图 5-12 显示纯干扰压力与纯干扰时间实测点双对数曲线与均质地层干扰试井双对数图版曲线规律性一致，进一步佐证了干扰压力值的可靠性。经图版拟合后，得到拟合点 M 的坐标读值用于参数解释。

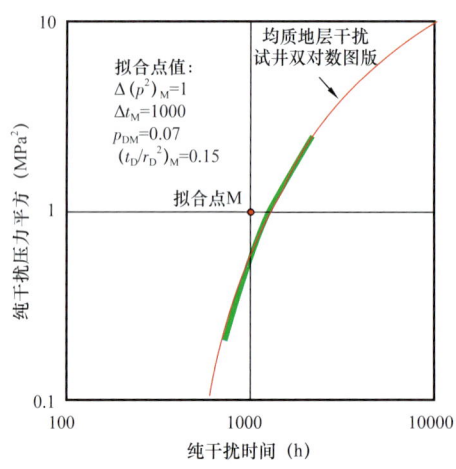

图 5-12　SC-J3 井（观察井）纯干扰压力平方值与图版曲线拟合分析图

计算中所用的物性参数：

连通储层厚度：$h=10.0$m；

天然气地下黏度：$\mu_g=0.015$mPa·s；

地层温度：$T_f=105℃$（378K）；

天然气压缩因子：$Z=0.913$；

在实测数据图中的读值：$\Delta t_M=1000h$，$(\Delta p^2)_M=1$；

在图版坐标中的读值：$(t_D/r_D^2)_M=0.15$，$(p_D)_M=0.07$。

把图版拟合过程得到的拟合点 M 坐标值代入干扰试井分析储层连通流动系数计算公式，可以求得 SC-J3 井与 SW-16-2 井间连通参数。

连通流动系数：

$$\frac{Kh}{\mu}=\frac{q_g Z T_f}{7.8523\times 10^{-2}}\cdot\frac{(p_D)_M}{(\Delta p^2)_M}=12.74 q_g Z T_f\cdot\frac{(p_D)_M}{(\Delta p^2)_M}=181.58\left[(mD\cdot m)/(mPa\cdot s)\right]$$

连通产能系数：$Kh=2.724 mD\cdot m$

连通渗透率：$K=0.27 mD$

弹性储能参数：

$$\phi h C_t=\frac{3.6\times 10^{-3} Kh}{\mu_g\cdot r^2}\cdot\frac{\Delta t_M}{(t_D/r_D^2)_M}=2.459\times 10^{-2} m/MPa$$

以 SC-J3 井干扰压力与 SW-16-2 井井组为例，阐述背景压力录取及背景压力规律的回归，绘制纯干扰压力与纯干扰时间关系曲线，与干扰试井解释图版进行拟合，对密井网试验区干扰试井资料解释具有现实指导意义，并以此方法完成了 50 余对干扰井组的解释分析。

另外，SC-J4 井初始压力较静水柱压力下降不多，与老井 SC、SW-16-3 静压相差较大，干扰试井测试过程中监测到的压力变化，始终呈现直线缓慢下降趋势，下降速率仅 0.00373MPa/d，如图 5-13 所示，说明 SC-J4 井与邻井确实存在某种可能的连通性，但在持续近 10mon 的干扰测试过程中，SC-J2 井与 SW-16-3 井多次开关井并未对 SC-J4 井的压力造成明显的影响，显示这种连通性较差，对于气井稳定生产不会起到决定性的作用。

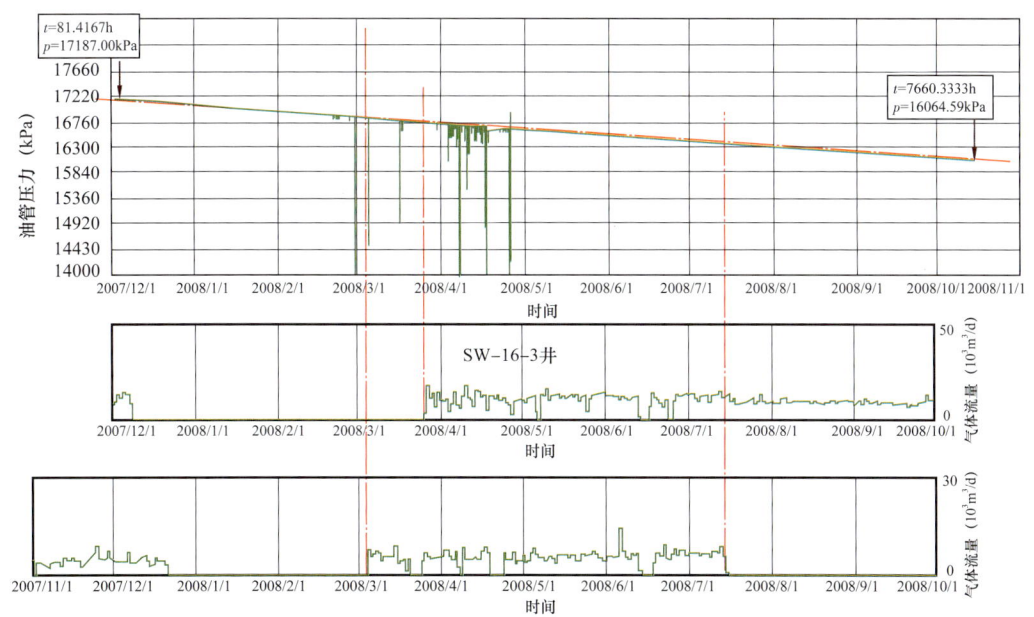

图 5-13　SC-J4 井（观察井）压力随邻井产气量变化曲线

第二节 基于干扰试井的井网优化

井网密度论证是井网优化的前提。苏里格气田井网优化首先通过密井网试验区砂体精细解剖，明确有效砂体的长度和宽度范围，结合产量不稳定分析，确定气井有效泄流范围；其次在现场干扰试验分析的基础上，研究井间干扰概率与井网密度、井网密度与气井累计采气量关系，建立开发井网优化模型，确定合理的井网密度范围。

一、井控范围评价

1. 密井网区砂体精细解剖

为了落实有效砂体的规模，苏里格气田先后在SC、SA和SJ等井区进行了井网加密试验，重点落实盒8段和山1段两个主力层位的有效砂体规模。有效砂体厚度主要分布在2～5m之间，小于5m占80%以上（图5-14）；宽度主要分布在500～800m之间，小于500m占50%左右（图5-15）；长度一般小于1200m，其中小于900m的占50%左右（图5-16）。

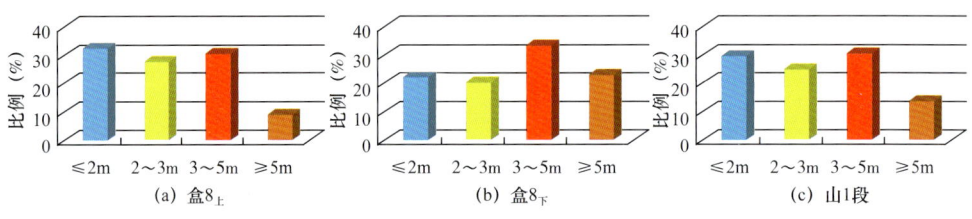

图5-14 有效砂体厚度分布直方图

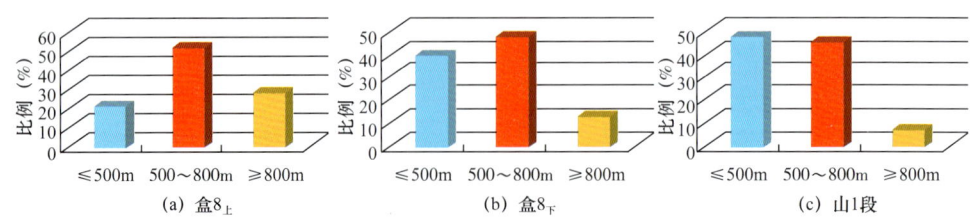

图5-15 有效砂体宽度分布直方图

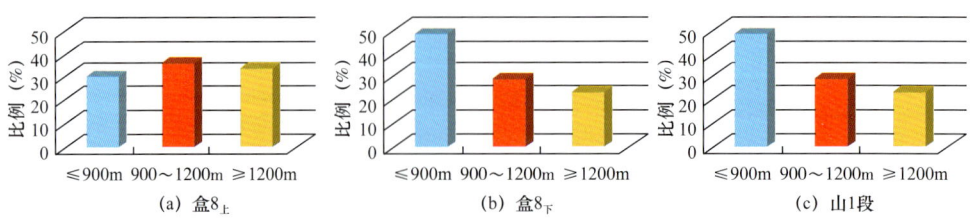

图5-16 有效砂体长度分布直方图

上述统计结果为静态范畴，反映了储层平面强非均质性，但有效砂体宽度和长度的大小，还需通过试井解释、生产动态评价和干扰试井等动态验证。

2. 压力恢复试井解释河道宽度

压力恢复试井不但是确定油气藏类型、求取油气藏参数、判断井底污染状况、分析措施效果的有效方法，而且是识别油气藏边界、估算单井控制储量、进行储层评价的重要手段。压力恢复试井解释的气藏边界范围是气田开发井网优化的主要依据之一。

图5-17是苏里格气田中区27口压力恢复试井解释河道宽度统计情况分布图，解释东西向河道边界距离范围在39.5～660m之间，平均为248m，其中小于400m的占89%。显示苏里格气田辫状河沉积砂体规模有限，进一步印证了由于岩性变化而导致储层强非均质性。

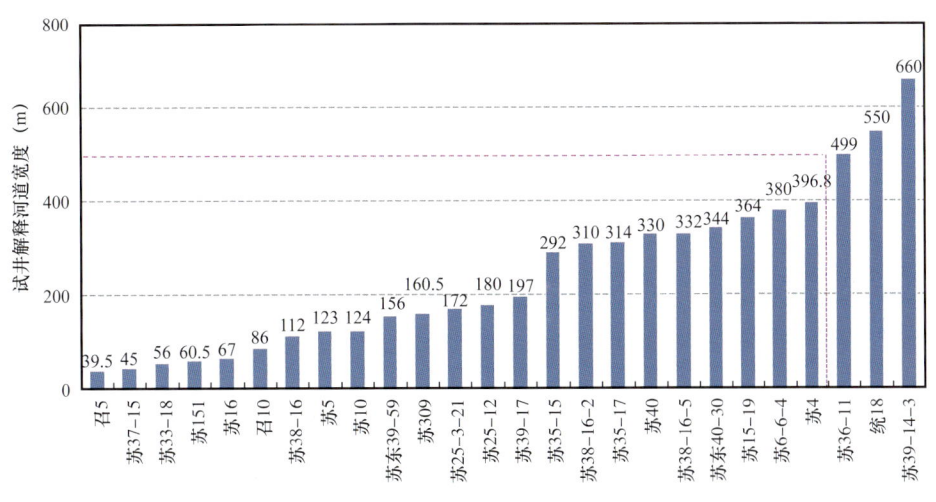

图5-17 苏里格气田气井试井解释河道宽度统计

3. 产量不稳定分析法确定泄流范围

相对常规气藏，致密砂岩气藏由于本身储层渗透性差，非均质性强，气体渗流速度慢，达到边界流动状态的时间可长达数年，也就是说，在气井投产后的较长时间内，其泄流范围是一个随时间不断扩大的动态变化过程，所以在实际应用中，要静动结合、相互验证，提高泄气半径确定结果的精度。

苏里格气田气井需压裂改造后投入生产，人工裂缝可以突破有效砂体的地质边界，扩大气井的泄流范围。目前考虑裂缝的评价方法主要有 Blasingame、AGRatevs Time、NPI 和 Transient4 种典型无因次产量曲线分析图版和同时考虑压力变化的裂缝解析模型。4种典型无因次产量曲线图版方法是根据气井的产量数据拟合已建立的不同泄流半径与裂缝半长比值下的无因次产量、无因次产量积分、无因次产量导数与无因次时间的典型关系曲线，进而确定裂缝半长和泄流半径。

图5-18是SC加密区投产时间相近的几口井在不同时间点的井控面积、井控储量变化图（其中井控储量大小由面积大小表征）。三个时间点分别为投产半年、投产5年和投产8年左右。可以看出：投产半年左右时的井控储量、面积与投产5年左右时储量和面积差异明显，而投产5年和投产8年的井控储量、面积基本无明显差异（除SW-16-5井，该井储量超过 $8000 \times 10^4 m^3$）。

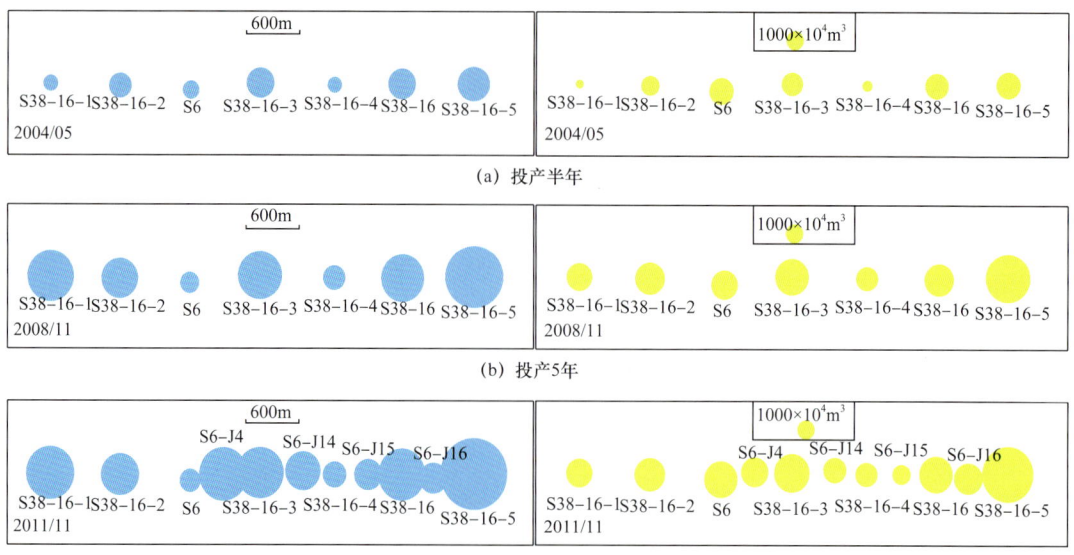

图 5-18 SC 加密区井控储量与面积的动态变化图

利用产量不稳定分析软件和流动物质平衡法计算发现，Ⅰ类、Ⅱ类和Ⅲ类典型气井井控动储量与井控面积随生产时间均呈现良好的二项式关系（抛物线型），可用如下数学表达式表征：

$$\frac{G_t}{G} = At^2 + Bt + C \qquad (5-2)$$

式中　G_t——瞬时井控动储量，$10^4 m^3$；

　　　G——单井最终可动储量，$10^4 m^3$；

　　　A，B，C——二项式系数；

　　　t——生产时间，a。

如果时间步长取半年，取产量不稳定分析法和流动物质平衡法两种方法计算结果的平均值作为该井该时间点的瞬时井控动储量，如图 5-19 所示。

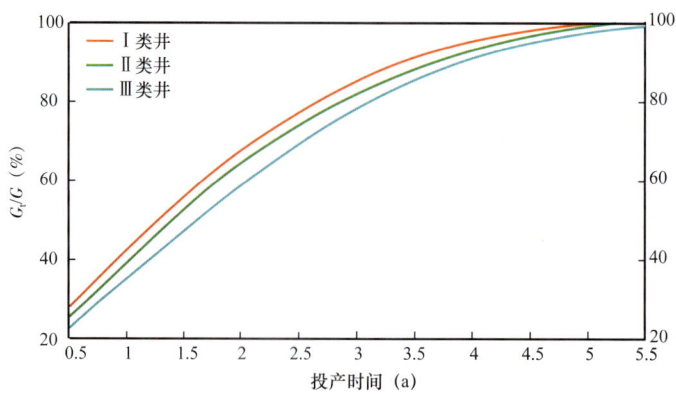

图 5-19 SC 井区单井动态储量预测图版

气井泄流面积主要分布在 0.19～0.39km² 之间，中值为 0.23km²；井控储量主要分布在为（2150～4800）×10⁴m³ 之间，中值为 3550×10⁴m³，如图 5-20 所示。

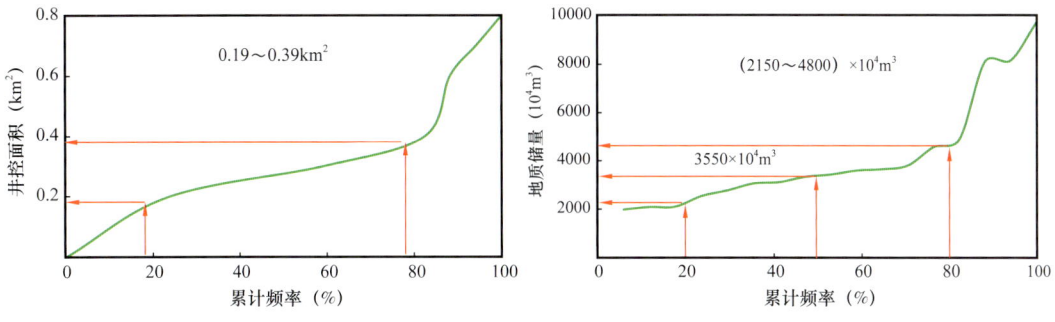

图 5-20　SC 井区泄流面积与地质储量频率分布图

4. 干扰试验结果统计分析

干扰试井是评价井间储层连通性、优化开发井网最直接的方法之一。截至 2018 年底，苏里格气田在三个密井网试验区开展 54 个井组干扰试验，验证了不同井网有效砂体的连通情况。

苏里格气田 54 个干扰试验井组中，井距（东西向垂直河道）干扰试验 25 井组，当井距≤400m，9 个井组中有 6 个井组见到干扰，干扰概率为 66.7%；当井距≤500m，17 个井组中有 10 个井组见到干扰，干扰概率为 58.8%；排距（南北向顺河道）干扰试验 29 井组，当排距≤600m，12 个干扰井组中有 4 个井组见到干扰，干扰概率为 33.3%；当排距≤700m，19 个干扰井组中有 5 个井组见到干扰，干扰概率为 26.3%（图 5-21）。

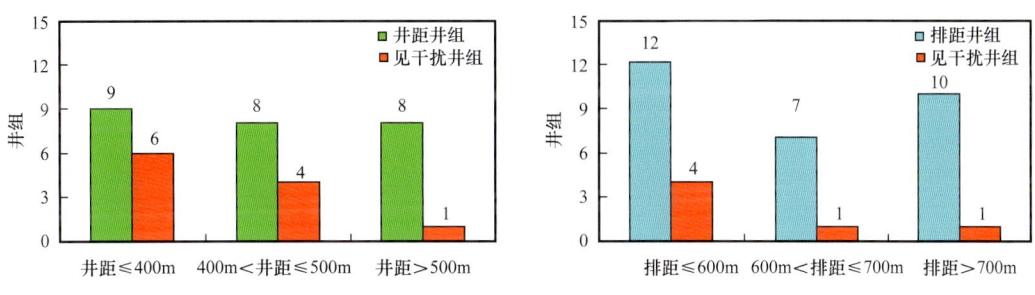

图 5-21　苏里格气田井间干扰情况统计图

二、井网密度与干扰概率的关系

1. 气井累计采气量预测

气田累计采气量是每口气井累计采气量之和。如果按照气井生产是否受到邻井干扰分类，将气田投入生产的气井分为受到干扰的气井和未受到干扰的气井，建立无干扰气井和存在干扰气井的累计采气量预测模型，预测气井累计采气量。

1）无干扰气井累计采气量预测

若气井生产未受到邻井干扰，即无干扰条件下，气井的生产动态及开采效果与井网密度无关,可视为单井气藏。统计苏里格气田中区无干扰气井的实际生产数据,其产量递减符合衰竭式递减规律(图5-22)。

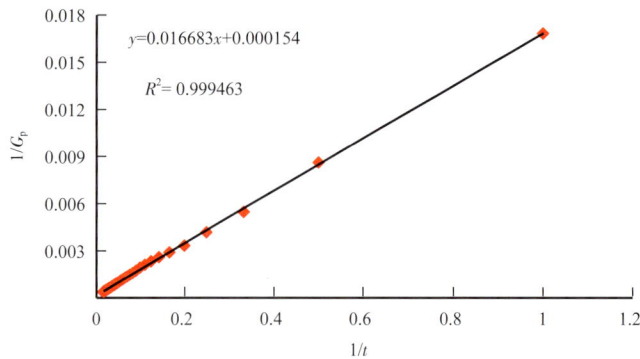

图 5-22 气井递减类型判识曲线

G_p—累计采气量,$10^4 m^3$;t—生产时间,d

Arps产量通式为:

$$q = \frac{q_i}{(1+nD_i t)^{\frac{1}{n}}} \tag{5-3}$$

式中 q——气井产量,$10^4 m^3/d$;
q_i——气井初始产量,$10^4 m^3/d$;
n——递减指数;
D_i——初始递减率,1/mon;
t——生产时间,mon。

取 $n=0.5$,可得衰竭式产量递减方程:

$$q = \frac{q_i}{(1+0.5D_i t)^2} \tag{5-4}$$

气井递减阶段的累计采气量可表示为:

$$G_{p0} = \int_0^t q \mathrm{d}t \tag{5-5}$$

式中 G_{p0}——无干扰气井最终累计采气量,$10^4 m^3$。

将式(5-4)代入式(5-5)得:

$$G_{p0} = \frac{2q_i}{D_i} \left[1 - \left(\frac{q_i}{q}\right)^{-0.5} \right] \tag{5-6}$$

整理式(5-6)得:

$$\frac{1}{G_{p0}} = \frac{0.5D_i}{q_i} + \frac{1}{q_i t} \tag{5-7}$$

令 $a = \dfrac{0.5D_i}{q_i}$，$b = \dfrac{1}{q_i}$ 得：

$$G_{p0} = \dfrac{t}{at + b} \tag{5-8}$$

由式（5-7）拟合气井的 a 值和 b 值，代入式（5-8）可得无干扰气井累计采气量预测表达式。拟合苏里格气田中区无干扰气井产量变化曲线，得到苏里格气田中区气井 a 的平均值为 0.00032755，b 的平均值为 0.019746，同时将时间 t 单位换算成年，则有：

$$G_{p0} = \dfrac{t}{0.00034325t + 0.0016455} \tag{5-9}$$

2）存在干扰气井累计采气量预测

若井间存在干扰，表明井间存在储层是连通的，这些井开发的对象可视为一个单独气藏，此条件下单井累计采气量与井网密度紧密相关。井网密度越大，井间干扰越严重，平均单井累计采气量越小。利用 SC 区块平均地层参数建立均质气藏模型，采用数值模拟方法进行单井累计采气量预测，进而获得干扰条件下的气井累计采气量变化规律（图 5-23）。

由图 5-23 可知，随着井网密度的增大，井间干扰趋于严重，单井累计采气量不断减少。

为了消除均质地质模型引起开发指标预测偏好的缺陷，本书将图 5-23 中单井累计采气量无因次化，建立了气井无因次累计产量与井网密度之间的关系（图 5-24）。干扰气井累计产气量 G_{p1} 与无干扰气井累计产气量 G_{p0} 的比值与井网密度有较好的关系，回归分析得：

$$\dfrac{G_{p1}}{G_{p0}} = -0.001S^4 + 0.0217S^3 - 0.1532S^2 - 0.3006S - 0.8257 \tag{5-10}$$

式中　G_{p1}——干扰气井累计采气量，$10^4 m^3$；

　　　S——井网密度，口 /km^2。

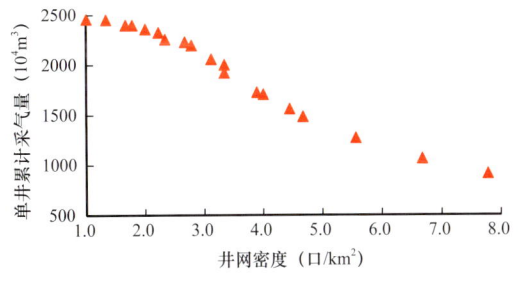

图 5-23　单井累计采气量与井网密度关系曲线

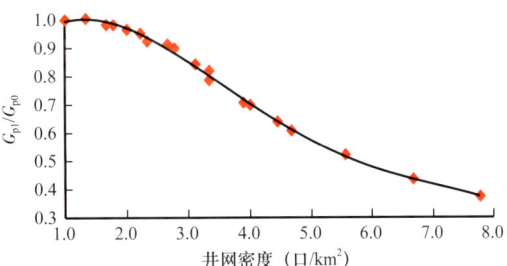

图 5-24　无因次单井累计采气量与井网密度关系曲线

2. 井间干扰概率与井网密度的关系

井网密度较小时，井间一般不存在干扰或井间干扰概率很低；但随着开发井网密度的增大，井间干扰的概率将会明显提高。定义井间干扰概率为干扰井数与总井数的比值，可表达为：

$$F = n_1 / (n_1 + n_2) \tag{5-11}$$

式中　　F——井间干扰概率；
　　　　n_1——存在干扰井数，口；
　　　　n_2——无干扰井数，口；
　　　　n_1+n_2——总井数，口。

根据 54 个井间干扰试井样本结果分析统计，得到苏里格气田井间干扰概率 F_3 与井网密度之间关系（图 5-25）。

经回归分析后得到：

$$F_3=-2.7825S^5+41.236S^4-242.25S^3+705.84S^2-1020.6S+586.13 \quad (2.5<S<3.8) \quad (5-12)$$

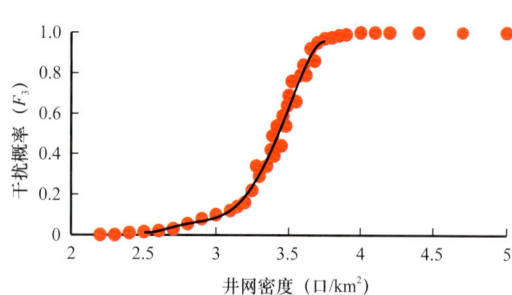

图 5-25　井间干扰概率与井网密度关系曲线

由图 5-25 可见，井网密度小于 3 口 /km² 时，井间干扰概率较低（<10%），但随着井网密度的增加，井间干扰概率急剧增大。井网密度大于 3.5 口 /km² 后，井间干扰概率将超过 60%，即有超过 60% 的气井产生井间干扰。

需要说明的是井间干扰概率与井网密度关系的建立，需要以大量的现场干扰试井测试为前提，并进行细致的解释和统计分析工作，是气田开发井网密度优化模型建立的基础，甚为重要，随着干扰试井样本数的增多，井间干扰概率与井网密度的关系模型仍可进一步完善。

三、井网密度优化模型

1. 井网密度优化模型（静态模型）

设开发区块面积 A（km²），储量丰度 B（10^8m³/km²），井网密度 S（口 /km²），商品率 V，天然气售价 P（元 /1000m³），单井投资 b（万元 / 口），单位采气量经营成本 C（元 /1000m³），各种税收 W（元 /1000m³），利润 LR（万元）。

开发井网密度优化以经济为准绳，以气田在生命周期内获得的利润为判别标准：利润为零时对应经济极限井网密度 S_m，利润最大时对应经济最佳井网密度 S_b。

开发区块生命周期内获得的总利润为：

$$LR= 销售总收入 - 总支出 \quad (5-13)$$

$$销售总收入 = 累计采气量 \times 商品率 \times 天然气售价 \quad (5-14)$$

$$\begin{aligned}累计采气量 &= G_{p1} \cdot n_1 + G_{p0} \cdot n_2 = G_{p1} \cdot A \cdot S \cdot F_3 + G_{p0} \cdot A \cdot S \cdot (1-F_3) \\ &= A \cdot S \cdot \left[G_{p1} \cdot F_3 + G_{p0}(1-F_3) \right]\end{aligned} \quad (5-15)$$

$$总支出 A \cdot S \cdot b + 累计采气量 \times 商品率 \times（经营成本 + 税金）\quad (5-16)$$

将相关各式代入式（5-13）得：

$$LR = 10 \cdot A \cdot S \cdot \left[G_{p1} \cdot F_3 + G_{p0}(1-F_3) \right] \cdot V \cdot (P-C-W) - A \cdot S \cdot b \quad (5-17)$$

令 $LR=0$，可得经济极限井网密度 S_m 的表达式为：

$$10 \cdot A \cdot S \cdot V \cdot (P-C-W) \cdot \left[G_{p1} \cdot F_3 + G_{p0}(1-F_3) \right] - A \cdot S \cdot b = 0 \quad (5-18)$$

通过试凑法求解式（5-18）便可确定开发区块的经济极限井网密度 S_m。

对式（5-17）中 S 求导，令 $\dfrac{\mathrm{d}LR}{\mathrm{d}S}=0$ 可得经济最佳井网密度 S_b。

代入苏里格气田中区相关参数，计算求得经济极限井网密度 S_m=5.34 口/km²，经济最佳井网密度 S_b=3.14 口/km²。

2. 采收率预测

依据气藏采收率定义，可得到不同开发井网密度条件下的采收率预测模型如下：

$$R = \frac{G_p}{N \times 10^4} = \frac{A \times S \times \left[G_{p0}(1-F_3) + G_{p1} \times F_3 \right]}{N \times 10^4} \quad (5-19)$$

式中　G_p——气田累计采气量，$10^4 \mathrm{m}^3$；
　　　R——气田采收率；
　　　N——动用地质储量，$10^8 \mathrm{m}^3$。

将 G_{p0}、G_{p1} 及 F_3 代入式（5-19），便可得到不同开发井网密度条件下的采收率变化曲线，如图5-26所示（储量丰度取值 $1.4 \times 10^8 \mathrm{m}^3/\mathrm{km}^2$）。

在无井间干扰的条件下，采收率随井网密度增大线性增加，但当井网密度增大到一定数值时，采收率增加的幅度变小。之后，

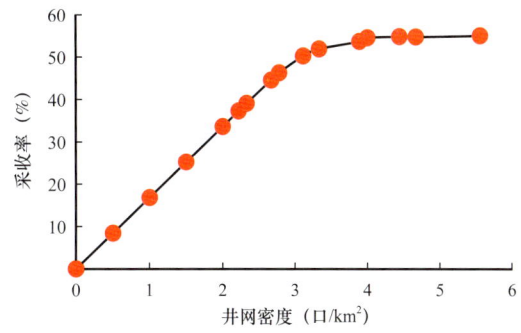

图5-26　不同井网密度下的采收率变化曲线

气田采收率的增加甚小，表明此时井间干扰严重。再通过井网加密提高气田采收率意义不大，同时经济上也不可行。

四、合理开发井网确定

气田合理开发井网是指在目前技术经济条件下，尽可能最大化提高储量动用程度，保证获得较好的经济效益，同时实现较高的开发指标。合理的井网密度应基于气井最终累计采气量的预测，综合考虑气价、成本等因素，结合经济评价，以气田在生命周期内获得的利润为判别标准，求取经济极限井网密度（利润为零时）和经济最佳井网密度（利润最大时）。

1. 苏里格气田开发井网形式

钻探结果表明，苏里格气田纵向上发育多期多套含气层系，且单期有效砂体规模小；平面上辫状河侧向迁移频繁，曲流河弯度大、变化快。

首先从纵向上分析：多套含气层系形成于不同地质时期，位于不同的河道，而不同地质时期河道的走向不可能重叠，为了尽可能多地控制和动用不同含气层系的储量，井网形式应采用错位部署。

再从平面分析：单期有效砂体规模小、变化快，各期有效砂体之间存在岩性和物性隔离，为了尽可能控制和动用不同期次的地质储量，井网形式还应采用错位部署。

从保持均衡开采的理念分析：开发井网错位部署有利于均衡开采，地层压力下降更均匀，控制范围更合理。

综上所述，苏里格气田开发井网形式应采用平行四边形井网。

2.苏里格气田合理开发井网密度

依据气田采收率定义，可得到不同开发井网密度条件下的采收率变化曲线如图5-27所示（储量丰度取值$1.4 \times 10^8 m^3/km^2$）。在无井间干扰的条件下，采收率随井网密度增大几乎呈线性增加，但当井网密度增大到一定数值时，井间干扰导致采收率增加的幅度变小。

总体上，苏里格气田合理井网密度为$3 \sim 4$口$/km^2$，井网形式综合考虑主力气层砂体规模及展布形态，最大程度保持均衡开采，采用平行四边形井网，预测采收率可望达到50%。

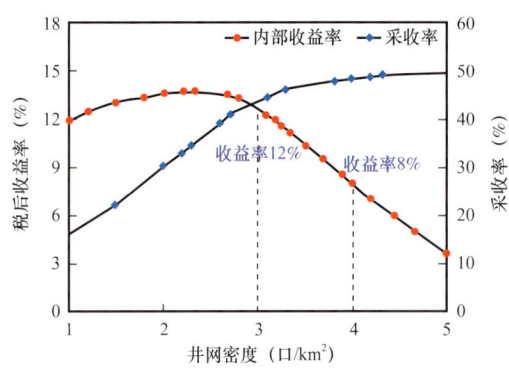

图5-27　井网密度与税后收益率、采收率关系曲线

第三节　气藏动态模型

气藏动态模型是在气藏静态地质模型的基础上，进一步考虑流体在储层及井筒的流动特征、高压物性特征及其随时间的变化关系，是进行数值模拟和开发指标预测的关键。对河流相储层而言，由于河道垂向多期叠置、横向迁移改道频繁，其岩性变化快、有效砂体分布范围有限、储层非均质性强，加之大型人工压裂措施，渗流特征复杂。数值模拟模型需尽可能真实反映气藏的地质、动态和渗流特征，既能适应气藏历史拟合的需要，又要满足井网的优化调整、动态预测和气藏精细化管理的要求。

一、基础参数设置

进行数值模拟之前，通常要确定模拟过程中所需的诸多参数，根据参数的性质可分为：网格设置、渗流场物性参数、流体性质参数及生产动态数据等。

1.网格设置

网格是油气藏地质建模及数值模拟的基本单元，网格大小、形状、方向等属性参数很大程度上影响流体的渗流过程和数值模拟结果的准确程度。通常网格越精细、结果越精确，然而，过小的网格会导致模拟过程的时间延长和空间复杂程度的增加，也可能导致模拟失败。因此，合理的网格系统是提高方向性渗流特征的准确性和数值模拟精度的关键所在。

对河流相储层来说，其砂体分布具有明显的方向性和趋势性，网格方向需避免由于渗流偏角而产生的收敛问题，设置时要考虑砂体的展布方向，与渗流主方向一致，可以更好地表征实际渗流规律及渗流过程；网格形状选用相对灵活的角点网格，一方面可以根据河道摆动及砂体走向调整网格的正交方向，另一方面也可以使用局部加密的方法对重点区域进行网格加密处理；网格大小在平面上要考虑两口最小井距井点之间有足够的属性变化空间，以体现储层的横向非均质性。对苏里格气田而言，井间网格数不宜小于5个，纵向上要能体现最小沉积单元，如辫状河心滩砂体之间的落淤层，根据测井数据的最小分辨率，即纵向网格尺寸不小于0.125m，若纵向上岩性变化频繁，需适当增加垂向网格数以反映流体垂向渗流规律。

根据上述原则，结合苏里格气田储层特征、井网分布特点和实际生产情况，SJ密井网试验区按小层数建立16个纵向单元，每个单元按1m厚度细分，细分后纵向网格为108个，三维网格数350×219×108=8278200个（表5-2）。图5-28是苏里格气田SJ密井网区数值模拟模型网格分布图。

表5-2　SJ加密区模型平面网格分布

工区长（km）	工区宽（km）	平面网格尺寸（m）	横向网格（个）	纵向网格（个）	平面网格数（个）
6.97	4.37	20×20	350	219	76650

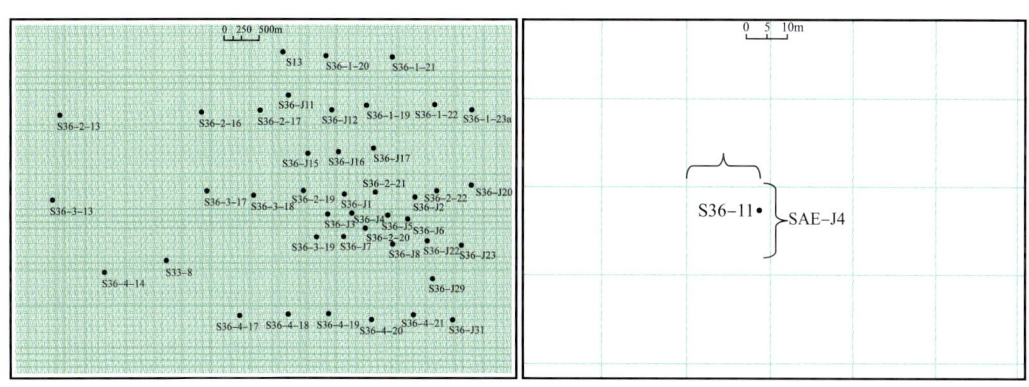

图5-28　平面网格分布及具体参数

2. 流体性质参数与温度、压力系统

苏里格气田天然气相对密度0.6037，甲烷含量92.50%，乙烷含量4.525%，CO_2平均约0.779%，不含H_2S。凝析油含量很低，介于2.15~4.93g/m³之间。

由试采过程中静温测试数据可知（图5-29），苏里格气田属于同一温度系统，其平均温度梯度为3.06℃/100m。气层段温度在100~115℃之间。根据气井压力梯度测试曲线（图5-30）求得气藏压力系数在0.771~0.914之间，平均值为0.87，属低压气藏。

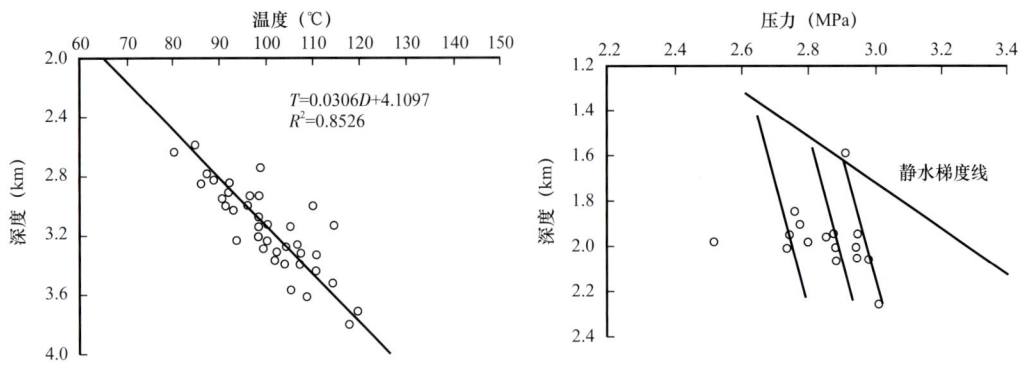

图 5-29 SAE-2-21 区块温度与深度关系　　图 5-30 SAE-2-21 区块地层压力与海拔关系

3. 相对渗透率曲线及分区设置

苏里格气田储层束缚水饱和度总体较高，一般为46%左右，两相流动区含水饱和度介于46%～88%之间，储层越致密，束缚水饱和度越高，两相流区间变窄，等渗点饱和度增加，携液产气能力变差。

利用SCAL相对渗透率处理软件，对100余口井原始相对渗透率曲线进行归一化处理，得到原始归一化相对渗透率曲线。建立气水相对渗透率模型（图5-31）。

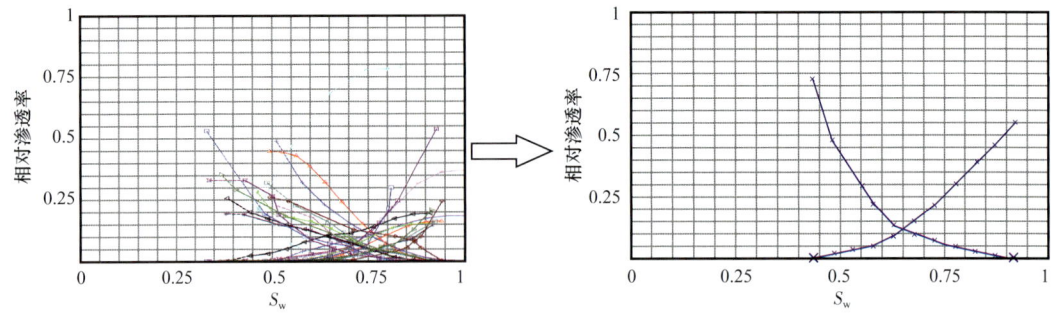

图 5-31　苏里格气田归一化相对渗透率曲线

综合考虑整个SJ加密区储层非均质性对气藏数值模拟的影响，根据储层分类情况及渗透率分布范围，对储层进行分区处理，不同渗透率分布级别采用不同的相对渗透率曲线（图5-32）。其中A、B、C三类相对渗透率曲线分别代表心滩砂体、河道砂体和泛滥平原砂体渗流区（图5-33）。

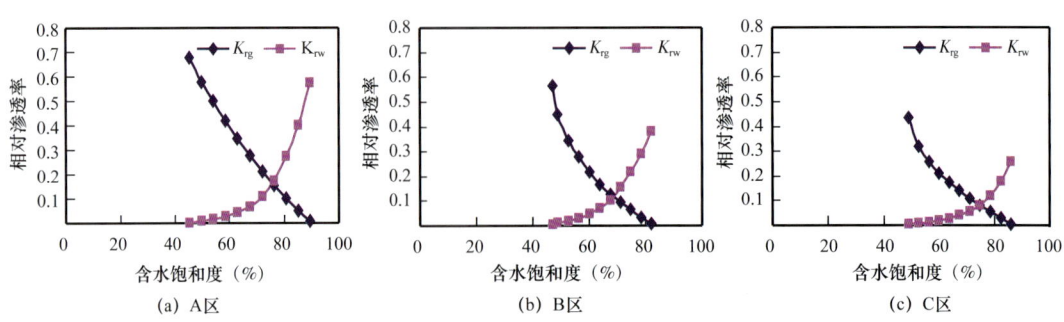

图 5-32　不同分区相对渗透率曲线

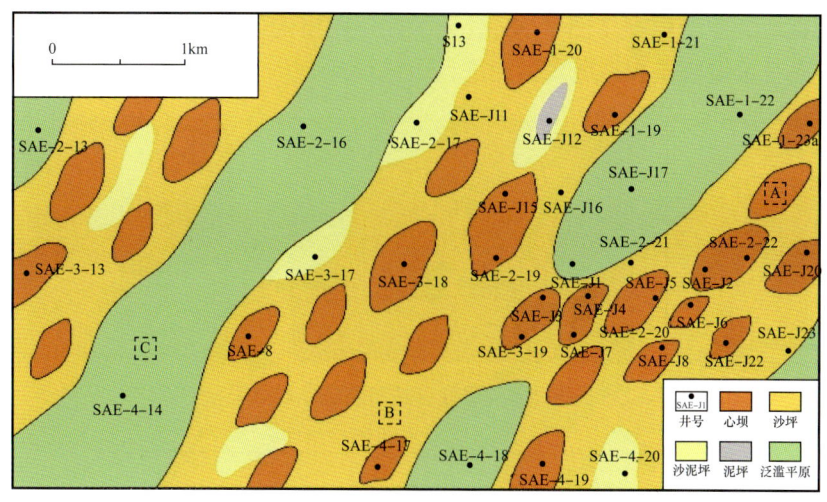

图 5-33　SAE-2-21 区盒 $8_下^{2-2}$ 单层沉积微相平面图

4. 垂直管流分析（VFP 函数）

气藏数值模拟中使用的压力资料一般是井口压力数据，需通过垂直管流分析，计算井筒的摩阻压力损失，建立井底流压（BHP）与井口套压（THP）之间的关系（图 5-34），达到拟合压力目的。

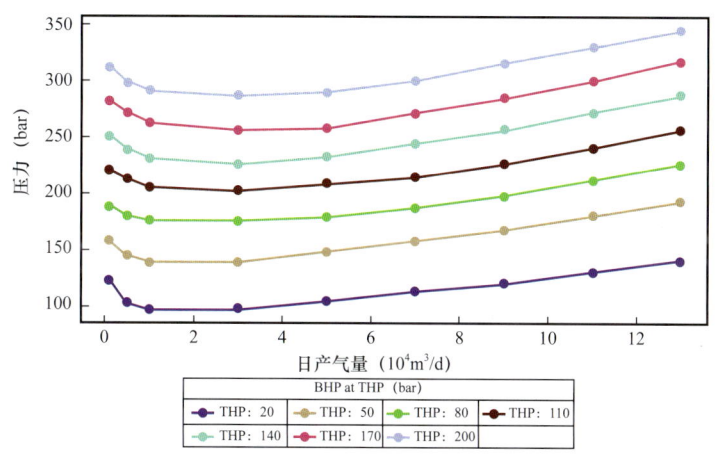

图 5-34　垂直管流分析曲线
BHP—井底流压；THP—井口油压

5. 人工裂缝模拟

致密砂岩储层气井须经压裂改造才能投入生产，数值模拟进行压裂缝模拟一般有两种方法，一种是利用交互式设计的方法，即利用相属性控制泄流范围，然后在此范围内对传导率或渗透率参数进行调整，实现压裂裂缝的等效效果（图 5-35），但该方法不但改变了井周围基质岩石的属性，而且只能根据角点网格进行设置，受限于网格的大小，对于平面网格相对较大的模型，准确度会大大降低。另一种方法是直接在井筒进行人工压裂缝设置，通过实际参数或模拟参数获得压裂裂缝的长度、宽度、角度、高度、导流能力等参数,从而实现压裂生产模拟(图5-36)。为了保持网格的原始基质属性,本次数值模拟研究采用在井筒直接设置压裂裂缝参数而进行裂缝设计。

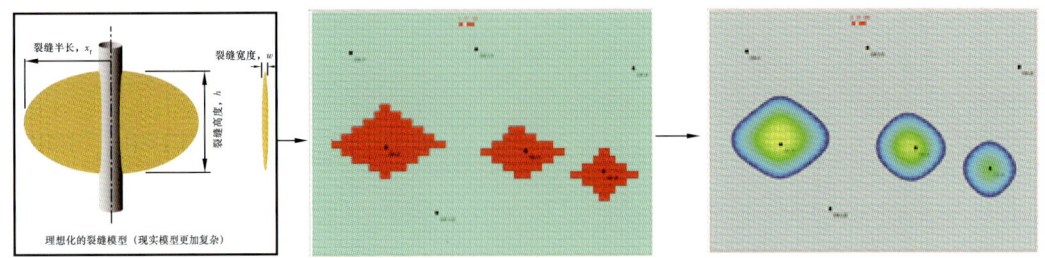

图5-35 通过相控属性模拟压裂缝生产效果示意图

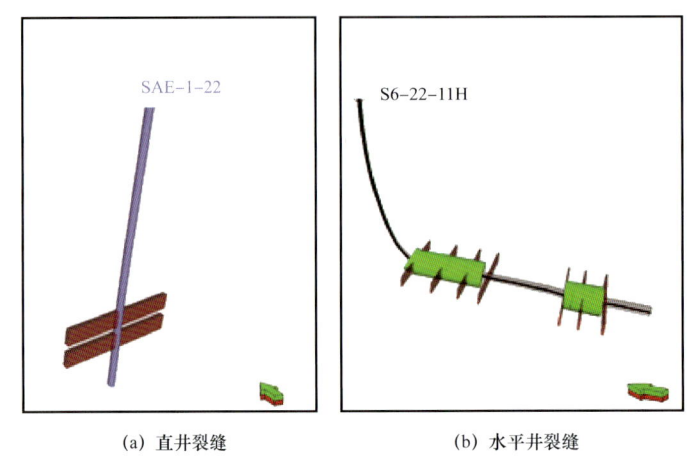

(a) 直井裂缝　　　　(b) 水平井裂缝

图5-36 直井和水平井裂缝表征

裂缝参数设置主要参考裂缝监测数据,结合压力恢复试井解释、气井产量不稳定分析和单井数值模拟结果,对模型中每口井给定初始的裂缝参数,并逐次对单井生产进行历史拟合确定。表5-3是压裂裂缝长度及导流能力模拟方案。

表5-3 压裂裂缝长度模拟方案

方案	裂缝长度(m)	导流能力(mD·m)
方案一	10	20
方案二	20	50
方案三	40	80
方案四	60	110
方案五	80	120

模拟效果如图5-37和图5-38所示,当裂缝长度超过60m、裂缝导流能力超过80mD·m时,模拟单井累计产气量与原始产气量基本吻合,因此,推测研究区单井压裂裂缝长度应大于60m,裂缝导流能力应大于80mD·m。

统计全区压裂缝参数,得到压裂缝参数分布曲线(图5-39,图5-40),缝长主要分布在60～80m之间，导流能力分布区间为80～110mD·m。在全区历史拟合过程中，首先在优选范围内选择参数组合进行拟合，其次逐步确定适合不同单井的最优裂缝参数。

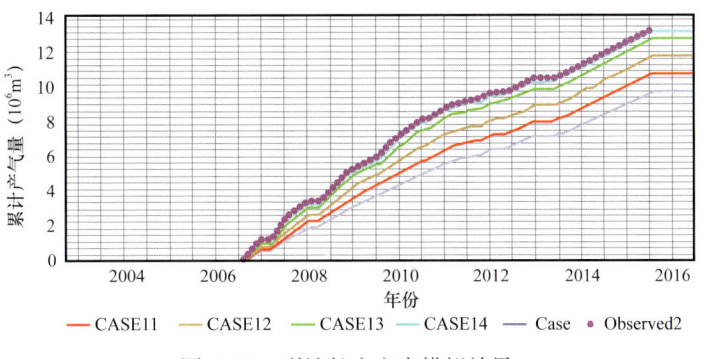

图5-37 裂缝长度方案模拟效果

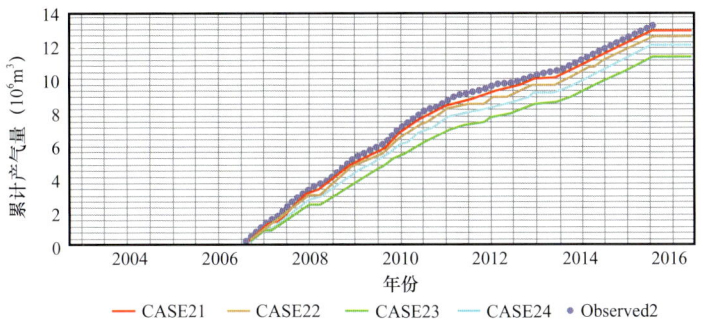

图5-38 裂缝导流能力方案模拟效果

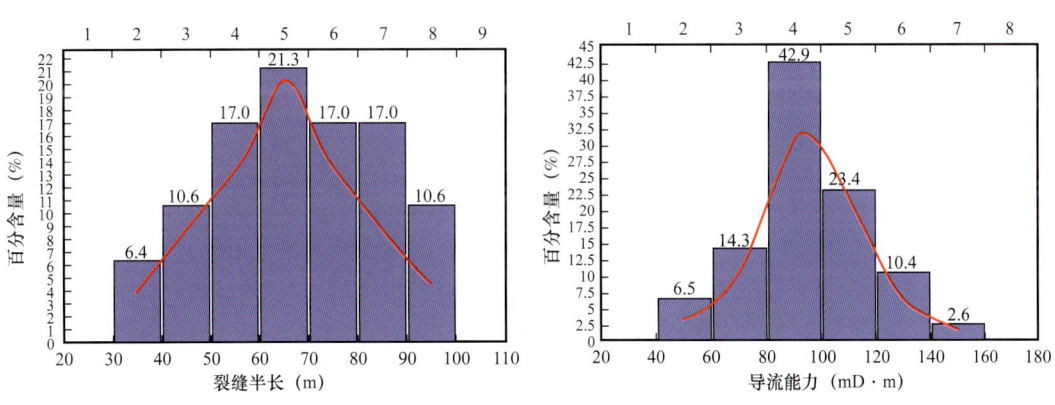

图5-39 压裂裂缝半长统计直方图　　图5-40 压裂裂缝导流能力统计直方图

二、历史拟合与模型检验

1. 模型平衡检查

对初步建立的数值模拟模型，首先需要进行稳定性检验，以确保模型边界符合实际气藏边界特征。平衡性检查的方法是给气井产量赋0值，让模型空载运行，检查模型计算的原始地层压力、含水饱和度等储量参数是否发生变化，即是否发生流体流动，若发生变化则证明模型不稳定,需对模型进行重新检查。图 5-41 显示 SJ 加密区模型空载运行压力、储量未发生波动,模型的压力分布及饱和度分布维持原始状态,表明模型平衡稳定,可以进行历史拟合。

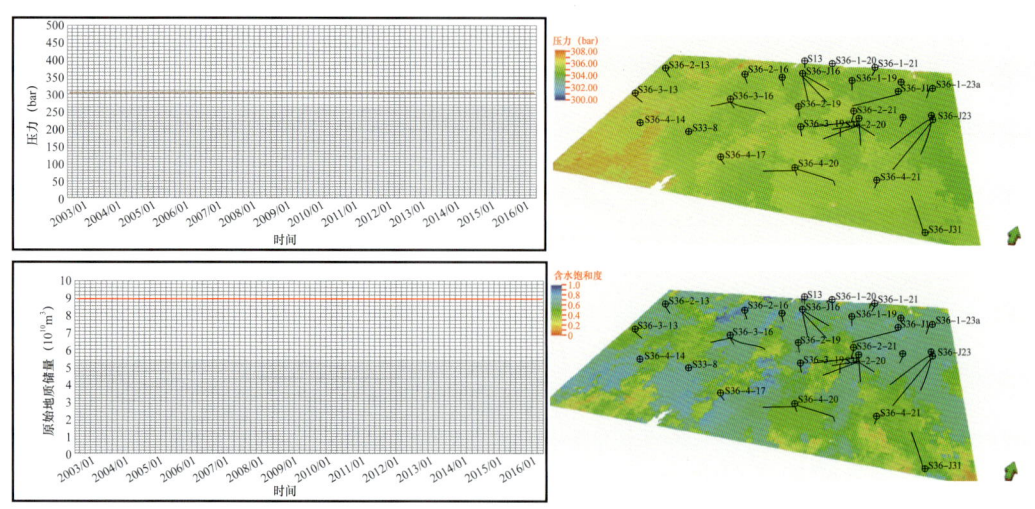

图 5-41　模型空载运行压力与饱和度分布

2. 模型粗化问题

地质模型粗化是为了进一步降低模型运行节点数,提高计算机的运行效率。但粗化处理后的模型,往往会导致平面上有效储层物性值被平均化,局部物性跟原始模型相比变差,甚至改变原始渗流通道(图 5-42),导致拟合出错;纵向上,粗化会造成射孔位置与有效层段错位,即射在无效储层的情况(图 5-43)。另外在定产生产过程中,由于渗透率、孔隙度等物性参数过度平均,导致部分井产能受限,拟合效果变差。综合考虑计算机的运行能力和粗化后可能存在的问题,本次采用未粗化的模型进行数值模拟研究。

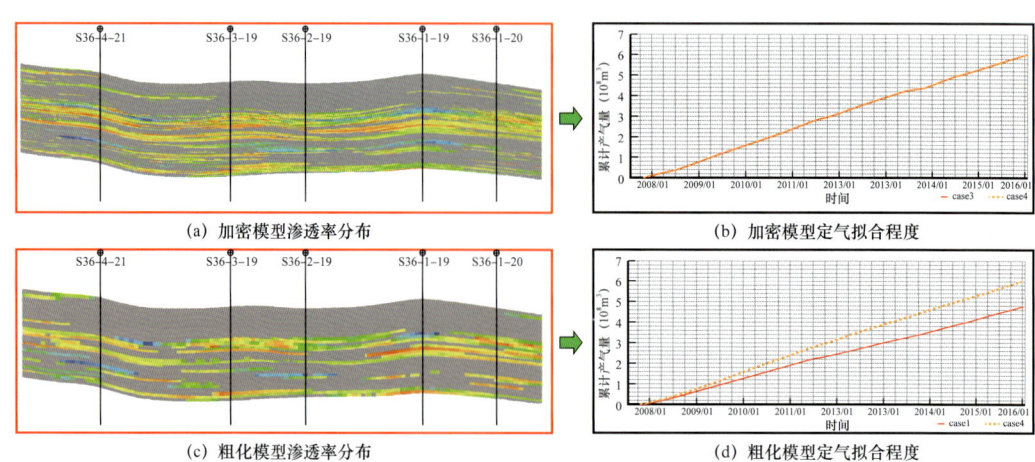

图 5-42　模型精度影响拟合效果

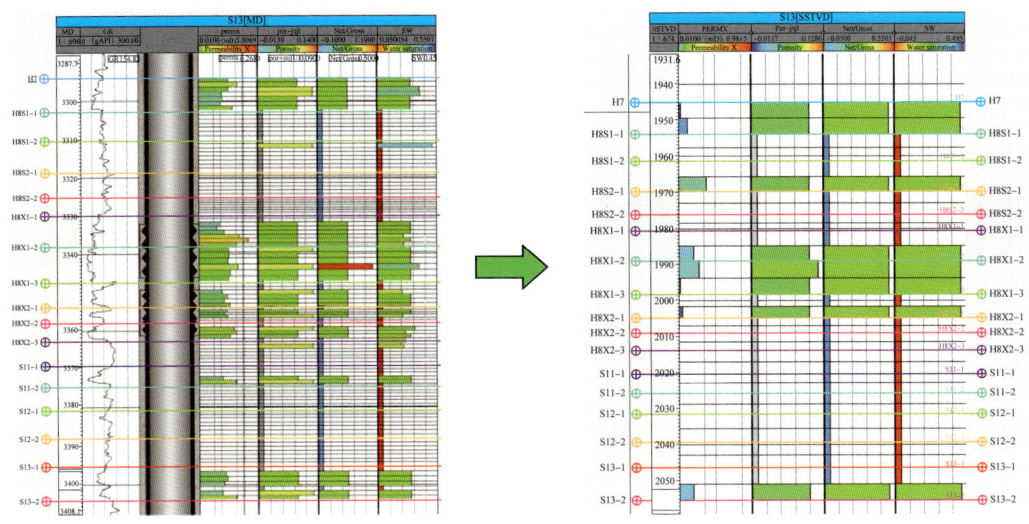

图 5-43 模型粗化导致有效射孔厚度减小

3. 气藏原始地层压力与原始地质储量拟合

气藏原始地层压力和原始地质储量拟合是气藏数值模拟研究的关键内容，也是后续拟合预测的起点和结果可靠性的保证。由于储层的非均质性及建模方法的局限性，静态模型储层连续性和渗透性往往好于实际情况，使得模型计算原始地层压力和地质储量与实际不符。需要重新检查模型孔隙体积、饱和度、厚度、岩石及流体压缩性、压力梯度等参数，直至原始地层压力和储量符合为止。

图 5-44 是 SAE-2-21 加密区部分小层储量平面分布与沉积微相平面分布对比情况。地质储量存在土豆状分布的高值区，连片性分布的储量丰度高值区相对较少；心坝和沙坪发育的地区往往是储量分布的有利区。

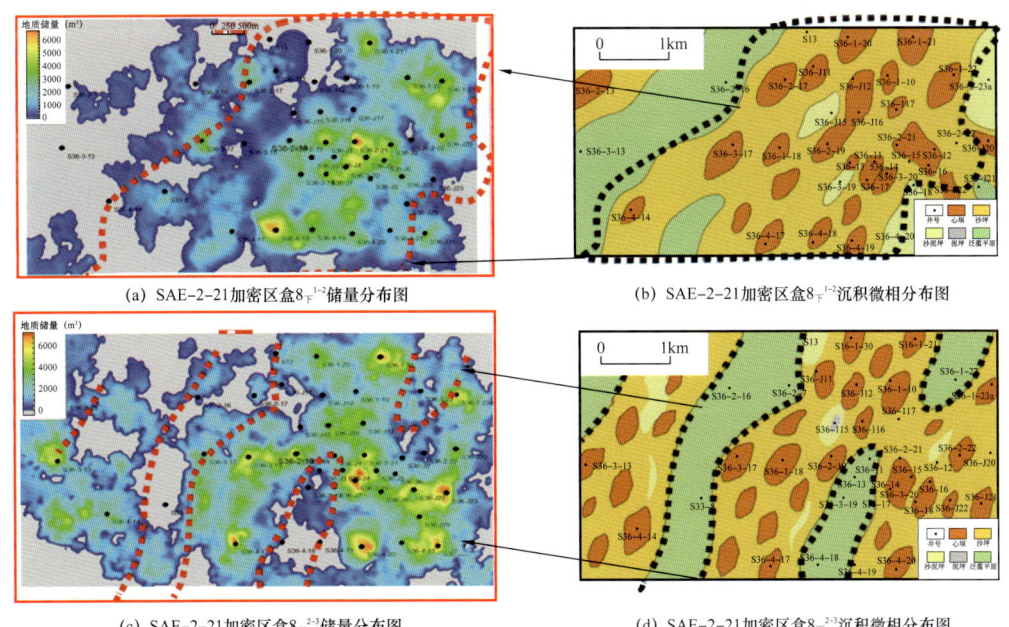

(a) SAE-2-21 加密区盒$8_下^{1-2}$储量分布图　　(b) SAE-2-21 加密区盒$8_下^{1-2}$沉积微相分布图

(c) SAE-2-21 加密区盒$8_下^{2-3}$储量分布图　　(d) SAE-2-21 加密区盒$8_下^{2-3}$沉积微相分布图

图 5-44　SJ 加密区盒$8_下$部分小层储量分布平面图和沉积微相分布平面图

4. 单井生产历史拟合

在气藏整体压力、储量拟合的基础上，单井生产历史拟合调整的方法有两种，一是参考试井解释的结论对模型参数进行修正，以确定较为合理的泄流半径（表 5-4）。二是根据建模过程中的砂体边界设置进行约束，即分别使用沉积相控边界、岩性控制边界、有效砂体控制边界的方法进行砂体插值计算，并使用相应的模型进行数值模拟，最终确定砂体限制方案（图 5-45）。

表 5-4 试井解释成果表

模型	压裂水平井 + 矩形
C（m³/MPa）	3.27
S	0.545
Kh（mD·m）	5.85
K（mD）	0.78
S（m）	192
E（m）	328
N（m）	91
W（m）	452
初始压力 P_i（MPa）	27.89

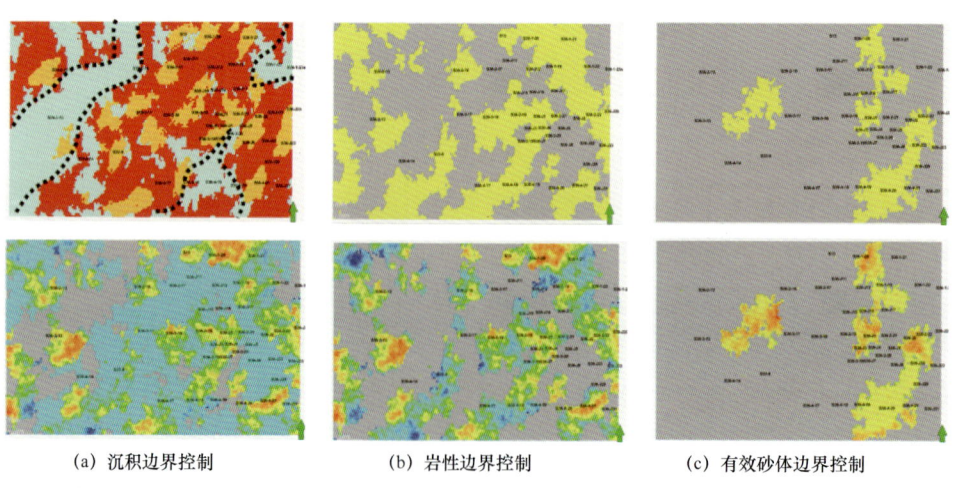

(a) 沉积边界控制　　(b) 岩性边界控制　　(c) 有效砂体边界控制

图 5-45 模型砂体边界处理方法

使用模型砂体限制后，单井泄流半径得到控制，井口压力拟合程度明显提高，定产条件下压力拟合精度达到 80.6%（表 5-5）。

经过储层物性修正，对部分重点井区域进行了调整，模型最终井口压力拟合符合程度超过 90%，产气量拟合程度 100%（图 5-46）。拟合精度较差的井主要分布于储量丰度较低的区域（图 5-47）。

图 5-48 为部分井的井口压力拟合曲线，这些井的拟合效果相对较好，模拟井口压力曲线在实测压力值附近波动，基本代表了气井的实际生产过程，拟合达到了精度要求。

表 5-5　SJ 加密区产量压力拟合情况统计表（阻流带 + 砂体边界）

井数（口）	定产拟合		压力拟合	
	拟合较好的井数（口）	符合程度（%）	拟合较好的井数（口）	符合程度（%）
31	31	100	25	80.6

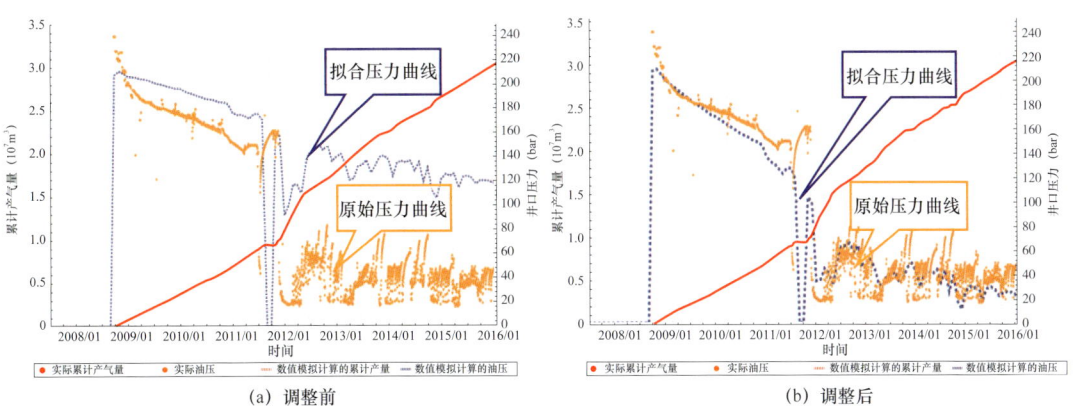

(a) 调整前　　　　　　　　　　　　(b) 调整后

图 5-46　SAE-1-23a 井调整前后拟合效果对比图

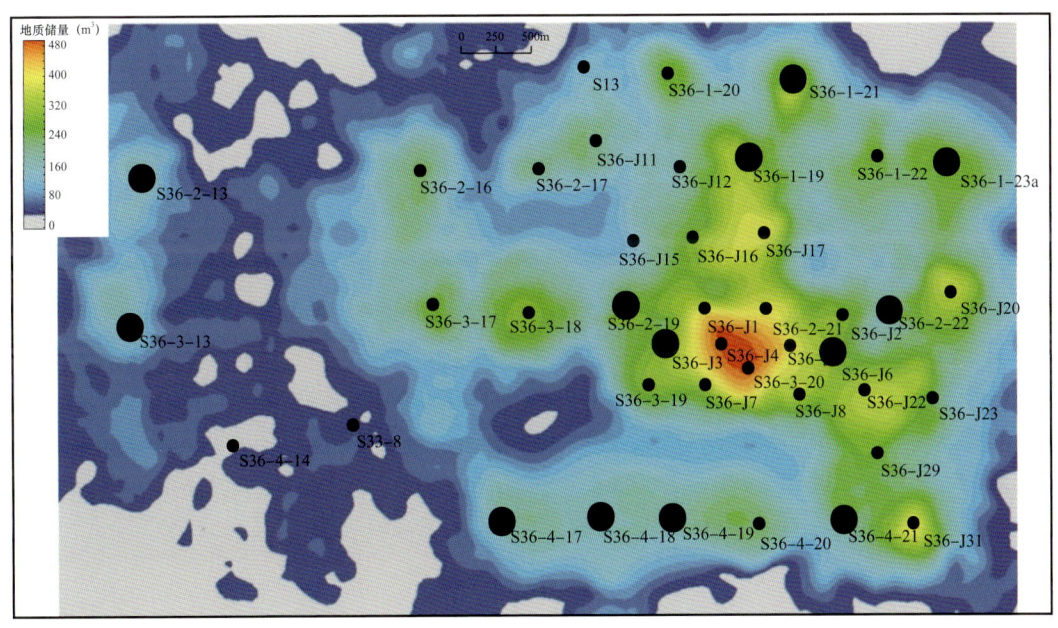

图 5-47　拟合较差的气井分布图

三、剩余储量分布规律

1. 剩余储量分布

在拟合全区单井生产历史的基础上，对研究区的剩余储量变化进行分析。从全区叠合的剩余储量平面分布图来看，SJ 加密区目前地质储量分布规律和原始地质储量分布基本保

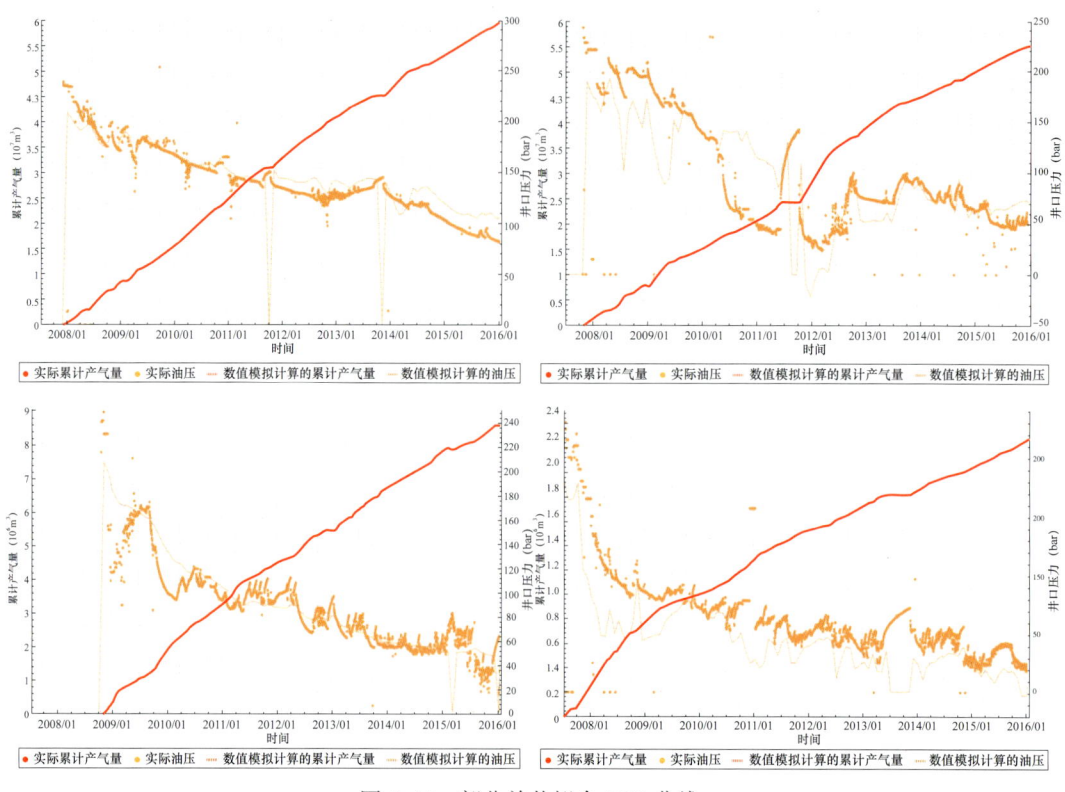

图 5-48　部分单井拟合 THP 曲线

持一致,原始地质储量分布高值区,剩余地质储量也相对较高;SJ 加密区由于开发程度较高,剩余储量比原始地质储量减少较多(图 5-49,图 5-50)。

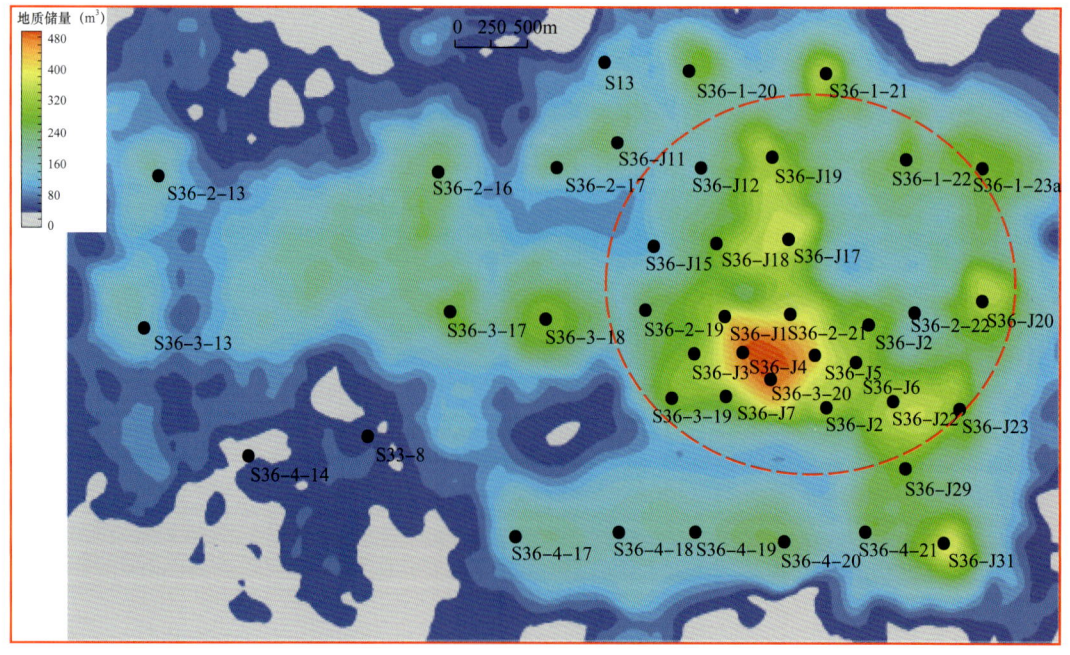

图 5-49　SAE-2-21 加密区原始地质储量分布图

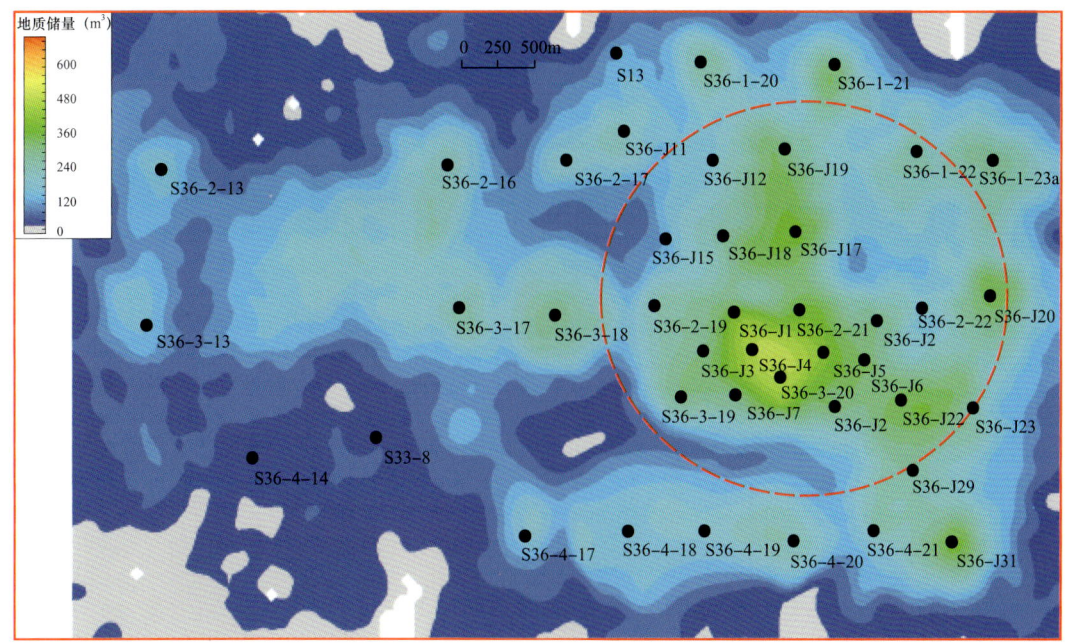

图 5-50　SAE-2-21 加密区剩余地质储量分布图

结合研究区产能分布图（图 5-51）可以看出，主力区域（东北部加密区）的单井产能最大，该区的储量丰度相对较高，储量下降程度大，动用程度高。

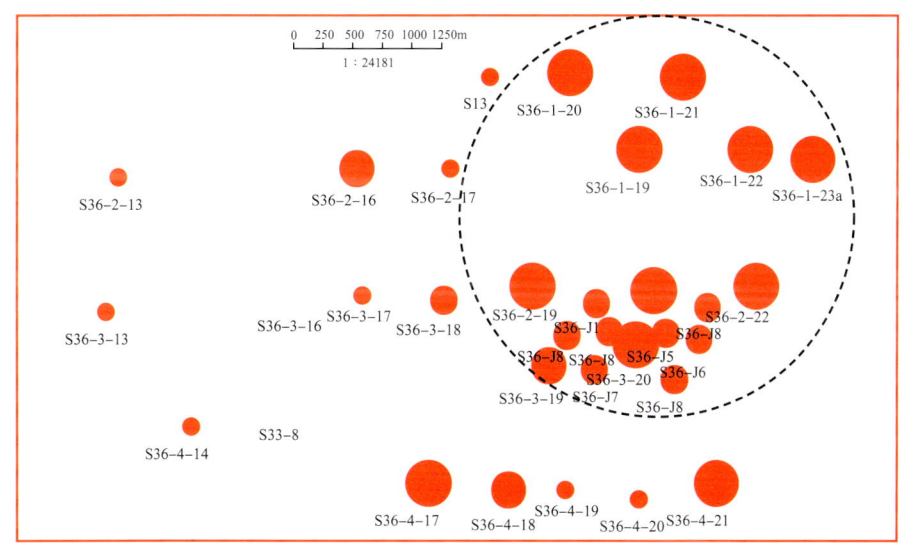

图 5-51　SJ 加密区单井累计产能图

2. 目前压力分布规律

研究区井控程度不一、井网密度差异较大，西部井网密度较小，砂体控制程度低，单井产能小，目前压力较高；东部密井网区单井产能大，但开发程度较深，目前地层压力较低，比西部未加密区低 20% 左右。图 5-52 为 SJ 加密区东、西两区域不同压力分布情况。

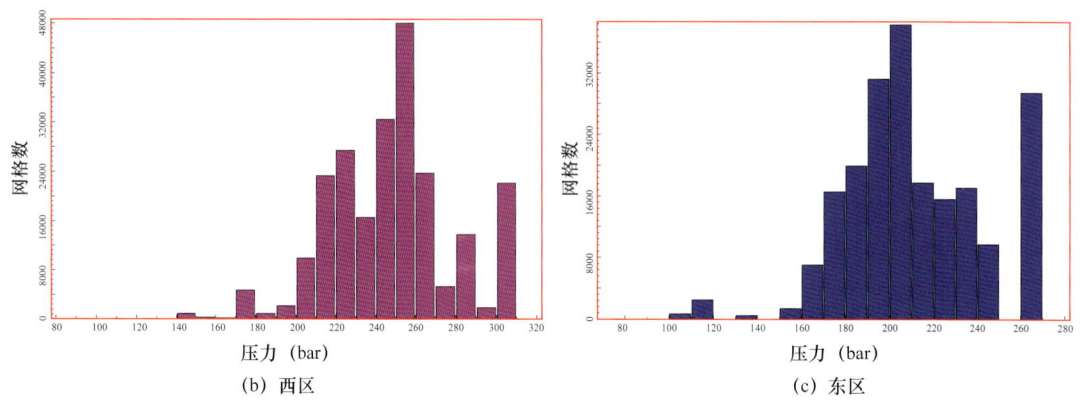

图 5-52 东部加密区压力分布统计

第四节 基于气藏模型的井网优化

苏里格气田由于储层强非均质性，井间储层变化快，开发早期不具备气藏整体建模条件，井网确定主要依据密井网区砂体精细解剖和干扰试井分析，但由于干扰井组选择一般要求生产情况相对较好的气井，其结果总体偏好，据此方法确定的井网仅适合于储层相对优质的"甜点区"井网部署。随着密井网区储层砂体精细解剖及储层认识程度的加深、气藏建模方法的不断完善，地质模型与实际储层的符合程度可以满足应用数值模拟方法研究的要求，以气藏为单元的精细建模和井网优化条件日趋成熟；另外随着开发进程的深入，品质相对较差的储层必须投入开发以保证气田长期稳产。

一、基础井网

合理的开发井网是气田高效开发的关键。但对于任何一个气田，采用什么样的开发井网和多大的井网密度没有一套固定的模式，但总体上，井网部署应从以下几个方面考虑：（1）井网部署要最大限度地控制气藏储量；（2）尽量利用已有的探井、评价井和开发井；（3）具有一定的生产规模和稳产期；（4）具有一定的经济效益，如满足行业内部收益率；（5）尽可能高的采收率。

1. 基础井网方案

根据苏里格气田河流相储层特征、加密区砂体形态、规模精细解剖、干扰试井分析及气井生产动态研究成果，基础开发井网优化设计主要通过加密区气藏精细模型，采用平行四边形的非均匀井网形式重新部署新井，优选物性较好的储层按井距300～800m、排距400～800m共设计21套井网方案进行数值模拟研究（表5-6），以优选合理的井距、排距，确定最佳的开发井网密度，预测评价气田开发效果。

表5-6 基础井网模拟方案设计

井距（m）	300	400	500	600	700	800
300	300×300	300×400	300×500	300×600	300×700	300×800
400		400×400	400×500	400×600	400×700	400×800
500			500×500	500×600	500×700	500×800
600				600×600	600×700	600×800
700					700×700	700×800
800						800×800

苏里格气田主力储层是以辫状河、曲流河为主的河流沉积，砂体分布受岩性控制，干层及泥岩层与有效砂体交错分布，储层致密且非均质性强。井网部署不适合采用均匀方式，实际部署时首先依据不同井距、排距按均匀方式自动设计，然后依据有效砂体分布特征和储层的非均质性进行调整，保证含气砂体尽可能得以有效控制，所有井点均位于有效砂体内部，避免无效井的出现，提高井网的有效性和预测结果的精度。

SJ加密区纵向上主力储层盒8段和山1段，可进一步细分为16个单层，平均单层厚度约5m，平均单层有效厚度2m。叠加后，总的有效厚度平均为30m，本次设定的叠加有效厚度下限为2m，以此为基础对设计的21套井网进行过滤调整以提高井网控制的有效性（图5-53）。

图5-54是加密区21套模拟方案预测采收率变化趋势图。总体上，井网密度越大（即井距、排距越小），采收率越高。但当井网密度由方案21的1.5口/km²增加到方案12的4.0口/km²时，采收率快速增加，接近50%；井网密度大于4.0口/km²后，采收率增加幅度减缓，井网密度最大11.1口/km²时对应的采收率接近60%。

2. 井网干扰程度分析

1）产量干扰程度

目前公开发表的国内外文献著作中，很少有对井间干扰状况的定量表征方法。本书在上述模拟实验的基础上，根据压力变化规律，提出"干扰程度"这一概念，尝试用不同井网条件下单井产量来对井间干扰情况进行定量表征。定义如下：

$$P = \left(1 - C \cdot \frac{\sum_{i=1}^{n} Q_i}{nQ_0}\right)$$

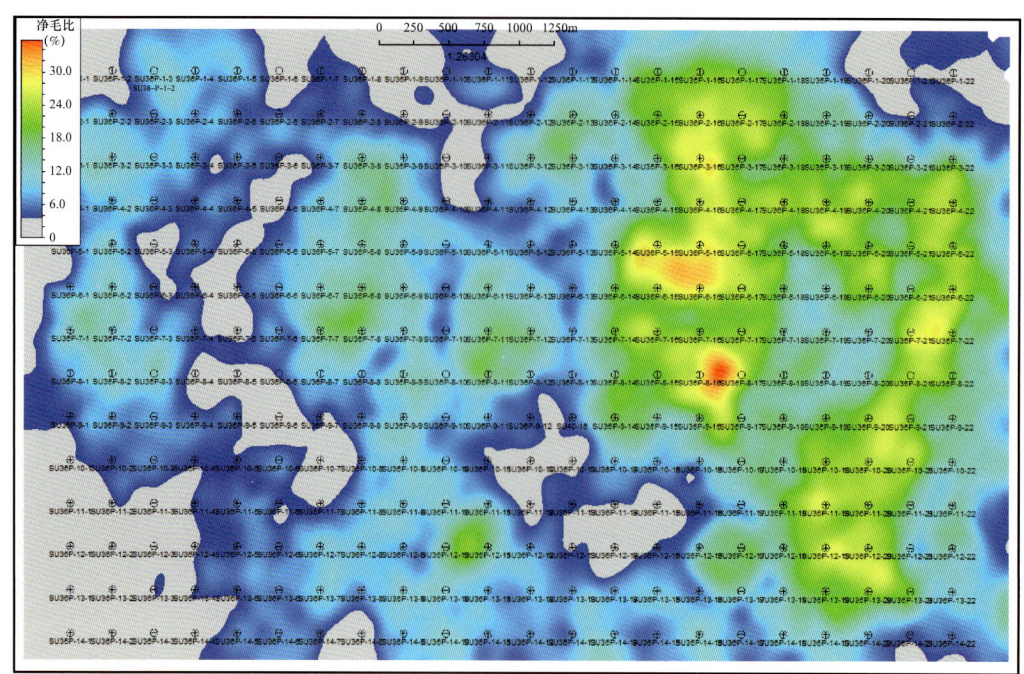

图 5-53　叠加有效厚度与井网分布图

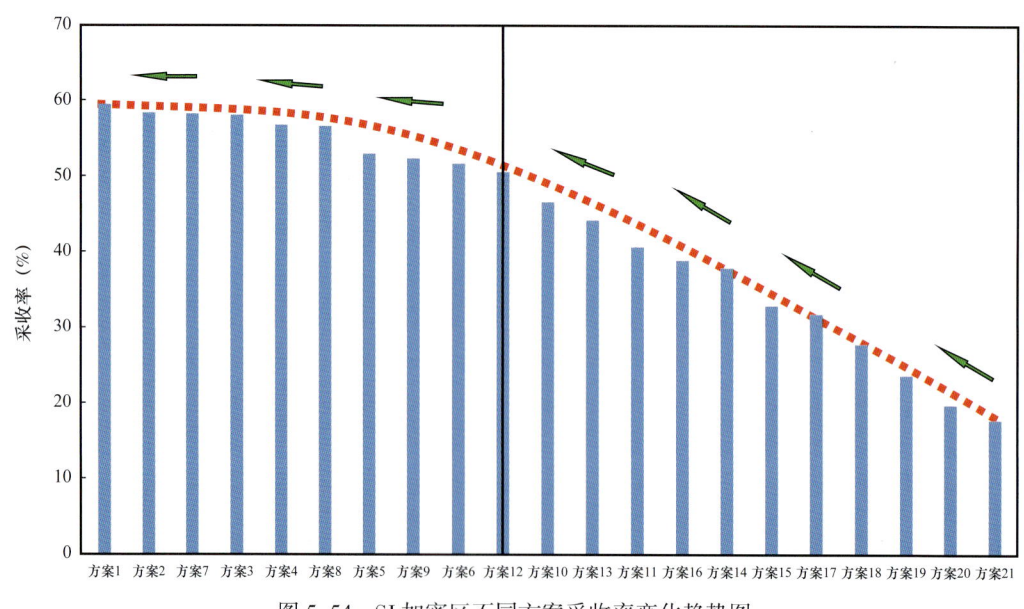

图 5-54　SJ 加密区不同方案采收率变化趋势图

式中　P——干扰程度；

Q_i——目前井距下第 i 口井的实际总产气量，$10^8 m^3$；

Q_0——不同井距下每口井的理论总产气量，$10^8 m^3$；

C——修正系数。

需要注意的是，单井的总产气量是以同一时间节点为计算的终点，计算的起点为各井的投产时间。模拟不同井距和排距的生产井总的泄流面积也是一定的；修正系数 C 为一常数，用来修正因人为改变渗流边界引起的泄流半径减小或用来校正因为修井、关井等措施引起的产量异常，如果无异常情况，则 C 取值为 1。

2）井距对干扰程度的影响

固定排距，设置井距变化，模拟不同井距井间的压力分布变化，分析气井产量干扰程度变化情况（图 5–55）。

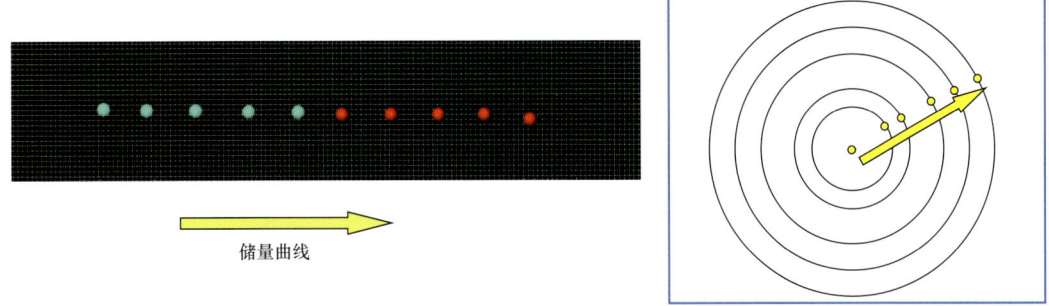

图 5-55　井距优选方案设计示意图

图 5-56 和图 5-57 是不同井距条件下的数值模拟压力平面分布图和气井产量干扰程度变化趋势。当井距大于 600m 时，两口井的压力波及程度和产量干扰程度都大大降低，井间几乎不发生渗流。

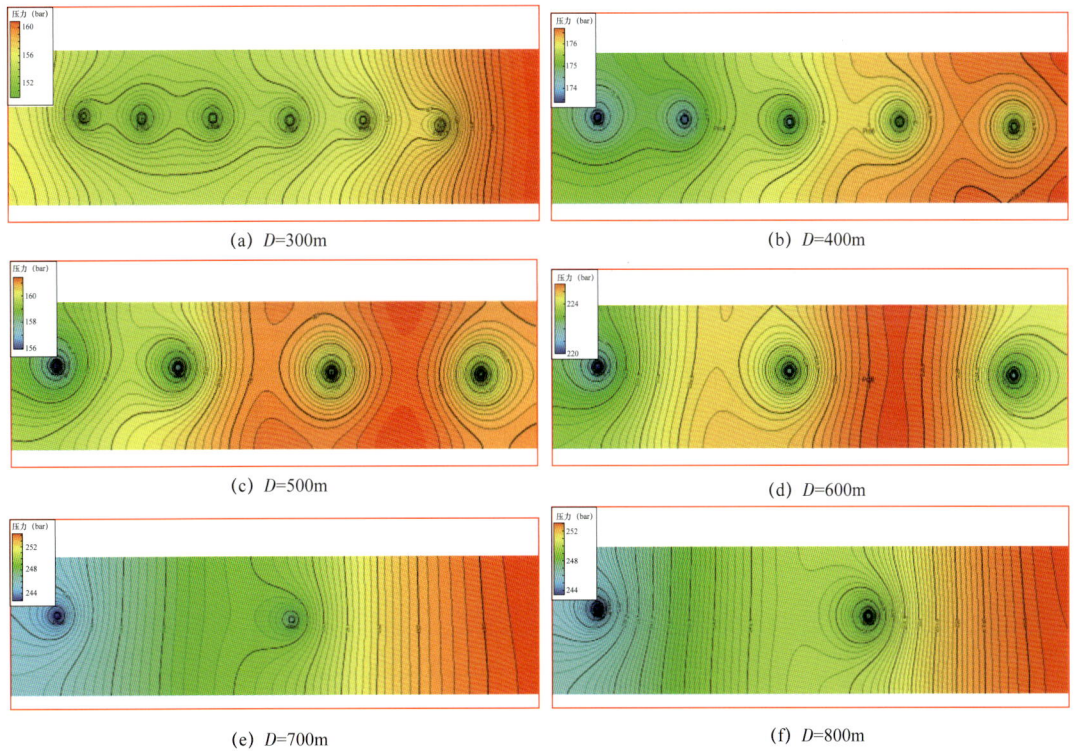

(a) D=300m

(b) D=400m

(c) D=500m

(d) D=600m

(e) D=700m

(f) D=800m

图 5-56　不同井距下模型模拟压力分布平面图（D 为井距）

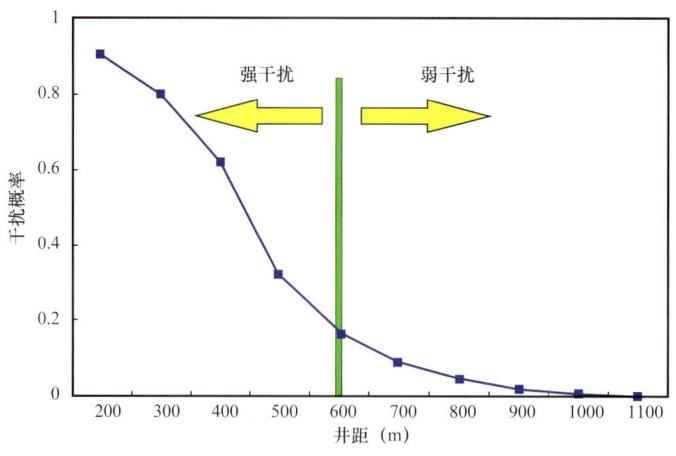

图 5-57 不同井距干扰程度变化趋势图

3）排距对干扰程度的影响

依据同样的思路，固定井距，逐渐增大排距模拟井间干扰情况（图 5-58）。结果显示，当排距在 300~700m 之间时，井间干扰明显；当排距大于 700m 时，沿砂体方向井间干扰程度大幅降低。

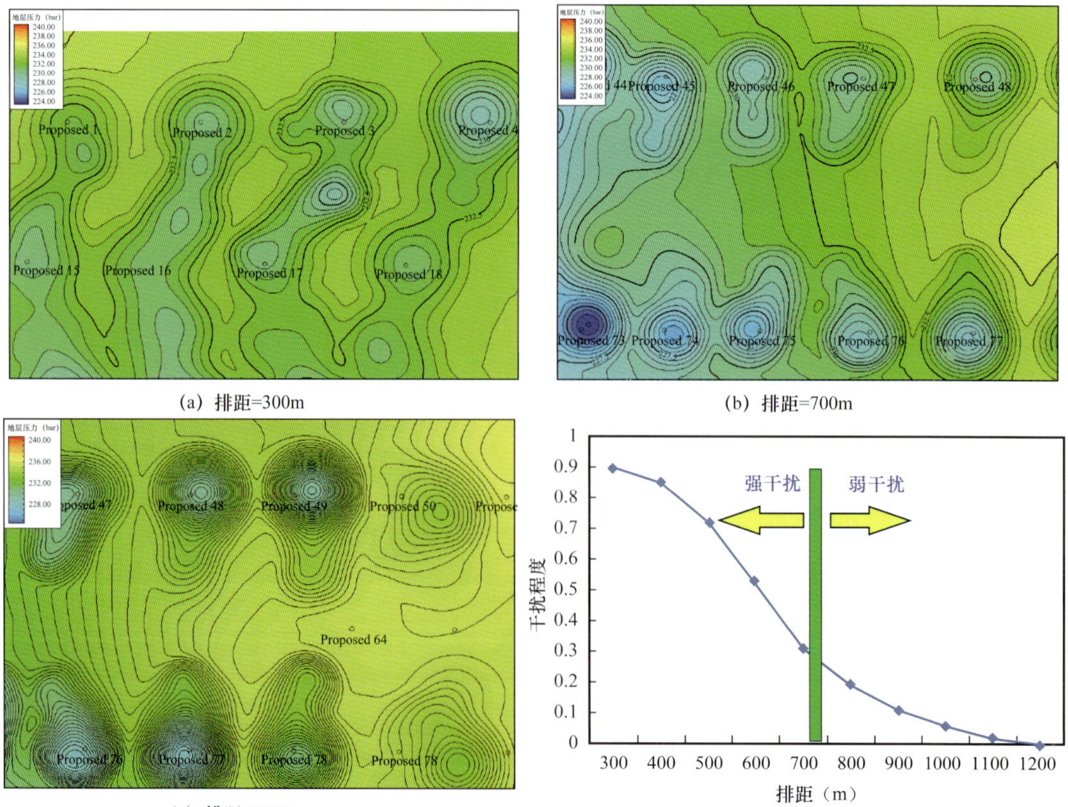

(a) 排距=300m

(b) 排距=700m

(c) 排距=1100m

图 5-58 不同排距下压力平面分布和不同排距干扰程度变化趋势图

综合井距、排距变化与压力波及程度及气井产量干扰程度的关系，合理井距和排距应分别控制在 600m 和 700m 范围内，具体应结合气藏数值模拟和经济评价，确定目前经济技术条件下采收率最大化的井网。

4）现井网干扰程度分析

结合前面的研究，运用数值模拟手段对现有井网进行分析，从图 5-59 显示加密区中部偏东 350m×350m 井网的干扰程度较高，南部 500m×600m 井网有 40% 的井见到干扰，西部 700m×1000m 井网处未见干扰。显然，井网越密干扰程度越大。

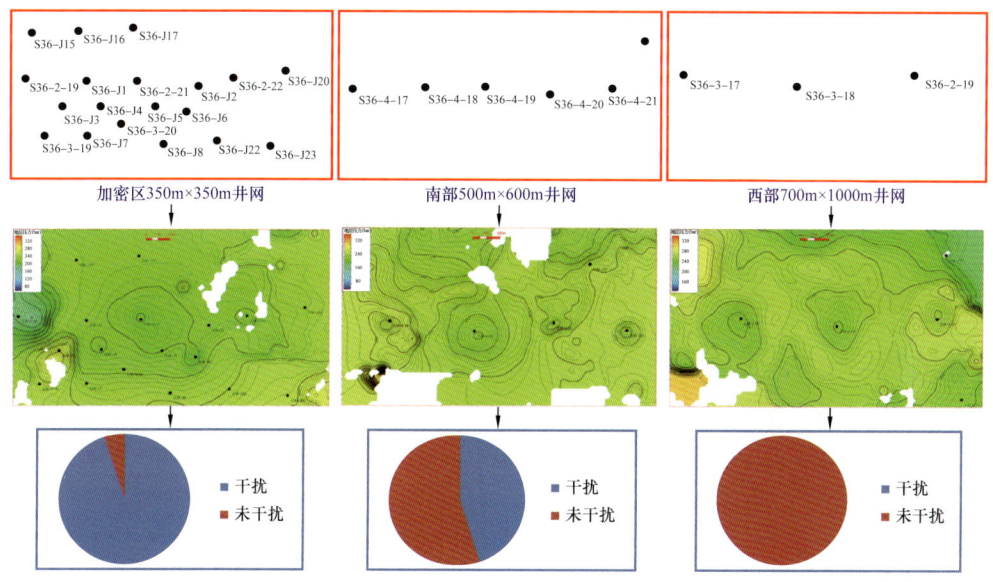

图 5-59　目前井网干扰程度分析

从井网密度与单井平均产能的关系来看，随着井网密度的增加，单井平均产能不断降低，按目前单井平均产能水平计算，若要满足单井累计产气量超过 $2000×10^4m^3$，最大井网密度约为 4.5 口 /km²；从井网密度与采收率的关系来看，当井网密度大于 4.3 口 /km² 时，采收率上升幅度明显变缓，表明井间干扰程度增强，如图 5-60 所示。

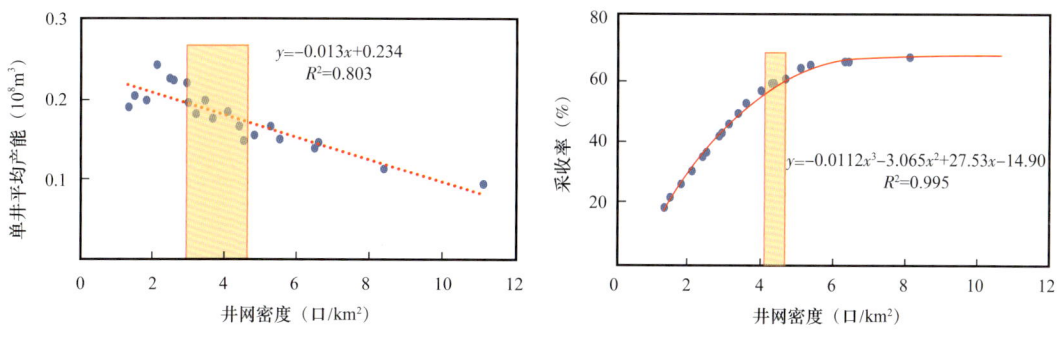

图 5-60　SJ 区块井网密度与单井产能、采收率关系图

3. 井网密度与储量丰度关系评价

在加密区选择 A、B、C 三个储量丰度由低到高的典型井区进行储量丰度与井网密度

的关系评价，其中位于西北部的 A 区储量丰度为（0.5～1.0）×10⁸m³/km²，西南部的 B 区储量丰度为（1.0～1.5）×10⁸m³/km²，中东部的 C 区储量丰度为（1.5～2.0）×10⁸m³/km²（图 5–61）。总体上，不同储量丰度井区单井累计采气量和采收率均随时间增长，生产 9 年后增速放缓；但储量丰度不同，采收率相差较大，储量丰度越高，采收率也越高（图 5–62）。

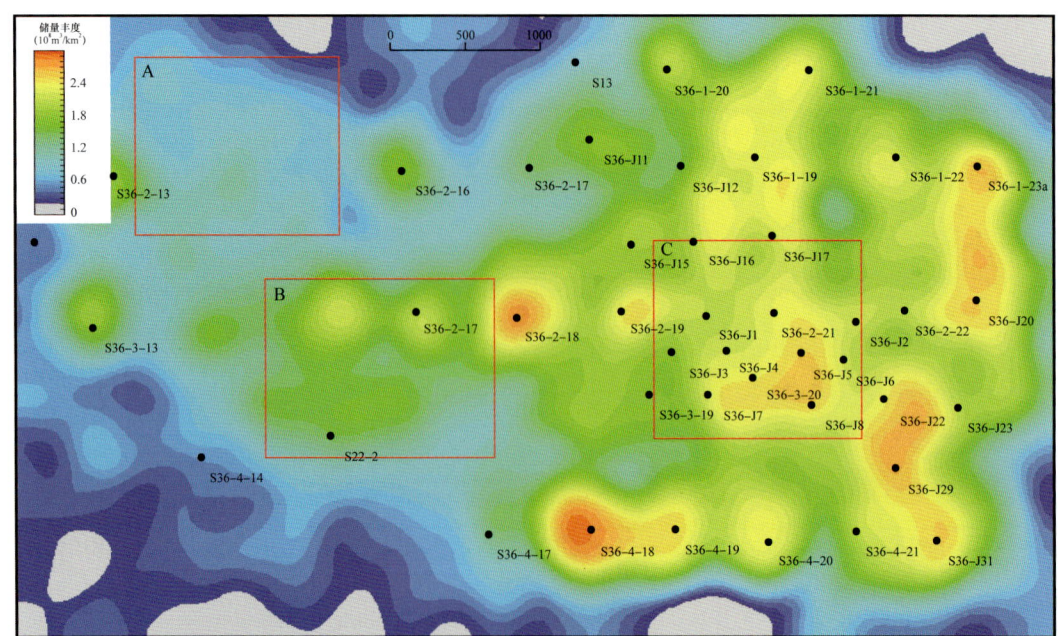

图 5–61　加密区不同储量丰度区示意图

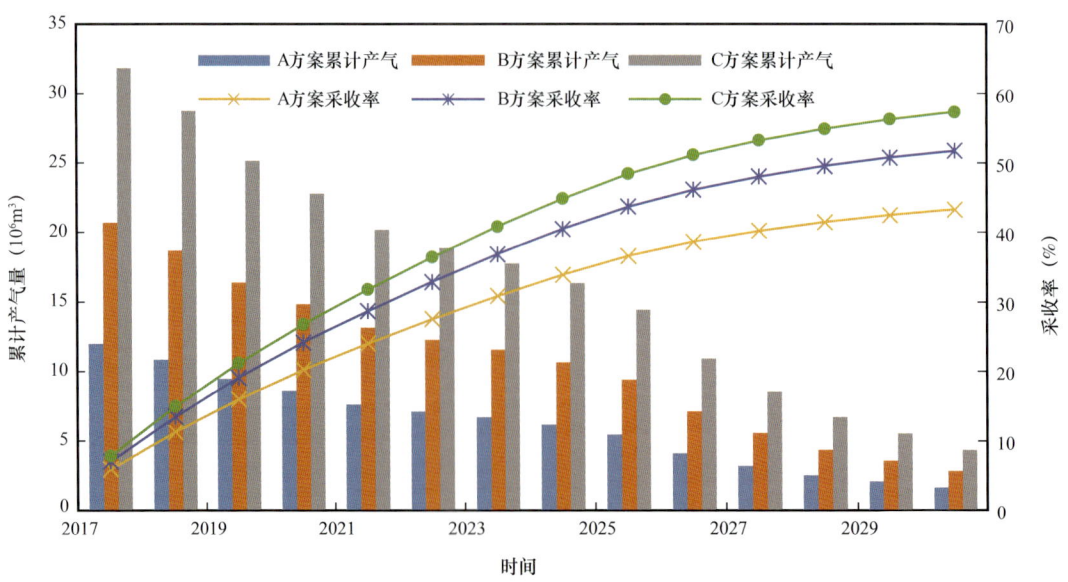

图 5–62　加密区不同储量丰度区累计采气量和采收率预测曲线

从储量丰度与采收率的关系可以看出（图 5–63），当井网密度一定时，随着储量丰度的增加，采收率增加，但当储量丰度超过 2.2×10⁸m³/km² 时，采收率增加幅度变缓；同样，当储量丰度不断减小时，采收率会下降，当储量丰度降至 $0.6 \times 10^8 m^3/km^2$ 以下时，采收率下降幅度减小。因此，建议低丰度区域适当增加井网密度，高丰度区适当减小井网密度，以实现储量动用程度和采收率最大化。

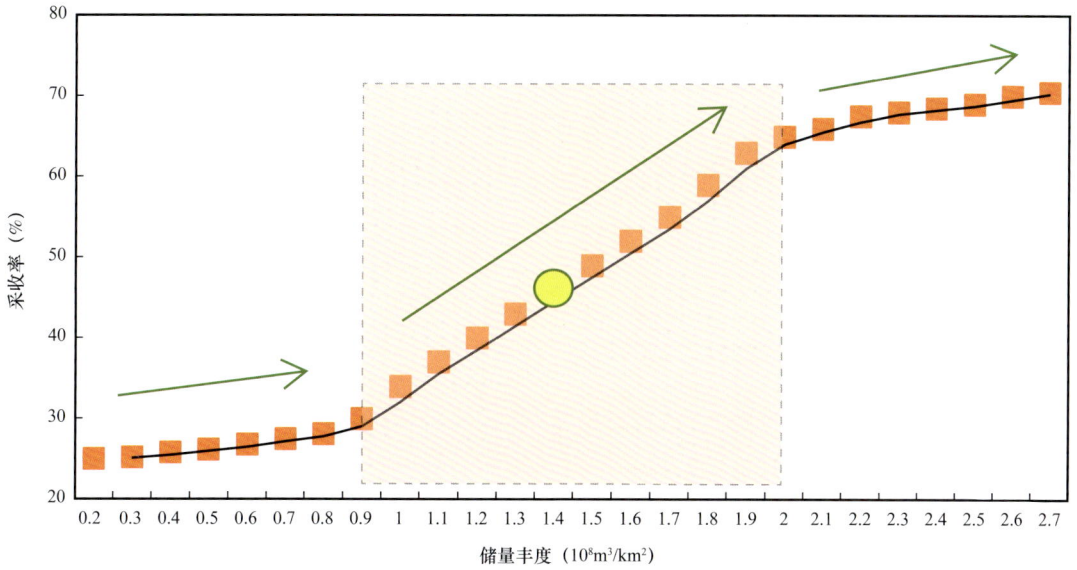

图 5-63　采收率与储量丰度关系图（以 500m×700m 井网计算）

二、目前井网加密潜力分析

在现有井网的基础上，结合数值模拟研究和动态分析认识，加密区西南部虽然井控程度较低，但井控储量和井控半径相对偏小，剩余储量少，潜力相对较小，加密可行性不高；西北部、东北部和东南部区域单井控制面积较大，加密潜力相对较高，可进行适当加密（图 5-64）。设计直井加密、直井 + 水平井的混合井网加密方案，进一步分析气藏加密潜力。

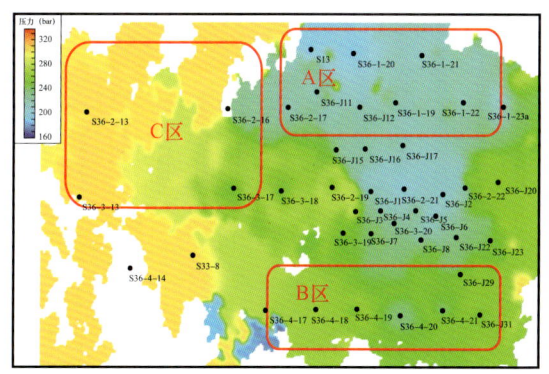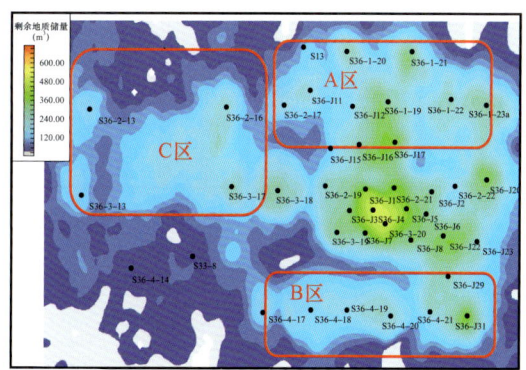

图 5-64　SJ 加密区主力层目前压力和剩余地质储量分布图

1. 直井加密

苏里格气田目前主要有 600m×1200m 和 600m×800m 两种直井网，在密井网区基础井网研究的基础上进一步评价井网加密潜力。图 5-65 是 36 口加密直井模拟预测气藏开采效果，在目前井网基础上利用直井加密可以继续稳产 9 年，到 2030 年，累计产气量可以达到 $17.64 \times 10^8 \text{m}^3$，采收率达到 42.45%（图 5-66）。

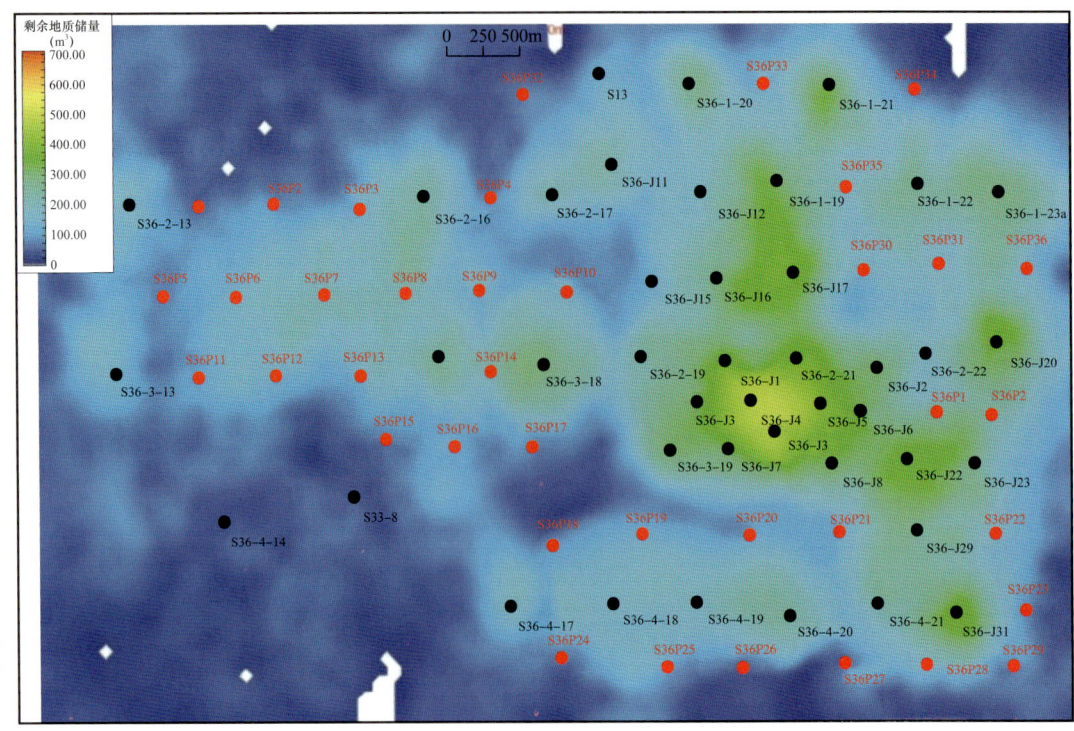

图 5-65　SJ 井网试验区直井加密井位图

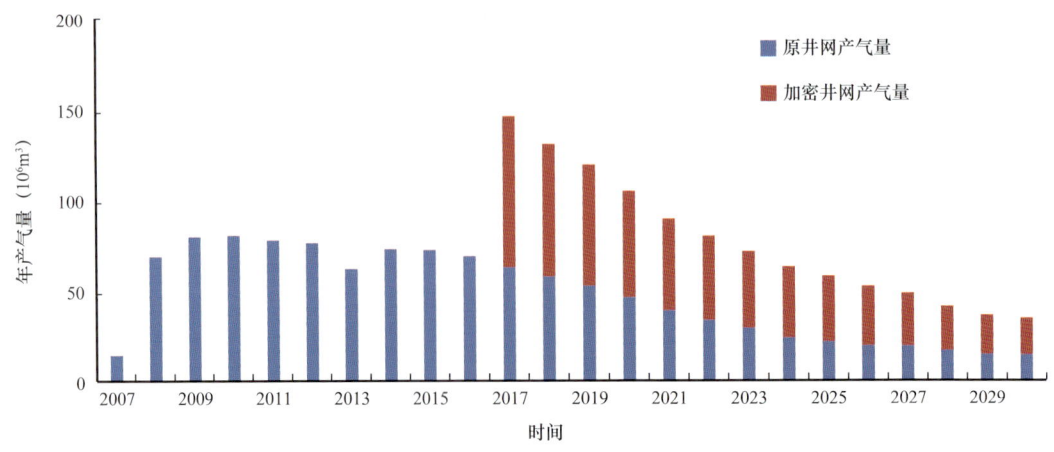

图 5-66　SJ 井网试验区直井加密产能预测图

2. 直井 + 水平井加密

从研究区整体地质特征来看，储层纵向含气层多、厚度薄，直井开发更有利于纵向储量动用。但垂向上储量相对集中、厚度较大的储层，适合水平井开发。因此，除了单纯的加密直井或者加密水平井，设计直井 + 水平井的混合井网加密方案，部署加密水平井 17 口、直井 15 口，根据数值模拟预测结果，混合加密部署可维持目前规模继续稳产 11 年（图 5-67），采收率可望达到 48.79%。

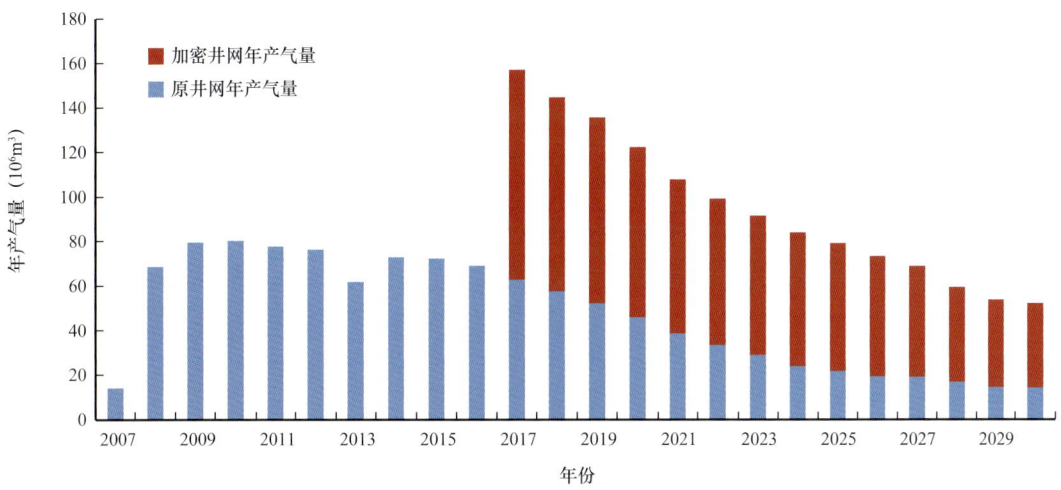

图 5-67 SJ 密井网试验区混合井网加密产能预测

第六章 压裂气井产能评价

致密储层往往具有明显的各向异性特征,岩性变化剧烈,孔喉小(一般喉道小于2μm),储层非均质性强,渗流能力差,需要采用压裂改造才能有效开发。但压裂改造措施产生的多条裂缝,一方面增加油气渗流通道,扩大单井泄流面积,可显著提高气井产量;另一方面也增加了气体流动的复杂程度,气井投产后长期处于不稳定流动状态,需要很长时间才能进入边界控制的拟稳定流(Ayaz Mehman,2011;W.J.Lee,2010)。产能是动态变化的,具有很强的时效性。

第一节 压裂气井产能评价方法

一、苏里格气田产能评价的复杂性

苏里格气田自发现以来,对含气面积内的所有探井、开发评价井和开发井均实施了人工压裂改造措施、并进行了单点试气,其早期产能评价仍采用靖边气田产能评价模式,表6-1是部分探井的评价结果。表中8口气井平均无阻流量达到了 $43.41 \times 10^4 m^3/d$,并且这8口井在平面上是大范围甩开分布的,据此结果当时普遍认为苏里格气田是一个大型整装气田,这直接影响了气田早期开发评价思路和开发方案的编制。

表6-1 苏里格气田早期部分探井单点产能试井结果

井号	静压 (MPa)	流压 (MPa)	测试产量 ($10^4 m^3/d$)	流动时间 (h)	无阻流量 ($10^4 m^3/d$)
SC	27.753	25.628	36.7757	72.5	120.16
SX	27.075	23.358	22.08	72	50.23
SH	29.053	22.682	16.308	90.5	28.47
TC	29.524	14.74	21.067	86.5	26.17
SF	28.053	22.74	26.6938	73.5	50.4
SAF	29.236	23.781	8.0357	73.0	15.76
SI	28.905	22.827	12.7103	73.7	23.26
SG	26.468	23.228	12.1807	72.25	32.85
平均	28.26	22.37	19.48	76.74	43.41

为进一步落实气井产能，了解气井生产动态特征，评价气井稳产水平，2001年3月至7月，相继开展了5口井的修正等时试井短期试采，取得了较好的试井资料。表6-2、表6-3是修正等时试井短期试采结果及不稳定试井解释结果。

表6-2　苏里格气田部分探井修正等时试井产能评价结果

井号	测试时间	系数A	系数B	无阻流量（$10^4m^3/d$）
SX	2001.3.31—2001.7.2	12.47	0.280	25.49
SH	2001.3.24—2001.7.2	19.50	0.408	22.23
SF	2001.5.24—2001.8.4	23.21	0.140	19.99
TC	2001.5.23—2001.9.8	53.19	0.359	11.73
SC	2001.7.23—2001.9.17	27.25	0.0997	26.25

表6-3　苏里格气田部分探井不稳定试井解释成果

井号	渗透率（mD）	表皮系数	裂缝半长（m）	复合半径（m）	边界距离（m）
SX	0.304	0.01	139		$d_1=137$，$d_2=150$ $d_3=60$，$d_4=1085$
SH	0.56	0.085	61		$d_1=110$，$d_2=211$ $d_3=85$，$d_4=330$
SC	$K_1=7$，$K_2=0.06$，$K_3=0.03$	−5.8		$R_{12}=82.3$，$R_{13}=192$	
SF	1.7	0.7	48		$d_1=60$，$d_2=281$ $d_3=60$，$d_4=1600$
TC	0.84	0	51.3		$d_1=37$，$d_2=2060$ $d_3=51$，$d_4=2960$

5口探井的修正等时试井结果初步揭示了苏里格气田的复杂性，具体表现在：

（1）压力恢复试井解释有效渗透率低，主要分布在0.3～1.7mD范围内，平均只有0.5mD，说明苏里格气田储层物性差，具有低渗气藏的渗流特征。

（2）裂缝半长解释结果显示压裂改造取得了明显的增产效果。压裂改造在井筒附近形成垂直裂缝，穿越了井筒附近的污染带，形成有利的渗流通道，可大幅度提高单井产量。

（3）有效储层呈条带状分布，与苏里格气田的河流相沉积环境相符，四口井表现出长条状矩形边界，河道宽度不超过300m，储层规模有限，连通性差。

（4）试井过程中井底流压下降快，地层能量供给能力较弱，说明气井难于维持较高产能生产，在一定产能下稳产能力差，经济生产周期累计采气量有限。

（5）关井后期压力恢复速度相当慢，经长时间恢复，离原始地层压力仍有较大差距，压力恢复数据见表6-4。SX等5口井的累计产气量只有（300～650）×10^4m^3，经4～7个月的压力恢复，地层压力下降了4～8MPa，反映外围储层供给能力差，有效砂体连通范围小，单井控制储量低。

表 6-4 部分探井修正等时试井压力恢复情况

井号	产气量 ($10^4 m^3/d$)	恢复时间 (d)	油压（MPa）		套压（MPa）		井底压力（MPa）	
			开井前	关井后	开井前	关井后	开井前	关井后
SX	639	209	22.2	16.2	22.2	15.94	28.4	20.58
SH	351	221	22.68	19	22.68	19.3	28.81	24.47
SC	317	111	22.22	16.7	21.8	16.6	28	21.4
SF	445	164	22.06	17.92	—	17.8	27.51	22.89
TC	381	140	23.2	18.8	23.2	19.12	29.34	24.37

上述产能测试表明：苏里格气田致密强非均质性储层特征给产能评价带来的影响主要表现在两个方面：（1）早期采用一点法进行的产能评价结果存在很大偏差；（2）部分修正等时试井得到的不稳定产能曲线斜率出现负值。这促使必须针对这种复杂的储层进一步发展和完善产能评价方法。

二、压裂气井产能试井分析方法

根据试井理论，经人工压裂的有限导流垂直裂缝气井，其流动一般可分为四个阶段，分别是早期井筒储集效应阶段、裂缝线性流阶段、裂缝—地层双线性流阶段和地层拟径向流阶段。各流动阶段的压力动态反映特征不同，对应的气井产能方程也完全不同。

1. 裂缝线性流阶段

此阶段，井底压力动态反应对应的表达形式为：

$$\psi_i - \psi_{wf} = \frac{0.01274 T_f q_g}{Kh}\left(\frac{2KX_f}{K_f W}\sqrt{\frac{11.304 K_f t}{\phi_f \mu C_t X_f^2}} + S\right) \quad (6-1)$$

或：

$$P_i^2 - P_{wf}^2 = \frac{0.01274 T_f q_g \bar{\mu} Z}{Kh}\left(\frac{2KX_f}{K_f W}\sqrt{\frac{11.304 K_f t}{\phi_f \mu C_t X_f^2}} + S\right) \quad (6-2)$$

因：$S = S_c + D q_g$，
则对应的式（6-2）为：

$$P_i^2 - P_{wf}^2 = \frac{0.01274 T_f q_g \bar{\mu} Z}{Kh}\left(\frac{2KX_f}{K_f W}\sqrt{\frac{11.304 K_f t}{\phi_f \mu C_t X_f^2}} + S_c + D q_g\right) \quad (6-3)$$

令：

$$m_1 = \frac{0.01274 \bar{\mu} Z T_f}{Kh} \quad (6-4)$$

$$A_{t1} = m_1\left(\frac{2KX_f}{K_f W}\sqrt{\frac{11.304K_f t}{\phi\mu C_t X_f^2}} + S_c\right) \qquad (6-5)$$

$$B_1 = m_1 D \qquad (6-6)$$

则式（6-3）简化为：

$$P_i^2 - P_{wf}^2 = A_{t1}q_g + B_1 q_g^2 \qquad (6-7)$$

式中　ψ_i——气藏原始地层拟压力，MPa²/（mPa·s）；

　　　ψ_{wf}——井底流动拟压力，MPa²/（mPa·s）；

　　　P_i——原始地层压力，MPa；

　　　P_{wf}——井底流压，MPa；

　　　h——气层厚度，m；

　　　t——时间，h；

　　　q_g——气井产量，10^4m³/d；

　　　μ——天然气黏度，mPa·s；

　　　$\bar{Z}$——平均偏差因子；

　　　K——地层渗透率，10^3mD；

　　　K_f——压裂裂缝渗透率，10^3mD；

　　　X_f——裂缝半长，m；

　　　W——裂缝宽度，m；

　　　ϕ_f——压裂裂缝孔隙度；

　　　C_t——总压缩系数，1/MPa；

　　　T_f——储层温度，K；

　　　S_c——井底附近裂缝的真实污染系数；

　　　D——在裂缝中形成的紊流系数，（m³/d）²。

由此可以得出，在裂缝线性流阶段，如果考虑裂缝中的非达西流效应，其产能方程仍然可用二项式方程描述。

2. 裂缝—地层双线性流阶段

在裂缝—地层双线性流阶段，其井底压力动态反映对应的有量纲形式为：

$$\psi - \psi_{wf} = \frac{0.01274 T_f q_g}{Kh}\left(2.45\sqrt[4]{\frac{3.6K^3 t}{\phi\mu C_t K_f^2 W^2}} + S\right) \qquad (6-8)$$

或：

$$P_i^2 - P_{wf}^2 = \frac{0.01274 T_f q_g \bar{\mu}\bar{Z}}{Kh}\left(2.45\sqrt[4]{\frac{3.6K^3 t}{\phi\mu C_t K_f^2 W^2}} + S\right) \qquad (6-9)$$

将 $S=S_c+Dq_g$ 代入式（6-9）中得：

$$P_i^2 - P_{wf}^2 = \frac{0.01274 T_f q_g \bar{\mu} Z}{Kh}\left(2.45\sqrt[4]{\frac{3.6K^3 t}{\phi\mu C_t K_f^2 W^2}} + S_c + Dq_g\right) \quad (6-10)$$

令：

$$m_2 = \frac{0.01274\bar{\mu}ZT_f}{Kh} \quad (6-11)$$

$$A_{t2} = m_2\left(2.45\sqrt[4]{\frac{3.6K^3 t}{\phi\mu C_t K_f^2 W^2}} + S_c\right) \quad (6-12)$$

$$B_2 = m_2 D \quad (6-13)$$

则式（6-10）简化为：

$$P_i^2 - P_{wf}^2 = A_{t2} q_g + B_2 q_g^2 \quad (6-14)$$

可见，在裂缝—地层双线性流动阶段，气井产能方程仍可用二项式表达。

3. 地层拟径向流阶段

在地层拟径向流阶段，其井底压力动态反映可表达为：

$$P_{WD} = \frac{1}{2}(\ln t_{DXf} + 0.807) - \ln(K_{fD} W_{fD}) + S \quad （低导流能力） \quad (6-15)$$

式中　P_{WD}——无量纲井底流压；
　　　t_{DXf}——无量纲时间；
　　　K_{fD}——无量纲裂缝渗透率；
　　　W_{fD}——无量纲裂缝宽度。

$$P_{WD} = \frac{1}{2}\ln(t_{DXf} + 2.2) + S \quad （高导流能力） \quad (6-16)$$

对应的有量纲形式为：

$$P_i^2 - P_{wf}^2 = \frac{0.00637\bar{\mu}\bar{Z}T_f q_g}{Kh}\left(\ln\frac{3.6Kt}{\phi\mu C_t X_f^2} + 3.347 - 2\ln\frac{K_f W}{KX_f} + 2S\right) \quad （低导流能力） \quad (6-17)$$

$$P_i^2 - P_{wf}^2 = \frac{0.00637\bar{\mu}\bar{Z}T_f q_g}{Kh}\left(\ln\frac{3.6Kt}{\phi\mu C_t X_f^2} + 2.2 + 2S\right) \quad （高导流能力） \quad (6-18)$$

将：$S=S_c+Dq_g$ 代入式（6-17）得：

$$P_i^2 - P_{wf}^2 = \frac{0.00637\bar{\mu}\bar{Z}T_f q_g}{Kh}\left(\ln\frac{3.6Kt}{\phi\mu C_t X_f^2} + 3.347 - 2\ln\frac{K_f W}{KX_f} + 2S_c + 2Dq_g\right) \quad (6-19)$$

令：
$$m_3 = \frac{0.00637\bar{\mu}\bar{Z}T_f}{Kh} \qquad (6\text{-}20)$$

$$A_{t3} = m_3\left(\ln\frac{3.6Kt}{\phi\mu C_t X_f^2} + 3.347 - 2\ln\frac{K_f W}{KX_f} + 2S_c\right) \qquad (6\text{-}21)$$

$$B_3 = 2m_3 D \qquad (6\text{-}22)$$

则式（6-19）简化为：

$$P_i^2 - P_{wf}^2 = A_{t3}q_g + B_3 q_g^2 \qquad (6\text{-}23)$$

可见对低导流能力垂直裂缝气井，在拟径向流阶段气井的产能方程仍可用二项式方程表示。

同理，令：

$$A_{t4} = m_3\left(\ln\frac{3.6Kt}{\phi\mu C_t X_f^2} + 2.2 + 2S_c\right) \qquad (6\text{-}24)$$

可得高导流能力垂直裂缝气井在地层拟径向流阶段的产能方程为：

$$P_i^2 - P_{wf}^2 = A_{t4}q_g + B_3 q_g^2 \qquad (6\text{-}25)$$

由各流动阶段的分析可知，对于有限导流垂直裂缝气井，其产能方程仍可用二项式表示，各流动阶段气井产能方程系数的表达式见表6-5。

表6-5 压裂气井各流动阶段气井产能方程系数表

流动阶段	m	A	B	
裂缝线性流	$\dfrac{0.01274\bar{\mu}\bar{Z}T_f}{Kh}$	$m\left(\dfrac{2KX_f}{K_f W}\sqrt{\dfrac{11.304K_f t}{\phi\mu C_t X_f^2}} + S_c\right)$	mD	
裂缝—地层双线性流	$\dfrac{0.01274\bar{\mu}\bar{Z}T_f}{Kh}$	$m\left(2.45\sqrt[4]{\dfrac{3.6K^3 t}{\phi\mu C_t K_f^2 W^2}} + S_c\right)$	mD	
地层拟径向流	$\dfrac{6.37\times 10^{-3}\bar{\mu}\bar{Z}T_f}{Kh}$	$m\left(\ln\dfrac{3.6Kt}{\phi\mu C_t X_f^2} + 3.347 - 2\ln\dfrac{K_f W}{KX_f} + 2S_c\right)$	$2mD$	低导流能力
		$m\left(\ln\dfrac{3.6Kt}{\phi\mu C_t X_f^2} + 2.2 + 2S_c\right)$	$2mD$	高导流能力

但必须指出的是，尽管压裂气井产能方程可用二项式表示，但因为致密气藏压裂气井的渗流特征比常规气藏复杂得多，所以在不同的流动阶段，其产能方程系数明显不同，主要体现在产能方程系数 A 发生变化，而作为表征气井非达西流程度的产能方程系数 B 在井筒储集消失后，将保持不变。因此，对于致密砂岩气藏的压裂气井，要想获得较可靠的产能方程和绝对无阻流量，在进行产能测试时，必须使气井的流动达到地层拟径向流阶段，否则确定的气井绝对无阻流量将会明显偏大。

第二节 产能试井分析方法改进

一、修正等时试井资料分析方法改进

1. 问题的引入

压裂气井试井理论研究表明,二项式产能方程系数 A、B 均为正值。但苏里格气田部分气井修正等时试井不稳定产能曲线斜率出现负值,如图 6-1 所示。产能方程系数 B 是表征气体高速非达西流程度的物理量,若 B 值为负说明气体高速非达西流影响使能量得到补充,这在理论上显然是不成立的,因为气体高速非达西流无论程度高低始终存在,更为重要的是气体高速非达西流将会造成能量损失增大。

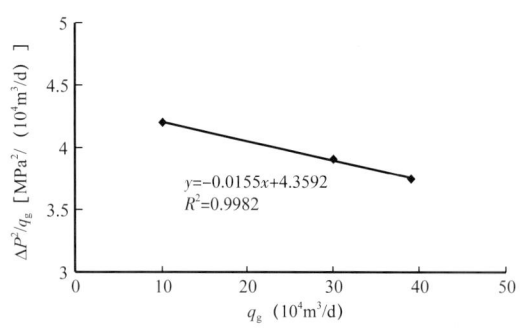

图 6-1 SC 井不稳定产能曲线

q_g—日产气量;ΔP^2—地层压力与井底流压的平方差

修正等时试井是等时试井的简化,不要求每个工作制度生产后,关井至压力恢复稳定,仅要求开井、关井时间相同。在资料处理时,利用等时关井结束时的恢复压力(P_{ws})代替等时试井所要求的地层压力,这种近似忽略了前期工作制度对后期动态的影响,存在一定的误差,在中—高渗气藏,可以满足矿场测试要求;但对于低渗,特别是致密气藏,每个工作制度生产后关井地层压力恢复程度较低,将会导致气井不稳定产能曲线反转。下面进一步对此进行深入的理论分析。

2. 理论推导

气井产能方程可以改写为:

$$P_i^2 - P_{wf}^2 = m\left(\lg t + S^*\right)q + Bq^2 \tag{6-26}$$

其中,

$$S^* = \lg\left(\frac{8.085K}{\phi\mu C_t r_w^2}\right) + 0.87S, \quad m = 1.87 \times 10^{-3} T\overline{\mu}\overline{Z}/(Kh)$$

式中 r_w——井眼半径,m。

结合渗流叠加原理,无限大均质地层中一口气井以变产量生产时其井底压力变化可用下式表示:

$$P_i^2 - P_{wf}^2 = m\sum_{i=1}^{n}(q_i - q_{i-1})\left[\lg(t_i - t_{i-1}) + S^*\right] + B \cdot q_i^2 \tag{6-27}$$

根据修正等时试井产量和压力序列，设等时间隔为 t_0，四个工作制度产量分别为 q_1、q_2、q_3、q_4，延时产量为 q_5。每个生产制度生产 Δt 时间后取点构成一组不稳定等时点，如图 6-2 所示。

令：

$$\alpha = \Delta t / t_0 \quad (6\text{-}28)$$

采用叠加原理，根据式（6-27），每一生产制度下生产 Δt 时间的压力动态为：

$$\frac{P_i^2 - P_{wfn}^2(\Delta t)}{q_n} - \Delta P_n^* = m\left[\lg(\Delta t) + S^*\right] + B \cdot q_n \quad (6\text{-}29)$$

其中，

$$\Delta P_n^* = \frac{m}{q_n} \sum_{i=2}^{n} q_{n-i+1} \lg \frac{2(i-1)+\alpha}{2i-3+\alpha} \quad (\text{其中 } n>1, \text{当 } n=1 \text{ 时}, \Delta P_n^*=0)$$

可见，式（6-29）的右边就是不稳定二项式产能方程的标准式，如果以（q_n，$\frac{P_i^2 - P_{wfn}^2(\Delta t)}{q_n} - \Delta P_n^*$）为坐标点，在直角坐标系中可得到一条直线，也就是不稳定产能曲线，其斜率即为二项式产能方程系数 B，截距为二项系数 $A_t = m\left[\lg(\Delta t) + S^*\right]$。

在早期不稳定流阶段，二项式产能方程系数 A_t 是时间的函数，其值随生产时间的延长逐渐增大，当渗流达到拟稳态时 A 值趋于固定，此时可得到稳定产能方程。由此计算的无阻流量才真正反映了气井的实际生产能力，因此对稳定点的计算应以流动进入拟稳态时的生产资料为准。

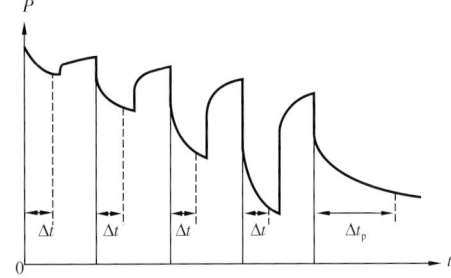

图 6-2 修正等时试井产量和压力序列图

如果设延续生产段达到拟稳定的时间为 Δt_p，并令 $\alpha_p = \Delta t_p / t_0$，那么同样根据叠加原理得到生产进入拟稳态时的压力动态为：

$$\frac{P_i^2 - P_{wf5}^2(\Delta t)}{q_5} - \Delta P_5^* = m\left[\lg(\Delta t_5) + S^*\right] + B \cdot q_5 \quad (6\text{-}30)$$

其中，

$$\Delta P_5^* = \frac{m}{q_5} \sum_{i=2}^{5} q_{5-i+1} \lg \frac{2(i-1)+\alpha_p}{2i-3+\alpha_p}$$

以 q_5 为横坐标，式（6-30）的左边为纵坐标得到的点（即稳定点坐标）。

从前面的推导可知，在取得修正等时试井资料后，如何根据实际资料确定气井生产是否达到拟稳态是准确评价气井产能的关键。根据渗流理论，达到拟稳态时压力平方与时间成线性关系，因此采用延时生产时间段的压力数据作 $P_{wf}^2(\Delta t) - t$ 图，确定直线段开始的位置即为拟稳态达到的时间 Δt_p，该时间对应的压力即为生产刚刚进入拟稳态时的井底压力。

3. 实例应用

以 SC 井为例，采用不同的试井方法进行对比分析研究，检验改进方法的可靠性和实用性。该井位于苏里格气田中部，于 2001 年 7 月进行修正等时试井，原始地层压力为 27.9975MPa，延时产量为 15.1311×10⁴m³/d，延时期末井底流压为 15.4312MPa，测试数据见表 6-6。

表 6-6 SC 井修正等时试井测试数据表

工作制度	产量 ($10^4 m^3/d$)	关井压力 (MPa)	井底流压（MPa）				
			3h	8h	16h	20h	24h
1	10.065	27.99	27.79	27.64	27.43	27.33	27.23
2	20.109	27.43	26.99	26.68	26.24	26.04	25.83
3	30.060	26.37	25.68	25.26	24.63	24.34	24.07
4	40.249	24.91	23.93	23.39	22.56	22.18	21.84

应用传统方法及改进的方法对 SC 井数据进行不稳定产能直线分析，两种方法的分析结果见表 6-7。

表 6-7 两种方法分析结果数据表

($\Delta t=3.0$，$\alpha=0.125$)

工作制度	产气量 ($10^4 m^3/d$)	传统方法 $\dfrac{P_{wsn}^2 - P_{wfn}^2}{q_n}$	改进的分析方法		
			$\dfrac{P_i^2 - P_{wfn}^2}{q_n}$	ΔP_n^*	$\dfrac{P_i^2 - P_{wfn}^2}{q_n} - \Delta P_n^*$
1	10.065	1.108	1.108		1.108
2	20.109	1.191	2.734	0.085	2.649
3	30.060	1.195	4.124	0.138	3.986
4	40.249	1.189	5.237	0.177	5.060

($\Delta t=8.0$，$\alpha=0.33$)

工作制度	产气量 ($10^4 m^3/d$)	传统方法 $\dfrac{P_{wsn}^2 - P_{wfn}^2}{q_n}$	改进的分析方法		
			$\dfrac{P_i^2 - P_{wfn}^2}{q_n}$	ΔP_n^*	$\dfrac{P_i^2 - P_{wfn}^2}{q_n} - \Delta P_n^*$
1	10.065	1.934	1.934		1.934
2	20.109	2.018	3.561	0.075	3.486
3	30.060	1.906	4.836	0.135	4.701
4	40.249	1.824	5.872	0.194	5.678

续表

($\Delta t=16.0$，$\alpha=0.67$）

工作制度	产气量 ($10^4\text{m}^3/\text{d}$)	传统方法 $\dfrac{P_{\text{ws}n}^2-P_{\text{wf}n}^2}{q_n}$	改进的分析方法		
			$\dfrac{P_i^2-P_{\text{wf}n}^2}{q_n}$	ΔP_n^*	$\dfrac{P_i^2-P_{\text{wf}n}^2}{q_n}-\Delta P_n^*$
1	10.065	3.083	3.083		3.083
2	20.109	3.176	4.720	0.0629	4.657
3	30.060	2.952	5.882	0.105	5.777
4	40.249	2.772	6.820	0.137	6.683

($\Delta t=20.0$，$\alpha=0.83$）

工作制度	产气量 ($10^4\text{m}^3/\text{d}$)	传统方法 $\dfrac{P_{\text{ws}n}^2-P_{\text{wf}n}^2}{q_n}$	改进的分析方法		
			$\dfrac{P_i^2-P_{\text{wf}n}^2}{q_n}$	ΔP_n^*	$\dfrac{P_i^2-P_{\text{wf}n}^2}{q_n}-\Delta P_n^*$
1	10.065	3.628	3.628		3.628
2	20.109	3.696	5.239	0.058	5.181
3	30.060	3.425	6.354	0.098	6.256
4	40.249	3.194	7.242	0.128	7.114

($\Delta t=24.0$，$\alpha=1.0$）

工作制度	产气量 ($10^4\text{m}^3/\text{d}$)	传统方法 $\dfrac{P_{\text{ws}n}^2-P_{\text{wf}n}^2}{q_n}$	改进的分析方法		
			$\dfrac{P_i^2-P_{\text{wf}n}^2}{q_n}$	ΔP_n^*	$\dfrac{P_i^2-P_{\text{wf}n}^2}{q_n}-\Delta P_n^*$
1	10.065	4.170	4.170		4.170
2	20.109	4.238	5.781	0.054	5.727
3	30.060	3.859	6.729	0.092	6.637
4	40.249	3.566	7.614	0.122	7.492

采用传统方法分析（图6-3），生产时间越长，不稳定产能直线偏离第一不稳定点的距离越大，直线呈越来越明显的下降趋势。利用改进后的方法分析，可得到一组线性关系较好的不稳定产能直线（图6-4），二项式系数一般以等时间隔末的值为准，SC井为0.0997。SC井 m 为 27.17/15 = 1.811 MPa²/[(mPa·s)·($10^4\text{m}^3/\text{d}$)]，这可由井底流压平方与时间对数关系得到，如图6-5所示。

根据延时段的压力数据，确定出气井生产达到拟稳态时的 Δt_p 为218.4h，对应的井底流压 $P_{\text{wf}}(\Delta t_p)$ 为18.093MPa。如果地层压力取原始地层压力28MPa，根据式（6-30）计算得到的稳定点坐标为（15.131，28.76）；取延时期末的产量、压力数据计算得到的稳定点坐标为（15.131，34.66）。由此确定两种方式下的稳定产能直线（图6-6）和无阻流量。

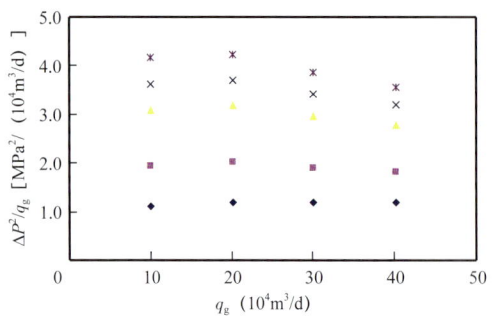

图 6-3 SC 井不稳定产能直线（传统方法）

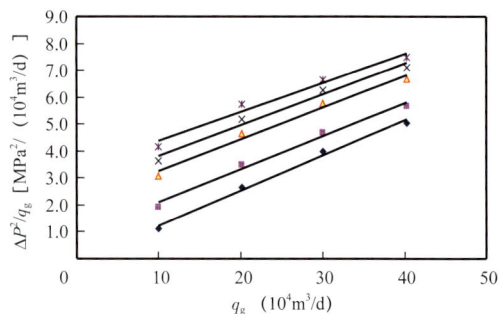

图 6-4 SC 井不稳定产能直线（改进方法）

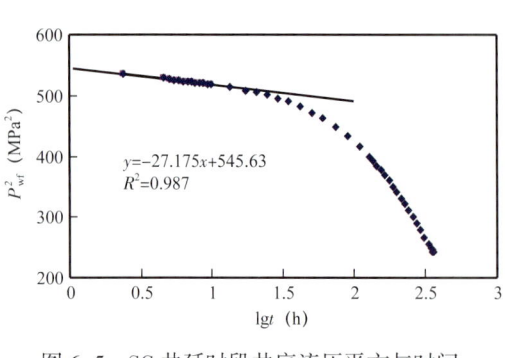

图 6-5 SC 井延时段井底流压平方与时间对数关系

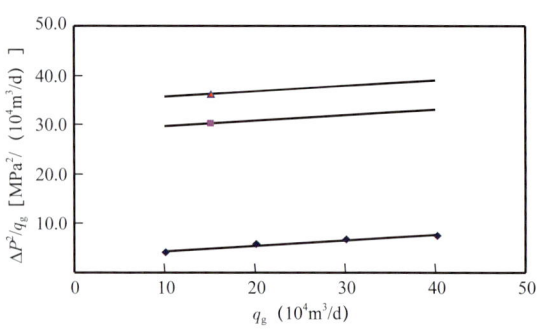

图 6-6 SC 井稳定产能直线

拟稳态开始：$P_i^2 - P_{wf}^2 = 27.25q + 0.0997q^2$ ， $q_{AOF}=26.25 \times 10^4 \text{m}^3/\text{d}$ （6–31）

延续流动末：$P_i^2 - P_{wf}^2 = 33.15q + 0.0997q^2$ ， $q_{AOF}=22.17 \times 10^4 \text{m}^3/\text{d}$ （6–32）

二、单点法产能公式的修正

单点法产能试井是气井产能试井的一种简化方法。陈元千教授在统计国内 16 个气田 16 口气井系统试井资料的基础上，给出了利用单点测试确定气井无阻流量的简易方法。该方法的实用性和有效性，已被许多矿场试井资料应用所证实。本书在陈元千教授单点法产能分析方法的基础上，结合苏里格气田修正等时试井资料的统计分析，修正并建立了苏里格气田单点法产能评价方法。

1. 单点法产能公式修正

据陈元千教授，气井无量纲 IPR 曲线的表达式：

$$P_D = \alpha q_D + (1-\alpha) q_D^2 \quad (6\text{–}33)$$

其中，

$$P_D = (P_R^2 - P_{wf}^2)/P_R^2 \quad (6\text{–}34)$$

$$\alpha = A/(A + Bq_{AOF}) \quad (6\text{–}35)$$

$$q_D = q_g / q_{AOF} \quad (6-36)$$

式中 P_R——原始地层压力（静压），MPa；

P_{wf}——井底流压，MPa；

q_g——试气产量，$10^4 m^3/d$。

由式（6-33）可得：

$$q_{AOF} = \frac{2(1-\alpha)q_g}{\alpha\left[\sqrt{1+4\left(\frac{1-\alpha}{\alpha^2}\right)P_D} - 1\right]} \quad (6-37)$$

式（6-37）中 α 值是衡量储层非均质性的重要参数，α 值越大，储层非均质性越强。不同的 α 值对应不同的无阻流量计算公式。因此，确定不同气田的无阻流量计算公式，关键是 α 值得确定。

表 6-8 是根据苏里格气田气井修正等时试井解释得到的 α 平均值为 0.79，代入式（6-34），求得苏里格气田单点法产能计算公式为：

$$q_{AOF} = \frac{0.532 q_g}{\sqrt{1+1.346 P_D} - 1} \quad (6-38)$$

表 6-8 苏里格气田部分气井 α 计算结果表

井号	SX	SH	SC	SF	TC	SI	SG	SAF	SJ	SAA-16	SAA-19	SG-12
α	0.636	0.683	0.854	0.892	0.927	0.819	0.715	0.849	0.577	0.834	0.745	0.951

2. 单点法产能测试时间

由表 6-8 不难得出，苏里格气田非均质性很强，各井 α 值相差较大，若忽视这种差异而笼统采用式（6-38）计算气井的绝对无阻流量，必将造成较大的误差。

单点法产能测试过程中，随着测试产量的提高（图 6-7），不同 α 值的计算结果将趋于一致。因此，可以通过控制单点法测试条件（压差）来保证式（6-38）的计算精度，也就是说一定流量下足够长的流动时间才能满足单点法的测试条件。

苏里格气田是河流沉积、大面积分布的岩性气藏，辫状河发育特征最为典型。横向上砂体连片性较好，但因多期河道叠置，河道侧向迁移、改道和切割频繁，心滩和边滩砂体在纵向上相互叠置、交错排列。有效储层以孤立状或条带状分布为主，部分砂体切割相连，表现出气层分布的强非均质性。

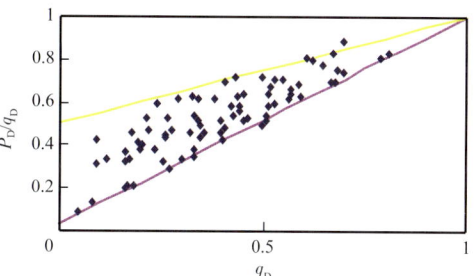

图 6-7 苏里格气田 P_D/q_D—q_D 关系曲线

为此，定义条带状储层无量纲时间和无量纲压力为：

$$t_D = \frac{3.6kt}{\phi \mu C_t L^2} \quad (6-39)$$

$$P_D = \frac{78.489kh}{\phi \bar{\mu} \bar{z} T_f} \Delta P^2 \quad (6-40)$$

式中 k——气藏有效渗透率，10^3mD；
t——生产时间，h；
μ——天然气黏度，mPa·s；
ΔP——地层压力与井底流压的平方差，（MPa）^{2}；
$\bar{\mu}$——天然气黏度，mPa·s；
C_t——综合压缩系数，MPa^{-1}；
L——河道宽度，m；
ϕ——孔隙度；
h——储层有效厚度，m；
T_f——储层温度，K；
$\bar{z}$——平均偏差因子。

Miller 第一次研究了无限大条带状储层的不稳定压力分析，给出了描述线性流动的无因次方程（面源解）：

$$P_{wD} = 2\sqrt{\pi t_D} + s \quad (6-41)$$

Larsen 等进一步研究了无限大条带状储层线性流数据的分析方法，给出了描述线性流动的无量纲井底压降的一般性方程（线源解）：

$$P_{wD} = 2\sqrt{\pi t_D} + \sigma + s \quad (6-42)$$

$$\sigma = \ln\left(\frac{L}{2\pi r_w}\right) - \ln[\sin(\pi\alpha)] \quad (6-43)$$

$$\alpha = \frac{a}{a+b} = \frac{a}{L} \quad (6-44)$$

式中 s——表皮系数；
a，b——井到两条平行边界的距离；
σ——常数，反映了井位置的影响和线性流动时流线汇集的影响。

对于封闭条带状储层，当达到拟稳态时，描述线性流动的无量纲方程（面源解）为：

$$P_{wD} = \frac{2\pi A_s}{L^2}\left(\frac{1}{3} - \alpha_E d_E\right) + s \quad (6-45)$$

其中，

$$\alpha_E = \frac{a}{a+b} \quad (6-46)$$

$$d_E = \frac{b}{a+b} \quad (6\text{-}47)$$

对比式（6-41）、式（6-42）可以发现，无限大条带状储层面源解和线源解仅仅相差一个 σ，由此对封闭条带状储层可得到达到拟稳态时，描述线性流动的无因次方程（线源解）为：

$$P_{wD} = \frac{2\pi A_s}{L^2}\left(\frac{1}{3} - \alpha_E d_E\right) + \sigma + s \quad (6\text{-}48)$$

式中 A_s——封闭条带状储层泄流面积，km^2。

式（6-48）即为封闭条带状储层（拟）稳定流入动态方程。将无量纲时间、无量纲压力代入式（6-41）、式（6-48），若井处于河道中心，分别得到不稳定产能方程和拟稳定产能方程。

不稳定产能方程：

$$\Delta P^2 = \frac{q\bar{\mu}\bar{z}T_f}{78.489kh}\left[2\sqrt{\frac{3.6k\pi t}{\phi\mu C_t L^2}} + \ln\left(\frac{L}{2\pi r_w}\right) + s\right] + \frac{\bar{\mu}\bar{z}T_f}{78.489kh}Dq^2 \quad (6\text{-}49)$$

$$A_t = \frac{\bar{\mu}\bar{z}T_f}{78.489kh}\left[2\sqrt{\frac{3.6k\pi t}{\phi\mu C_t L^2}} + \ln\left(\frac{L}{2\pi r_w}\right) + s\right] \quad (6\text{-}50)$$

拟稳定产能方程：

$$\Delta P^2 = \frac{q\bar{\mu}\bar{z}T_f}{78.489kh}\left[\frac{\pi A_s}{6L^2} + \ln\left(\frac{L}{2\pi r_w}\right) + s\right] + \frac{\bar{\mu}\bar{z}T_f}{78.489kh}Dq^2 \quad (6\text{-}51)$$

$$A = \frac{\bar{\mu}\bar{z}T_f}{78.489kh}\left[\frac{\pi A_s}{6L^2} + \ln\left(\frac{L}{2\pi r_w}\right) + s\right] \quad (6\text{-}52)$$

式中 D——湍流系数，$(m^3/d)^2$。

前面的研究表明，对于条带状储层中的气井，不管流动处于不稳定流动段，还是拟稳定流动段，其井底压力的平方差与产量之间的关系式均可以用二项式表示，即：

$$P_i^2 - P_{wf}^2 = Aq + Bq^2 \quad (6\text{-}53)$$

只是对于不同的流动阶段，产能方程中的系数 A 不同，但对于系数 B，则在不同的流动阶段，其值保持恒定。图 6-8 显示河道型储层气井二项式产能方程系数 A 随时间的变化关系。

随着测试时间的延长，其产能方程的 A_t 值持续增大，导致无阻流量不断减小，只有达到拟稳定状态时，A_t 值才趋于稳定。因此，只有式（6-50）和式（6-52）达到一致时，即为单点法要求的合理测试时间。即：

$$2\sqrt{\frac{3.6k\pi t}{\phi\mu C_t L^2}} = \frac{\pi A_s}{6L^2} \qquad (6-54)$$

$$t = 2.4228 \times 10^{-2} \frac{\phi\mu C_t L_{inv}^2}{k} \qquad (6-55)$$

式中 L_{inv}——河道砂体长度之半，m。

不同河道砂体长度及渗透率要求的测试时间如图6-9所示。

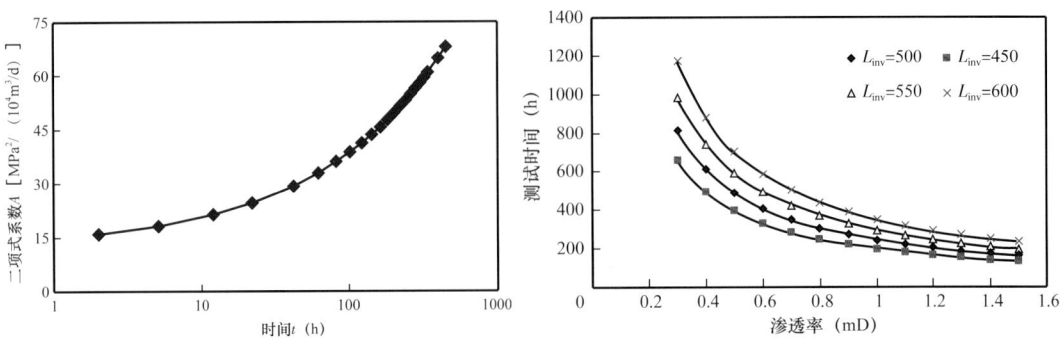

图 6-8 河道型储层产能方程二项式系数 A 随时间的变化关系　　图 6-9 不同河道砂体长度及渗透率要求的测试时间变化曲线

3. 实例应用

SF井是苏里格气田的一口探井，气层中深3259.5m，有效厚度12.4m，该井早期采用单点法对主力气层石盒子组测试求产，求得无阻流量$50.72 \times 10^4 m^3/d$；2001年5月22日至8月4日进行修正等时试井，求得无阻流量$19.99 \times 10^4 m^3/d$，和修正等时试井产能评价结果相比，单点法的测试结果明显偏大，无法指导配产。该井的不稳定试井解释参数如下：

模型：无限导流裂缝模型；

井筒储集系数：$C=5.0 m^3/MPa$；

裂缝表皮系数：$S_f = 0.7$；

裂缝半长：$X_f = 48.0 m$；

渗透率：$k=1.70 mD$；

边界距离：$L_1=60m$，$L_2=281m$，$L_3=60m$，$L_4=1600m$；

非达西流动系数：$D=0.002$（$10^4 m^3/d$）$^{-1}$；

综合压缩系数：$C_t=2.10 \times 10^{-2} MPa^{-1}$；

黏度：$\mu = 0.0197 mPa \cdot s$；

地层温度：$T_f = 379.85 K$；

压缩因子：$Z = 0.948$。

单点法测试的理论要求时间为167h（该井实际仅测试73.5h，因而导致计算的无阻流量偏差较大），若以$10.0 \times 10^4 m^3/d$测试，模拟得到对应的井底流压为23.5MPa（测试回压77.8%），利用式（6-38），即采用修正后的单点法无阻流量计算公式求得SF井无阻流

量 $21.41 \times 10^4 m^3/d$，与修正等时试井计算结果接近，若利用单点法经验公式得无阻流量为 $28.9 \times 10^4 m^3/d$，明显高于修正等时试井计算结果。显然，对于条带状致密强非均质储层，随着测试时间的延长，计算的无阻流量不断减小。

矿场应用中，对于低渗致密非均质储层的气井，一般要求测试回压 P_{wf}/P_R 不大于80%即可，计算误差不超过10%。

第三节　模拟法产能评价

矿场修正等时试井测试是低渗致密气藏首选的产能评价方法。但对致密气藏而言，由于储层条件复杂且非均质性强，气井长期处于不稳定渗流状态，产能是动态变化的，具有较强的时效性（Ayaz Mehman，2011，W.J.Lee，2010）。因此，尽管矿场修正等时试井精度相对较高，但对致密气藏实施时间长、成本高，加之苏里格气田面积大、气井产量低且井数多，若大面积开展修正等时试井测试不但影响气田正常生产，而且会导致开发成本显著增加。

为此，本书基于产能试井理论，在产量不稳定分析的基础上，通过求解储层相关参数，建立压裂气井数值模型，利用数值模拟技术，模拟矿场修正等时试井过程，利用模拟结果建立气井产能方程，得到压裂气井的绝对无阻流量，实现压裂气井产能评价。

该方法一般要求气井应具有一定生产时间，具体流程如下：

（1）通过气井生产动态分析，解释得到相关储层、裂缝参数，建立数值模型；

（2）依据数值模型设计压裂气井修正等时试井合理的测试时间序列及产量序列；

（3）模拟矿场修正等时试井过程得到对应的产量、压力数据；

（4）对获得的产量、压力数据进行分析，得到气井产能方程，求得气井绝对无阻流量，实现气井的产能评价。

一、合理测试序列设计

修正等时试井等时阶段的等时间隔和延续测试时间设计是否合理，对测试结果的可靠性具有决定性的影响。

1. 流量序列

修正等时试井是等时试井的近似，其近似程度取决于储层物性及测试所采用的产量序列。为了提高评价结果的精度，降低测试误差，一般在测试时要求产量必须采用递增序列，而且有较大的公比。

在苏里格气田实际应用中，对于可以稳定生产的气井，根据稳定生产产量和流压，采用式（6-38）计算获得该井的一点法无阻流量，再按照一点法无阻流量的10%、20%、40%和60%确定测试产量序列，延续流动阶段产量一般取气井所能达到的稳产产量，以便评价气井的稳产能力。表6-9是苏里格气田不同类型水平井产量序列设计表。

表 6-9 不同类型水平井产能试井产量序列设计表

类别	井名	等时阶段产量（10⁴m³/d）				延续阶段产量（10⁴m³/d）
		q_1	q_2	q_3	q_4	q
Ⅰ类井	SPX-19-09	3	5	8	12	6
	SPX-6-23	3	5	8	12	6
Ⅱ类井	SX-18-10H	3	5	8	12	6
	SPX-2-10	3	5	8	12	6
Ⅲ类井	SX-18-38H	2	4	6	8	3
	SPX-13-36H	1	2	3.5	5	2.5

2. 等时间隔

修正等时试井等时间隔主要受井筒储集效应持续时间的影响，在井筒储集效应阶段，二项式产能方程系数 B 随生产时间的延长呈不断增大的趋势，在井储效应消失后趋于恒定。因此，为了获得稳定的产能方程系数 B，就必须要求修正等时试井的等时间隔大于井储效应结束时间，否则计算的气井绝对无阻流量将会偏大。

根据生产动态分析结果建立不同类型气井数值模型，图 6-10 为三段压裂水平井位于控制区域为 700m×1800m 的长条形封闭区域。

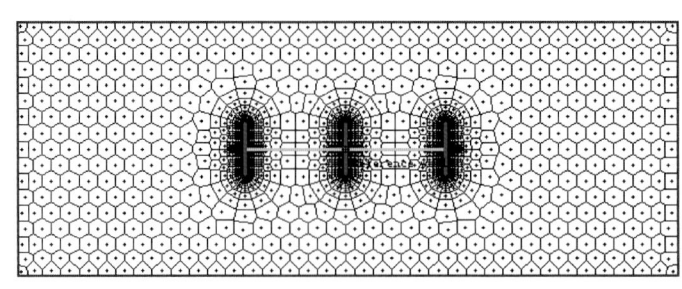

图 6-10 SPX-19-09 井数值模型示意图

依据产能方程系数 B 的变化规律，改变等时间隔，模拟不同等时间隔条件下的压力变化，通过解释分析最终得到产能方程系数 B 随测试时间变化曲线，如图 6-11 所示。可以看出，产能方程系数 B 值随测试时间的延长而增加，但增加的幅度逐渐减小，当等时间隔增加到一定值（48h）后，产能方程系数 B 趋于稳定，也就是说 SPX-19-09 井等时间隔设计为 48h，即可保证获得稳定的产能方程系数 B 和相对可靠的绝对无阻流量。

不同的等时间隔，对应的产能方程系数 B 不同，必然存在着不同的绝对无阻流量，二者之间关系如图 6-12 所示。随着等时间隔的增加，计算的无阻流量不断减小，当产能方程系数 B 值稳定时，计算的无阻流量也趋于稳定。

对于致密砂岩气藏而言，气井要获得稳定的产能方程系数 B，等时间隔需要较长时间。在矿场实际应用中，为了缩短测试时间，可将计算得到的无阻流量误差控制在 10% 以内，作为合理等时间隔确定的依据，这不但可以满足矿场需要，而且测试时间将大幅度缩短，有效降低测试成本，有利于矿场实施。因此，以绝对无阻流量误差10%为依据，得到Ⅰ类、Ⅱ类和Ⅲ类水平井平均的合理等时间隔分别为48h、72h和96h。

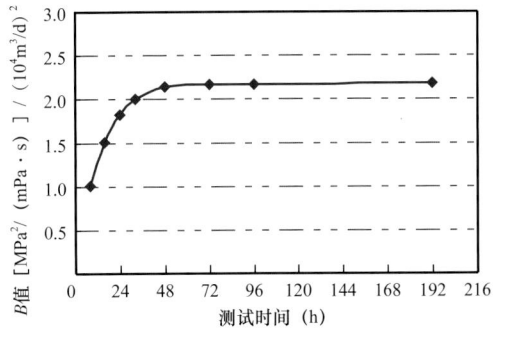

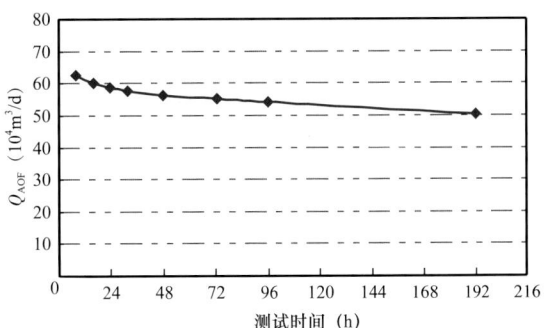

图 6-11 SPX-19-09 产能方程系数 B 值随等时间隔变化曲线

图 6-12 SPX-19-09 绝对无阻流量随等时间隔变化曲线

3. 延续测试时间

理论分析表明，延续生产时间对产能方程系数 A 有很大的影响，特别是对存在不渗透边界、储层非均质较强的气井影响更为明显。若延续生产时间过短，边界对气井动态的影响尚未产生，井底流动压力可能保持较小的下降速率，此时满足测试条件而关井必将造成确定的 A 值偏小。实际上，当边界或储层非均质性的影响产生后，A 值将急剧增大。因 A 与气井的绝对无阻流量成反比，故偏小的产能方程系数 A 必将使确定的绝对无阻流量偏大。因此，延续生产时间理论上要求必须持续到压力稳定，获得相对可靠的稳定产能方程，延续生产时间必须达到拟稳态时间。

根据Ⅰ类、Ⅱ类和Ⅲ类井的等时间隔确定结果，改变延续测试时间，得到不同延续测试时间条件下的二项式产能方程系数 A 及气井绝对无阻流量变化规律如图 6-13、图 6-14 所示。

由图 6-13 可以看出：随着延续测试时间的延长，产能方程系数 A 在不断增大，但后期增加幅度变缓；而计算的绝对无阻流量却在不断减小（图 6-14）。同理以绝对无阻流量误差小于 10% 为依据，得到Ⅰ类、Ⅱ类和Ⅲ类水平井平均的合理延续测试时间分别为30d、40d 和 50d。

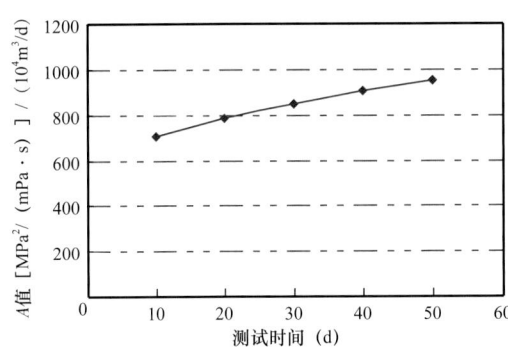

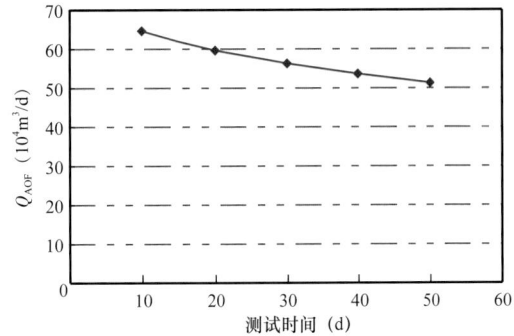

图 6-13 SPX-19-09 产能方程系数 A 随延续测试时间变化曲线

图 6-14 SPX-19-09 无阻流量随延续测试时间变化曲线

严格地讲，对于每口气井，因为其所在储层参数、压裂改造规模和裂缝参数的不同，都对应着不同的合理等时间隔和延续测试时间。因此，每口井的修正等时试井设计均要依据各井确定的储层参数、裂缝参数进行合理等时间隔和延续测试时间的确定，以保证获得结果的可靠性。上述不同类型水平井的平均值可用于指导缺少实际生产参数的水平井产能试井设计。

二、修正等时试井模拟

采用上述方法便可实现致密非均质性储层压裂气井的产能评价，下面以 SPX-7-10 井为例，说明利用数值模拟技术模拟矿场修正等时试井过程，求取气井产能方程，并以实际的修正等时试井结果为依据，验证该方法的可靠性。

1. SPX-7-10 井矿场修正等时试井

SPX-7-10 井 2012 年 6 月 27 日 8：00 至 2012 年 7 月 4 日 8：00 进行了四个等时阶段测试，2012 年 7 月 5 日 8：00 开始进行延续测试，持续到 2012 年 8 月 9 日下午 16：00 结束，为期 35d。其产量和压力变化如图 6-15 所示。

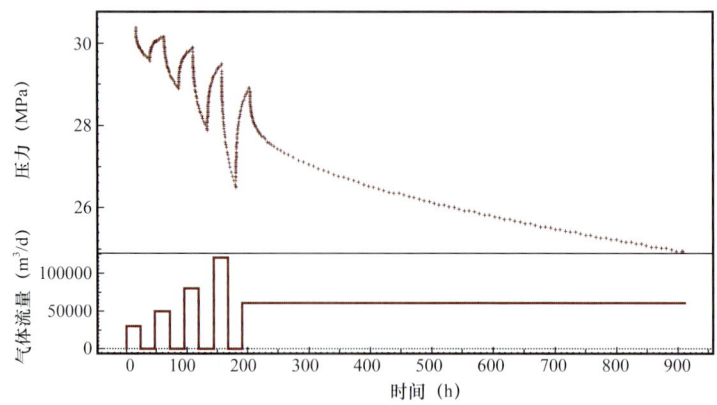

图 6-15 SPX-7-10 井修正等时试井压力产量变化曲线

依据获得的压力资料，得到该井的产能曲线如图 6-16 所示，建立的二项式产能方程为：

$$\psi_R - \psi_{wf} = 2564.83q + 0.6251q^2$$

计算得到该井的绝对无阻流量为 $20.43 \times 10^4 \text{m}^3/\text{d}$。

2. SPX-7-10 井模拟修正等时试井

根据 SPX-7-10 井储层静态信息，应用产量不稳定分析方法拟合生产动态，确定井筒、压裂裂缝及储层参数（表 6-10）。以此为依据建立数值模型，设计修正等时试井产量序列及计算得到的压力变化规律，如图 6-17 所示。

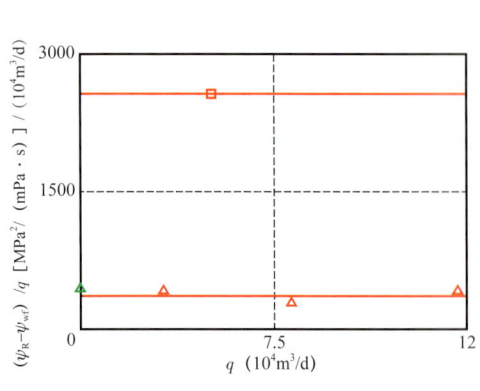

图 6-16 SPX-7-10 井二项式产能曲线

表6-10 SPX-7-10井解释相关参数表

水平段长度	600m
水平段到气层底面的距离 Z_w	3.5m
裂缝半长 X_f	70m
裂缝导流能力 F_c	15mD·m
拟合地层压力值 P_i	30.61MPa
地层系数 Kh	1.08mD·m
渗透率 K	0.11mD
垂向渗透率与径向渗透率的比值 K_z/K_r	0.104
动储量	$0.62 \times 10^8 m^3$
控制面积	0.7km²

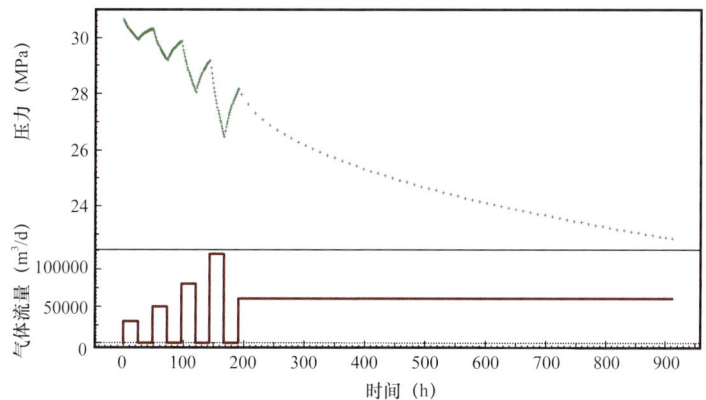

图6-17 SPX-7-10井模拟产能试井压力产量变化曲线

利用模拟得到的产量、压力资料，得到该井产能曲线如图6-18所示。
建立的气井二项式产能方程为：

$$\psi_R - \psi_{wf} = 2721.66q + 0.5512q^2 \tag{6-56}$$

计算绝对无阻流量为 $19.19 \times 10^4 m^3/d$。

对比该井矿场实际修正等时产能试井确定的绝对无阻流量（$20.43 \times 10^4 m^3/d$）和模拟修正等时试井过程确定的绝对无阻流量（$19.19 \times 10^4 m^3/d$），二者的相对误差仅6%。

应用上述方法，模拟了21口水平井矿场修正等时试井过程，获得的气井绝对无阻流量见表6-11，与实际修正等时试井确定的气井绝对无阻流量平均相对误差为5.3%，完全可以满足工程精度。

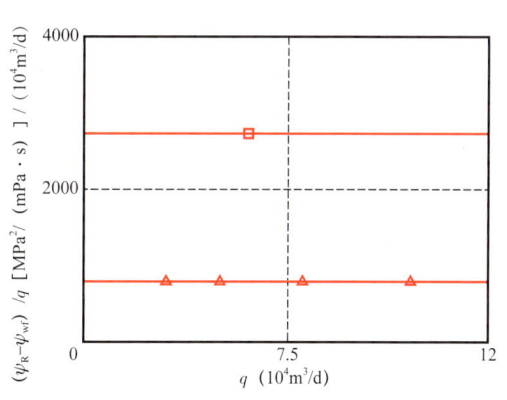

图6-18 SPX-7-10井模拟修正等时试井二项式产能曲线

表 6-11 模拟产能试井与实际产能试井结果对比

序号	井号	试采无阻流量（$10^4m^3/d$）	模拟无阻流量（$10^4m^3/d$）	相对误差（%）
1	SD55-29H2	4.88	4.71	3.43
2	SX-2-34H	5.23	5.56	6.31
3	SX-12-61H1	5.88	6.11	3.95
4	SD59-34H1	12.50	12.14	2.89
5	SX-8-10H	16.60	15.85	4.54
6	SX-17-52H1	19.36	18.84	2.69
7	SD33-60H	19.94	19.27	3.37
8	SPX-2-10	20.33	19.33	4.91
9	SX-15-12H2	21.30	22.15	3.98
10	SX-20-7H1	15.57	16.64	6.87
11	SX-6-21H1	22.91	20.90	8.74
12	SX-22-7H1	26.00	27.80	6.92
13	SX-19-65H2	31.94	30.22	5.40
14	SPX-7-10	20.43	19.19	6.08
15	SX-7-3H	39.36	36.91	6.23
16	SX-7-41H1	22.15	20.95	5.42
17	SX-9-23H2	9.90	9.15	7.54
18	SPX-19-09	60.24	54.87	8.91
19	SX-17-64H	57.27	54.55	4.75
20	SX-21-12H	50.10	52.55	4.89
21	SX-31-110H2	41.00	39.54	3.56
平均				5.30

第四节 基于动态参数图版的矿场快速产能评价

苏里格气田气井经压裂改造后采用一点法测试求产，一方面经放喷排液，关井压力恢复速率慢、恢复时间长，需放空大量的天然气；另一方面，由于单井控制面积比常规气田单井小很多，产能随着生产的进行快速递减。另外苏里格气田采用低成本、小井距开发，规模建产井数多,每口井进行常规试气耗时费力且成本高。为此,本书简要介绍基于动态参数图版的简易产能评价方法,在满足矿场测试精度的前提下,缩短了测试时间,显著降低产能测试成本,提高新井投产效率。

一、简易试气流程

在气井压裂之后的放喷排液过程中,即使入井总液量的返排率达到90%以上,气体中仍含有少量雾化水,使用智能旋进漩涡流量计进行井口简易快速求产。测试时只需在原来的放喷管线上增加一条测试管线,把智能旋进漩涡流量计连接在孔板(或挡板)之前,其目的一方面可在管线中形成回压,保持智能旋进漩涡流量计前后压力均衡,另一方面根据孔板参数计算气体的流量以进一步验证智能旋进漩涡流量计的测试结果。

新井射孔、压裂后简化试气的具体步骤如下:

(1)通过放喷管线进行放空排液,一般要间歇排液4~7d;

(2)当入井液返排率达到90%以上,只有少量的雾化水随气体喷出时,通过井口节流针阀,控制井口压力在4~8MPa之间且保持相对稳定;

(3)把地面流程导入测试管线,让气流通过智能旋进漩涡流量计,进行测试。

二、简易试气图版绘制

图版的绘制思路主要是根据资料归类原则和归类结果,采用统计法绘制压后排液关放曲线,进而预测气井产能。

1.分类整理分析气井排液资料

表6-12统计发现苏里格气田气井在一定压裂规模下,加砂量、入地液量等压裂施工参数与气井产能之间关系并不十分明显。按分类整理气井的原始地层压力、排液时间、火焰长度等资料,见表6-13。

表6-12 压裂规模与无阻流量关系表

井号	加砂量(m^3)	总入地液量(m^3)	试气无阻流量(10^4m^3)
SAG-18	53	334.3	2.2535
SZ-15	39	249	3.5364
SZ-17	67	417.4	6.6863
SAE-13	50	298.8	7.1767
SAH-15	34	230	7.9
SW-16	50	358.5	15.1815
SAA-16	80	498	11.3808

表 6-13 SC 井区气井排液资料统计表

井类	井号	排液时间（h）	返排率（%）	火焰（m）	地层压力（MPa）
Ⅲ	SAG–18	656	70.4	黄红 8–12	29.59
Ⅲ	SZ–15	338	79.1	黄红 3–7	29.42
Ⅲ	SZ–17	518	77.1	黄红 6–7	29.8
Ⅱ	SAE–13	384.8	71.6	黄红 6–8	28.79
Ⅱ	SAH–15	294.5	70	黄红 7–8	29.95
Ⅰ	SW–16	316.5	79	黄红 10–15	28.24
Ⅰ	SAA–16	237.5	78.5	黄红 10–15	29.73

2.绘制单井压裂后排液关放曲线

由表 6-13 统计可以看出，SC 井区单井排液时间在 230~650h 之间，为了方便制图，排液关放曲线统一绘制在横坐标为 500h 的坐标纸上，如图 6-19、图 6-20 所示。若井口套压资料缺失，可选择测试井口油压与地层压力的比值。

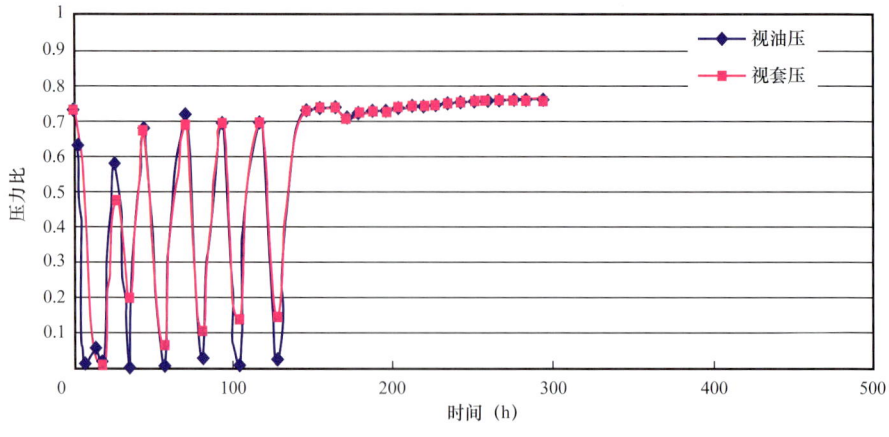

图 6-19 SAH-15 排液曲线

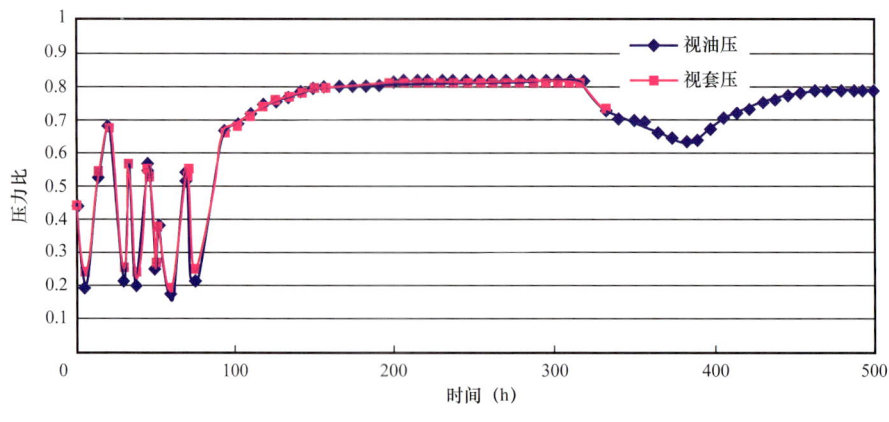

图 6-20 SW-16 排液曲线

3. 绘制气井压后排液关放曲线图版

首先选取排液过程最后一段压力恢复数据（以测试前的关井恢复压力起点为原点），绘制图版草图以方便不同曲线对比，据此草图对实测井进行拟合，得到一系列光滑曲线；其次，根据拟合结果，插值绘出不同无阻流量下的压裂后最后关井压力恢复曲线，结合排液过程前期实测井口油压与地层压力比值，插值得到每条曲线对应的前期油压与地层压力比值。

按照气井综合分类结果，把图版分为无阻流量为 $2\times10^4\sim3\times10^4\mathrm{m}^3/\mathrm{d}$、$4\times10^4\sim7\times10^4\mathrm{m}^3/\mathrm{d}$ 和 $8\times10^4\sim11\times10^4\mathrm{m}^3/\mathrm{d}$ 的三个区域，如图 6-21 所示。

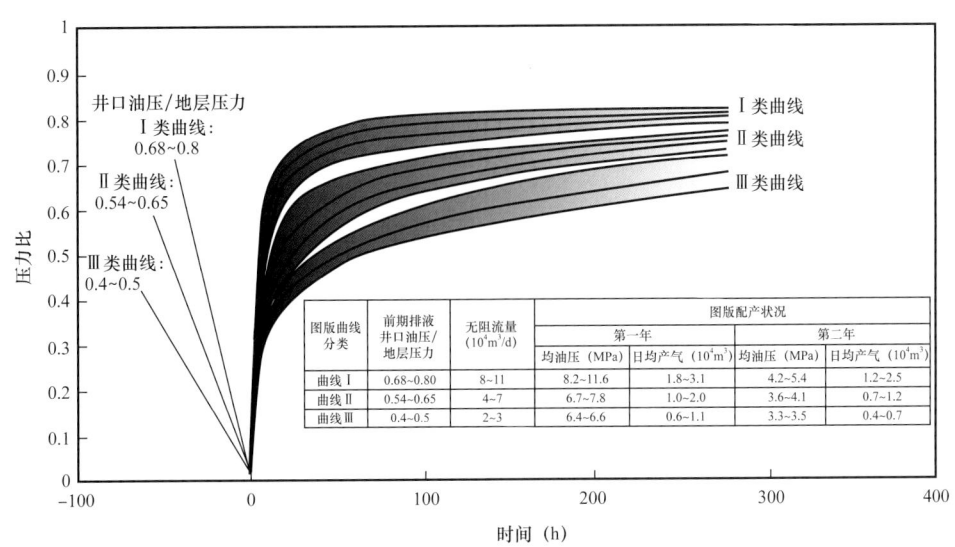

图 6-21 气井产能与压后排液关放曲线关系图

4. 按划分类型绘制图版曲线的细分图

总体上苏里格气田气井压裂措施后排液时间和排液最后压力恢复时间相比 SC 区块大大缩短。因此，需要把上述时间坐标为 500h 的图版重新绘制。

统计 SA 区块排液资料，见表 6-14，考虑到其排液时间短，把分类图版的时间坐标定为 100h。确定出时间坐标为 100h 的三类图版曲线细分图，如图 6-22 至图 6-24 所示。

表 6-14 SA 井区气井排液资料统计表

井号	排液时间（h）	返排率（%）	火焰（m）	地层压力（MPa）	井号	排液时间（h）	返排率（%）	火焰（m）	地层压力（MPa）
SAB-8	134.5	89	8～12	32.16	SA-15-36	114	87	8～10	32.10
SAC-8	64.17	89.5	6～7	32.03	SA-19-37	180	91	6～9	31.80
SA-18-38	112.5	86	10～12	32.63	SA-12-32	140.5	89	7～8	32.14
SA-15-43	136.68	87	3～4	32.05	SA-13-32	162	62	4～5	31.78
SA-12-34	216	86	7～8	32.17	SA-17-41	63	86	8～9	31.80
SA-17-37	74	79	7～8	32.26	SA-18-41	111	88	3～4	30.97
SA-13-41	175		8～9	31.33	SA-19-44	181	90	6～8	32.27

续表

井号	排液时间（h）	返排率（%）	火焰（m）	地层压力（MPa）	井号	排液时间（h）	返排率（%）	火焰（m）	地层压力（MPa）
SA-14-36	152	89	5～8		SA-12-41	92	92	8～10	31.71
SA-18-33	152	92	3～4	31.93	SA-13-38	135	88	8～9	31.75
SA-16-40	184	78	6～8	32.21	SAI-8	126	85	4～8	32.78
SA-14-40	64.58	80	7～8	31.91	SA-20-36	111	76	9～10	
SA-16-30	114	81.3	5～6		SA-15-41	86	82	7～8	32.00
SA-16-41	88	79	6～7	31.07	SA-11-37	76		6～8	

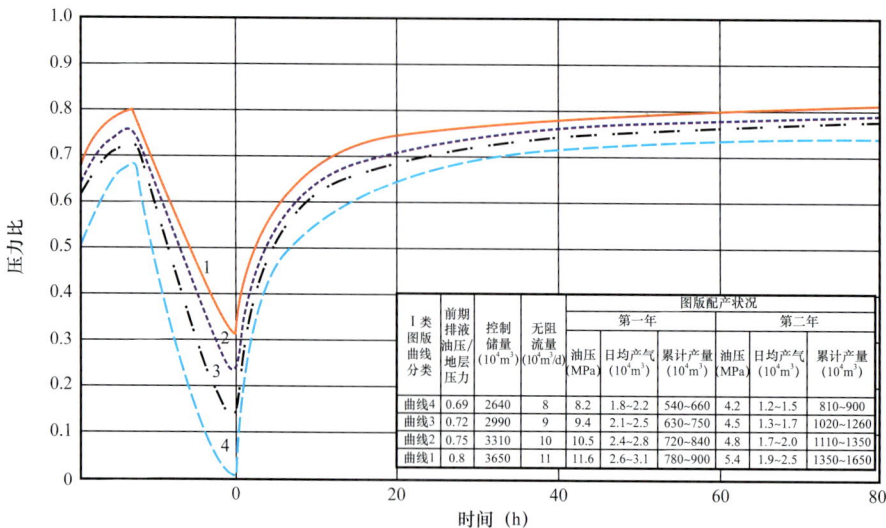

图 6-22 （8～11）×10⁴m³ 曲线图版细分图（Ⅰ类）

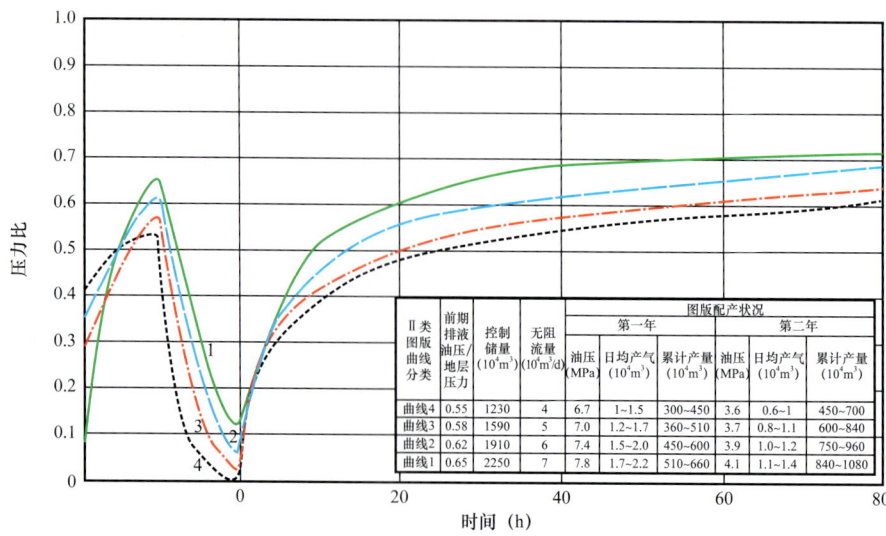

图 6-23 （4～7）×10⁴m³ 曲线图版细分图（Ⅱ类）

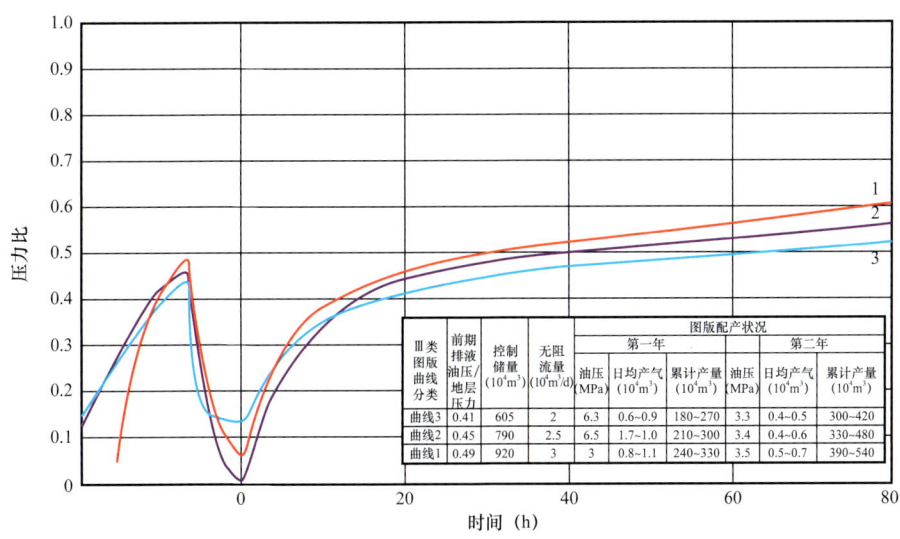

图 6-24 （2～3）×10⁴m³ 曲线图版细分图（Ⅲ类）

需要说明的是绘制该图版的原始资料来源于 SC 井区，其储层特征、压裂改造规模和气井生产特征可以代表苏里格气田的实际情况，气井生产层位为盒 8 段和山 1 段，气井压裂过程中加砂量都在 30～80m³ 之间，入地液量在 300～600m³ 之间。另外，绘制的时间坐标为 500h 的压后排液关放曲线图版，适合于最后关井压力恢复时间大于 100h 的气井；若最后关井测压力恢复时间小于 100h，则绘制时间坐标为 100h 的压后排液关放图版即可。

三、简易试气图版应用

1.SA-18-38 井

该井是一口盒 8 段与山 1 段合层生产的气井，于 2006 年 11 月 30 日开井生产至 2007 年 3 月，累计生产天然气 262×10⁴m³，配产范围在 1.50×10⁴～2.98×10⁴m³/d 之间，日均产气 2.4×10⁴m³，井口套压下降速率为 0.00667MPa/d，生产动态如图 6-25 所示。

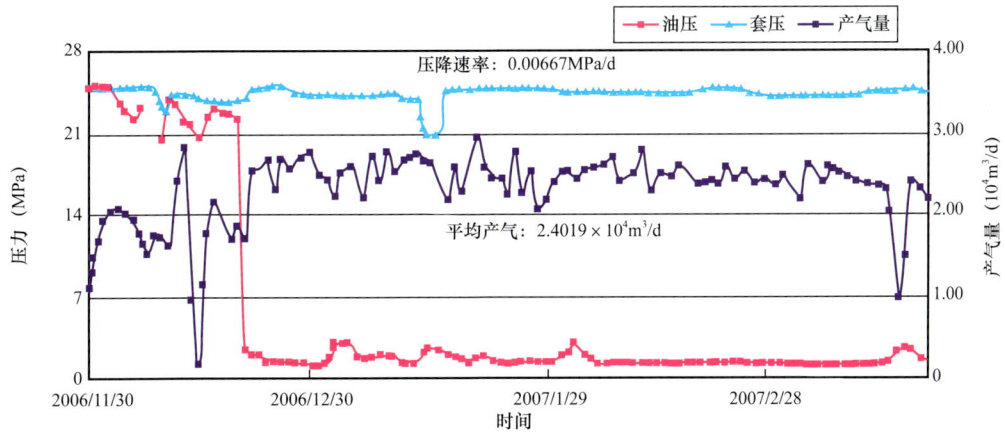

图 6-25 SA-18-38 井生产动态曲线

经过图版拟合，该井排液关放曲线在（8~11）×10⁴m³ 的 I 类图版曲线之上。图版预测该井控制储量可能大于 3650×10⁴m³，无阻流量大于 11×10⁴m³/d，第一年配产 3×10⁴m³/d，当年累计产量 900×10⁴m³ 左右。目前，该井配产只有 2.40×10⁴m³/d，井口套压下降速率仅为 0.00667MPa/d，说明图版预测结果较为合理，同时该井配产有提高的空间。

2.SAB-8 井

SAB-8 井是盒 8 段与山 1 段合层生产的气井。该井从 2006 年 11 月 5 日开井生产至 2007 年 3 月，累计生产天然气 170×10⁴m³，配产范围在（1.15~1.83）×10⁴m³/d 之间，日均产气 1.41×10⁴m³，套压下降速率 0.016MPa/d，生产动态如图 6-26 所示。

经过图版拟合，该井排液关放曲线与（4~7）×10⁴m³ 图版拟合较好，其拟合线介于曲线 2 与曲线 3 之间。图版预测该井控制地质储量在 1700×10⁴m³ 左右，无阻流量介于（5~6）×10⁴m³/d 之间，预计第一年配产（1.4~1.8）×10⁴m³/d，当年累计产气量（330~540）×10⁴m³，第二年配产（0.9~1.1）×10⁴m³/d，当年累计产气量（300~380）×10⁴m³，前两年累计产量合计介于（630~900）×10⁴m³ 之间。

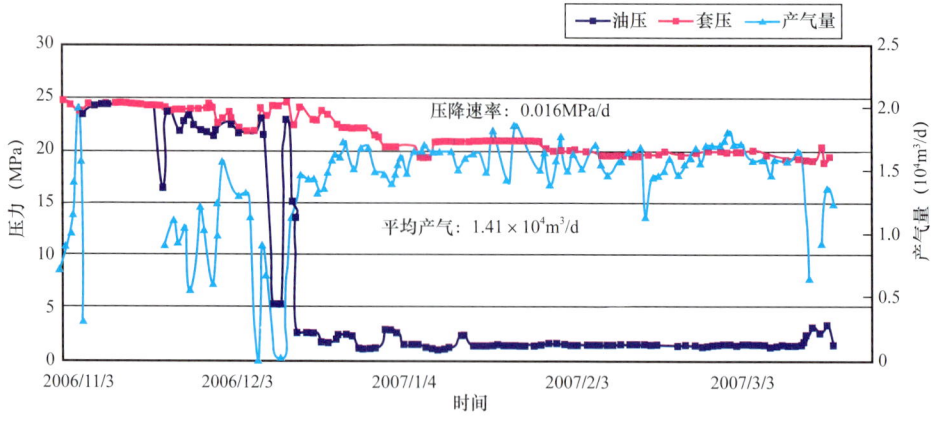

图 6-26 SAB-8 井生产动态曲线

SA-18-38 井、SAB-8 井图版预测的产能情况和生产动态基本吻合，说明该井配产合理，预测结果可以指导气井生产。实践证实，建立的气井压后排液关放产能预测图版，可以满足气井初期产能预测，为苏里格气田新井的快速投产奠定了理论基础。

第七章 产量递减分析

Arps 产量递减分析是一种传统的但应用比较广泛的递减分析方法,其优点在于不需要了解油气井及储层参数,仅依据实际生产数据的变化规律,简单易用,是苏里格气田动态分析中应用比较普遍的递减分析方法之一。但 Arps 递减曲线在生产早期的不稳定流阶段,以及瞬变(或无界)流动状态下并不可用,只适用于定井底流压生产条件,其分析预测的最终可采储量必须假定生产条件在未来保持不变,即无法将产量预测和生产条件分离开。

由于苏里格气田储层致密,气井产量低,大型压裂改造及特殊的井下节流生产方式,气井产量早期递减快,Arps 产量递减分析方法的应用经历了不断完善的过程,本章主要介绍 Arps 产量递减方法在苏里格致密砂岩气田的应用。

第一节 开发早期产量递减分析

苏里格气田开发早期由于气井生产时间短,动态资料少,产量递减规律研究主要是针对气井实际生产数据的整体分析、拟合 Arps 不同递减方法的特征曲线以判断气井的递减类型,得到气井产量递减的一般规律,进而进行产量预测与分析。

一、递减类型判断

1. 经典 Arps 递减类型

经典的 Arps 产量递减分析方法主要包含双曲递减、指数递减、调和递减和衰竭递减(双曲递减的一种特例),表 7–1 是 Arps 四种典型的产量递减预测模型。

表 7–1 Arps 递减模型汇总表

递减类型	递减指数	递减率	基本关系式	
			q—t	N_p—t
指数递减	$n=0$	$D=D_i=\text{const}$	$q=q_i e^{-D_i t}$	$N_p=\dfrac{q_i}{D_i}(1-e^{-D_i t})$
调和递减	$n=1$	$D=D_i(1+D_i t)^{-1}$	$q=q_i(1+D_i t)^{-1}$	$N_p=\dfrac{q_i}{D_i}\ln(1+D_i t)$
双曲递减	$0<n<1$	$D=D_i(1+nD_i t)^{-1}$	$q=q_i(1+nD_i t)^{-1/n}$	$N_p=\dfrac{q_i}{(1-n)D_i}\left[1-(1+nD_i t)^{n-1/n}\right]$
衰竭递减	$n=0.5$	$D=D_i(1+0.5D_i t)^{-1}$	$q=q_i(1+0.5D_i t)^{-2}$	$N_p=\dfrac{2q_i}{D_i}\left[1-(1+0.5D_i t)^{-1}\right]$

从表 7-1 可以看出，决定不同递减类型的主要参数是递减指数 n。

图 7-1 是 Arps 不同递减模型产量随时间的变化曲线。产量递减速度主要取决于递减指数 n 和初始递减率 D_i 的大小，在初始递减率和初始产量相同时，指数递减的递减速度最快，调和递减的递减速度最慢，双曲递减介于二者之间，即递减指数 n 的数值越大，产量递减越慢，n 的数值越小，产量递减就越快。而在递减类型一定时，初始递减率越大，产量递减越快。

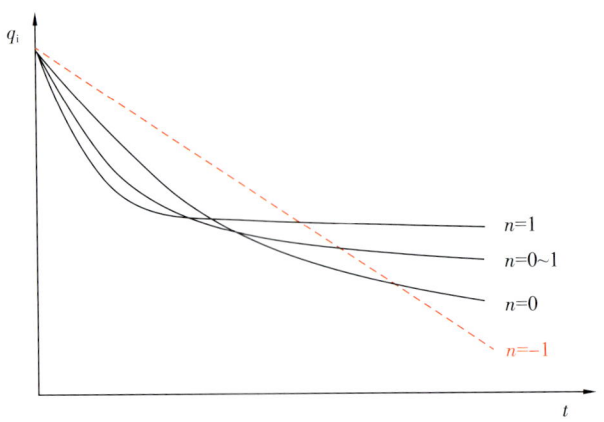

图 7-1　Arps 三种递减规律特征曲线

2. 苏里格气田早期递减类型

早期对苏里格气田递减类型判断的主要思路是应用实际生产数据拟合不同递减类型的特征曲线，根据拟合效果判断递减类型，进而进行产量预测与分析。

图 7-2 和图 7-3 是指数递减类型拟合效果，无论是单井还是不同类型井累计采气量 G_p 与产量 Q_g 关系曲线均未呈现直线关系，说明苏里格气井产量递减不满足指数递减规律。

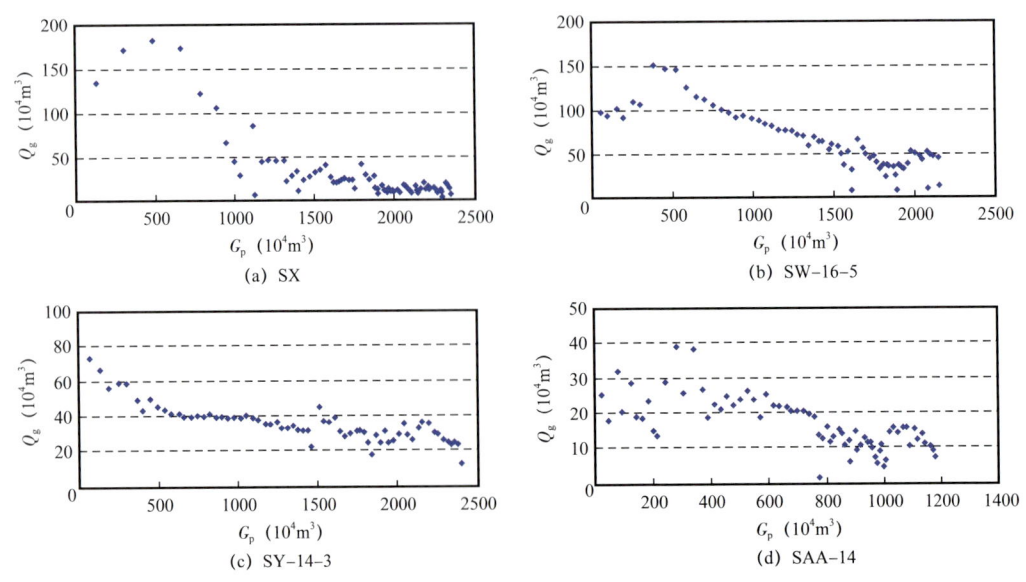

图 7-2　苏里格气田典型井累计产气量 G_p 与产量 Q_g 关系曲线

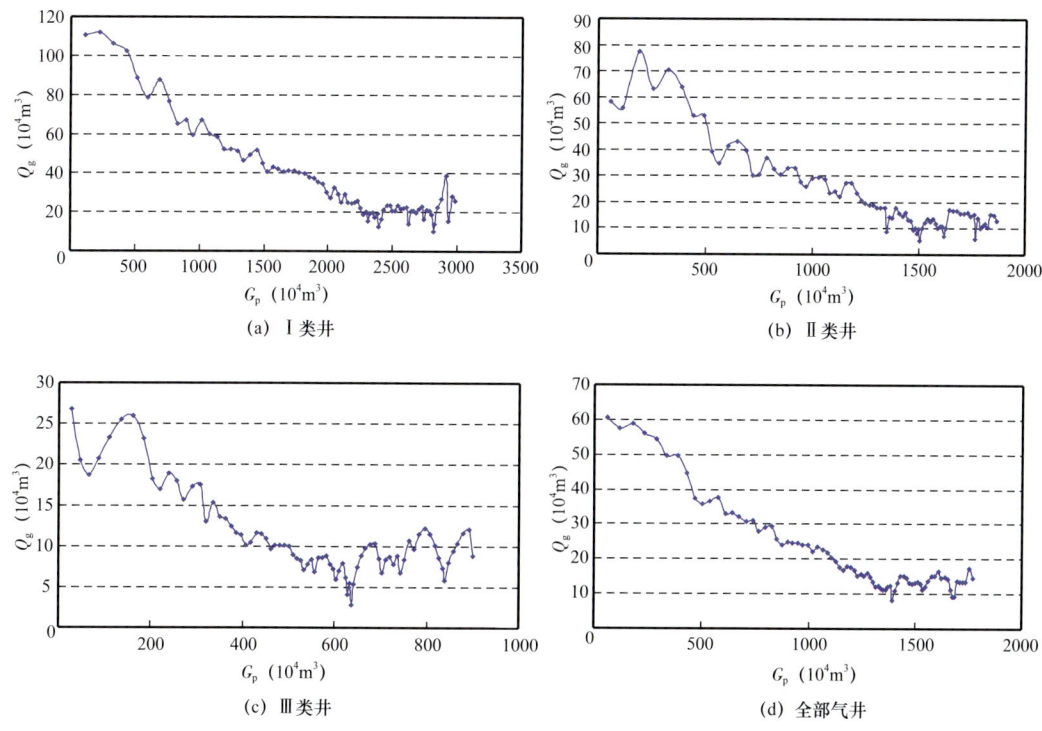

图 7-3 苏里格气田不同类型井累计产气量 G_p 与产量 Q_g 关系曲线

从调和递减类型拟合结果可知（图 7-4，图 7-5），无论是典型井还是不同类型井累计产气量 G_p 与产量的对数 $\lg Q$ 关系曲线未呈现直线关系，说明苏里格气井产量递减不满足调和递减规律。

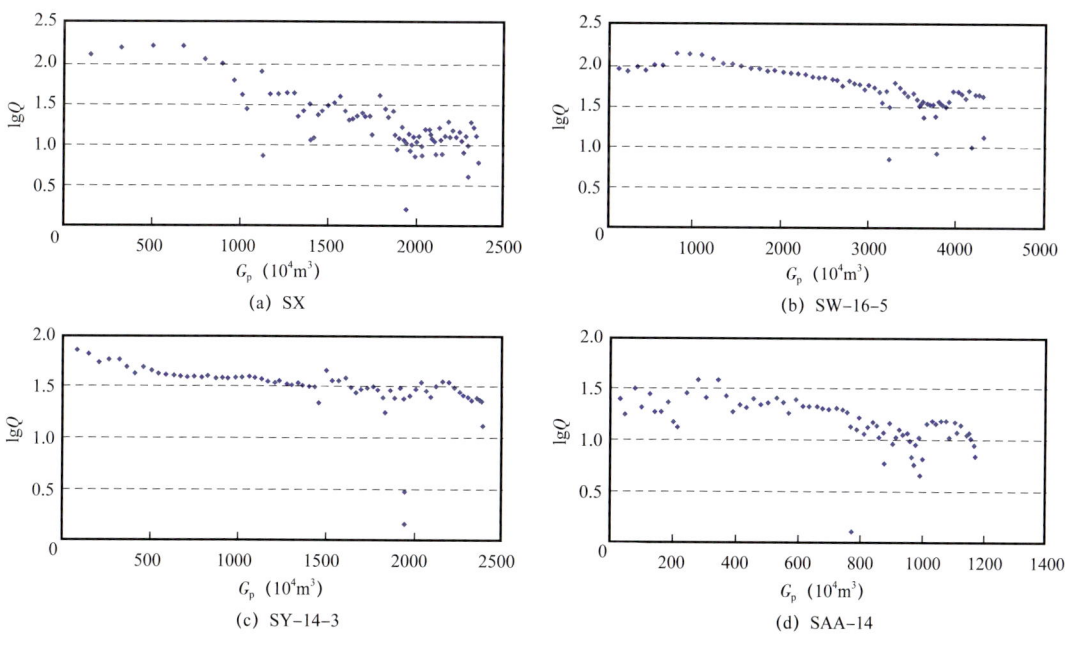

图 7-4 苏里格典型井累计产气量 G_p 与 $\lg Q$ 关系曲线

- 187 -

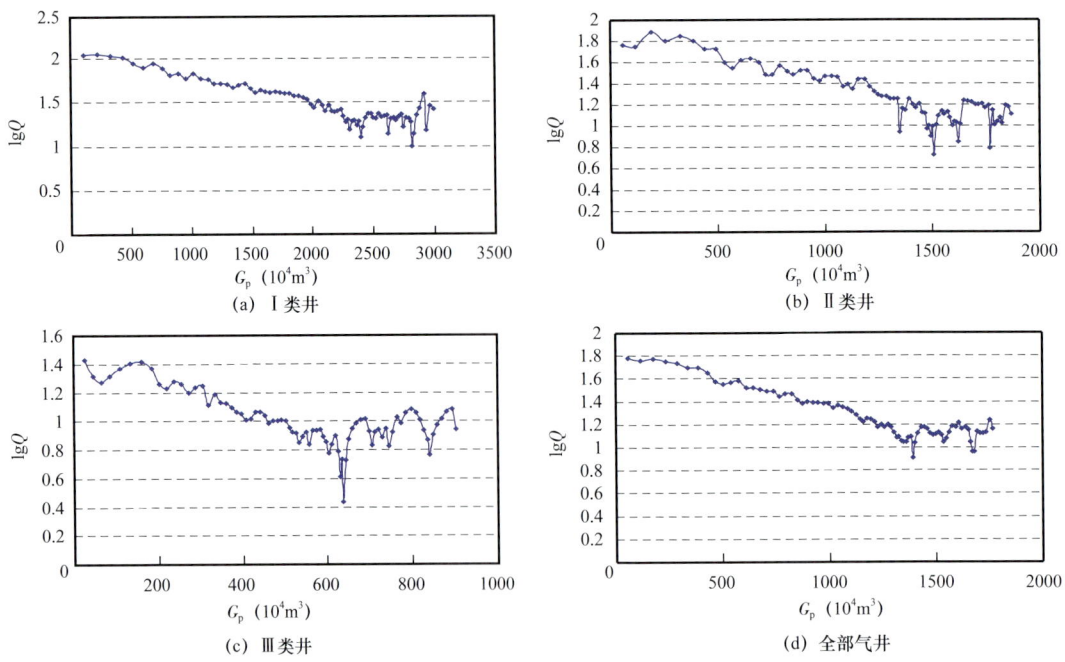

图 7-5　苏里格不同类型井累计产气量 G_p 与 $\lg Q$ 关系曲线

从典型井（图 7-6）和不同类型井（图 7-7）$\lg(t+C)$ 与 $\lg Q_g$ 关系曲线看，通过 C 值的变化，关系曲线呈现直线关系，说明苏里格气井产量递减满足双曲递减规律，递减指数 n 介于 $0\sim 1$ 之间。

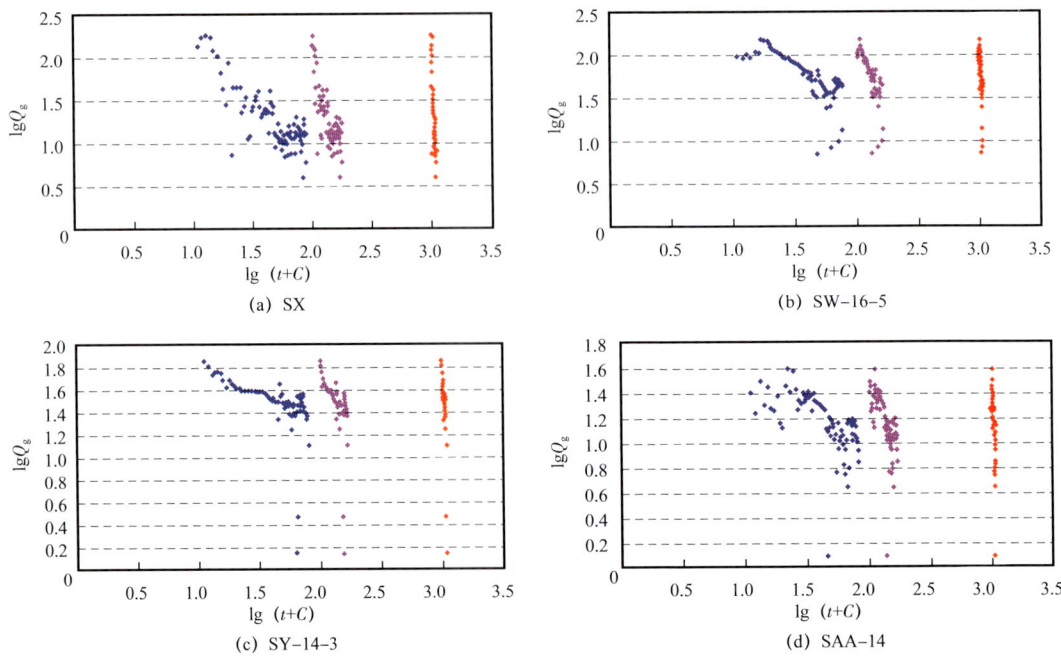

图 7-6　苏里格气田典型井 $\lg(t+C)$ 与 $\lg Q_g$ 关系曲线

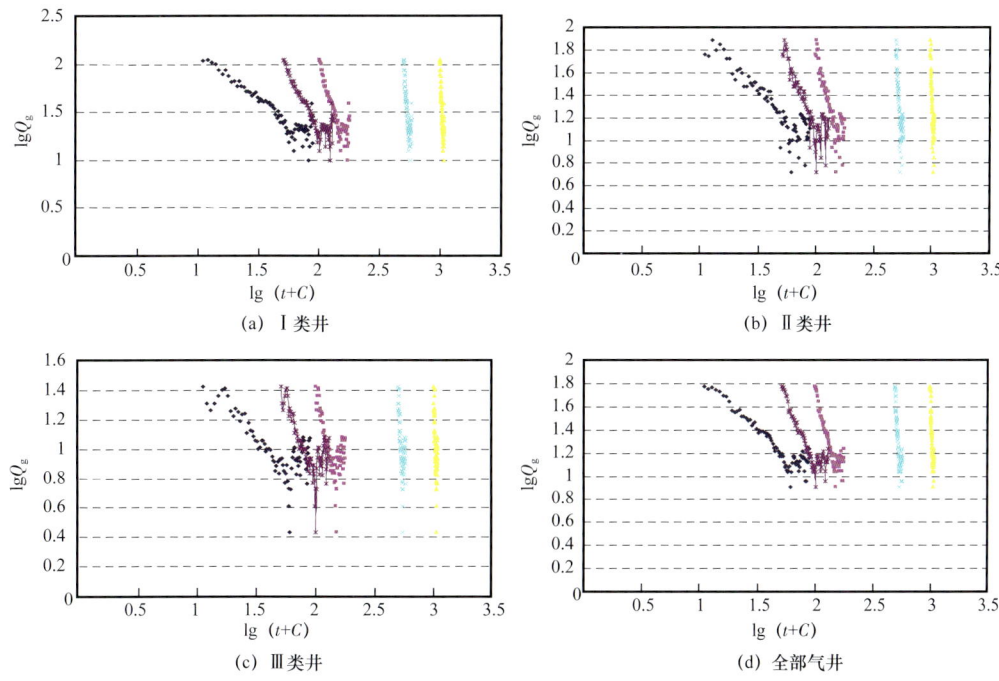

图 7-7 苏里格气田不同类型井 lg($t+C$) 与 lgQ_g 关系曲线

若取 $n=0.5$ 时为衰竭式递减（双曲递减的一种特殊形式），其 $1/t$ 与 $1/G_p$ 呈直线关系：

$$\frac{1}{G_p} = A + B\frac{1}{t} \qquad (7-1)$$

典型井（图 7-8）和不同类型井（图 7-9）$1/t$ 与 $1/G_p$ 关系曲线呈现一条直线，说明苏里格气井产量递减符合衰竭式递减规律。

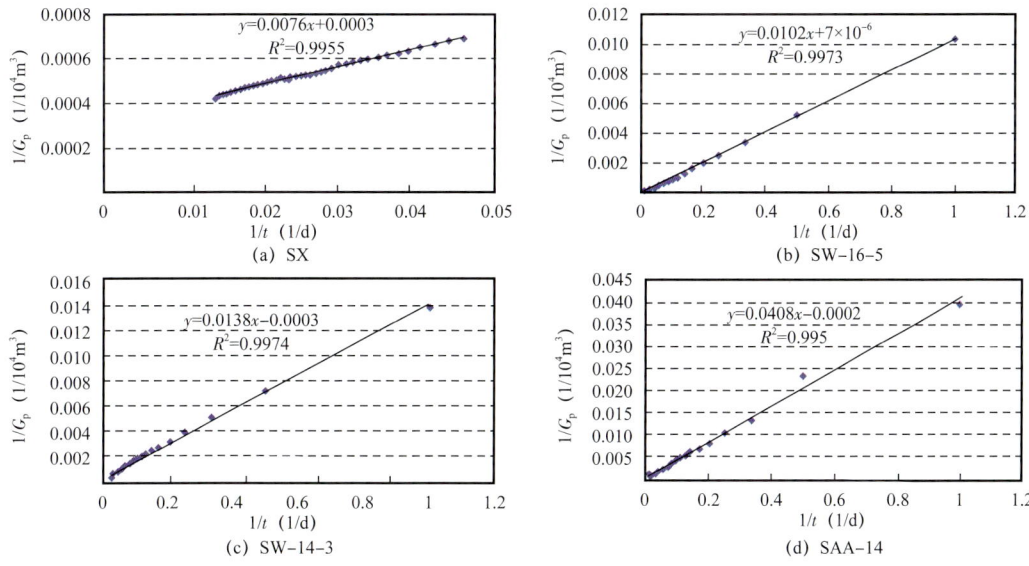

图 7-8 苏里格气田典型井 $1/t$ 与 $1/G_p$ 关系曲线

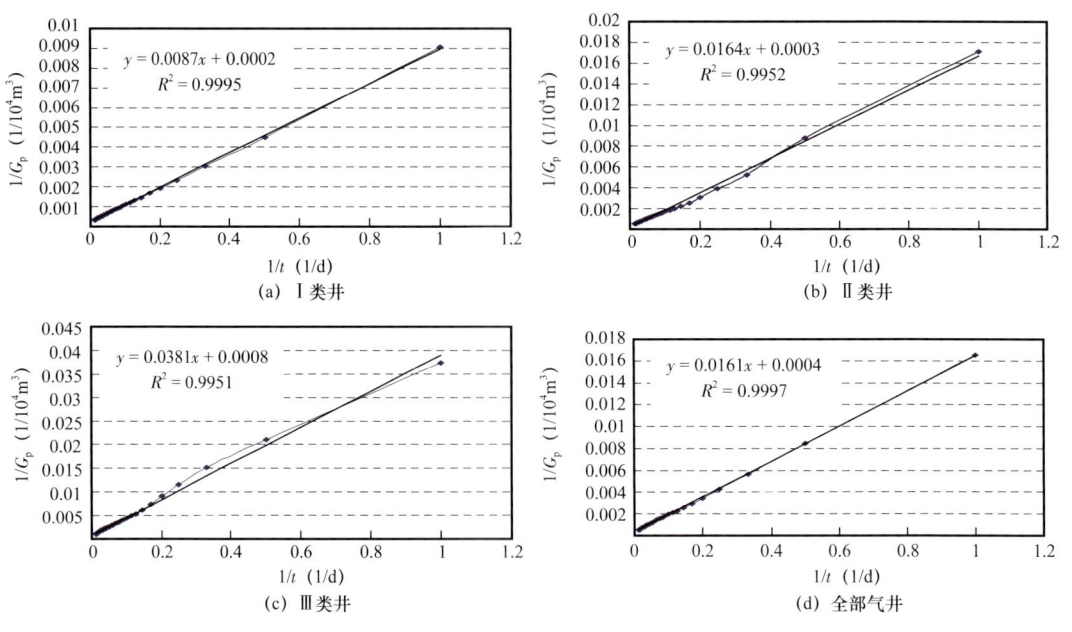

图 7-9　苏里格气田不同类型井 $1/t$ 与 $1/G_p$ 关系曲线

二、早期产量递减分析存在的问题

苏里格气田早期产量递减分析由于生产数据少，对历史数据整体采用衰竭式递减模型拟合判断气井的递减规律。但是，随着生产时间的延长，仍然采用衰竭式递减模型进行递减规律整体分析预测时，存在两个问题：一是前期生产历史难以拟合（图 7-10），甚至出现递减指数大于 1 的情况；二是生产时间较短的气井，在相同的时间用不同的递减模型、或者应用相同的递减模型不同的时间均可得到较好的拟合效果，但是指标预测结果却相去甚远（图 7-11）。其原因一方面是苏里格气田特殊的生产方式导致产量递减指数变化复杂；二是气井生产制度未满足 Arps 递减模型的适用条件。因此，必须把产量递减指数和气井的生产制度作为切入点，开展苏里格致密砂岩气藏气井的产量递减规律研究。

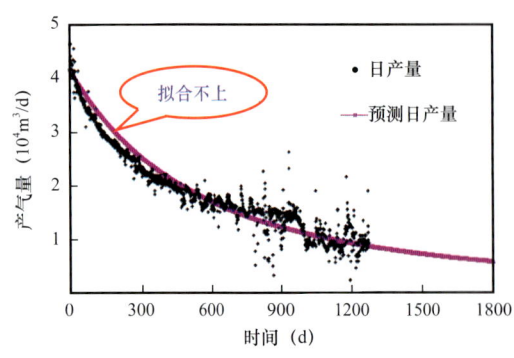

图 7-10　SY-14-2 井整体产量递减拟合曲线

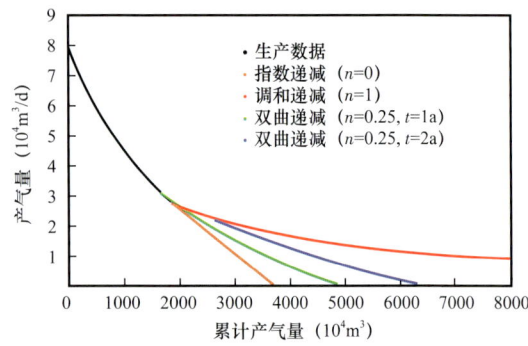

图 7-11　不同类型、不同阶段产量预测对比

第二节 递减指数变化规律

一、产量递减指数求取及敏感性分析

1. 产量递减指数推导

Arps 递减通式：

$$q = q_i \left(1 + nD_i t\right)^{\left(-\frac{1}{n}\right)} \tag{7-2}$$

两边对时间求导：

$$\frac{dq}{dt} = q_i \left(\frac{-1}{n}\right)(nD_i)\left(1 + nD_i t\right)^{\left(-\frac{1}{n}-1\right)} \tag{7-3}$$

整理可得：

$$\frac{dq}{dt} = -q_i D_i \left(1 + nD_i t\right)^{\left(-\frac{1}{n}-1\right)} \tag{7-4}$$

递减率定义：

$$D = -\frac{1}{q}\frac{dq}{dt} \tag{7-5}$$

联合式（7-4）、式（7-5）可得：

$$D = \frac{D_i}{\left(1 + nD_i t\right)} \tag{7-6}$$

整理可得：

$$\frac{1}{D} = \frac{1}{D_i} + nt \tag{7-7}$$

2. 影响因素分析

根据苏里格气田 I 类直井储层的平均物性参数（表 7-2），分别取不同渗透率、裂缝半长、裂缝导流能力和生产压差等（表 7-3），建立单井数值模型，获取不同单因素变化条件下的产量和累计产量数据，可取得致密气藏气井递减指数变化规律曲线图（图 7-12）。

从图 7-12 中可以看出，苏里格气田气井产量递减指数变化可分为四个阶段，分别为裂缝线性流阶段 A、线性流—拟径向流过渡段 B、拟径向流—边界控制流过渡段 C 和边界控制流阶段 D；总体变化趋势呈现开始急速上升，到达峰值后快速下降，之后基本趋于稳定。递减指数变化特征与渗流特征紧密相关，进入边界控制流 D 阶段，递减指数基本趋于稳定。

表 7-2　Ⅰ类直井储层特性参数表

参数	数值
地层温度	100℃
地层压力	30MPa
孔隙度	0.1
井筒半径	0.1m
井控范围	600m×800m
地层压缩系数	4.35×10^{-4} MPa^{-1}
气体压缩系数	2.27×10^{-2} MPa^{-1}
气体相对密度	0.65
储层厚度	10m

表 7-3　气井模型变化参数表

渗透率（mD）	裂缝半长（m）	裂缝导流能力（mD·m）	压降程度（%）
1	30	0.1	90%
0.5	60	10	50%
0.1	90	100	10%
0.05	150	—	—

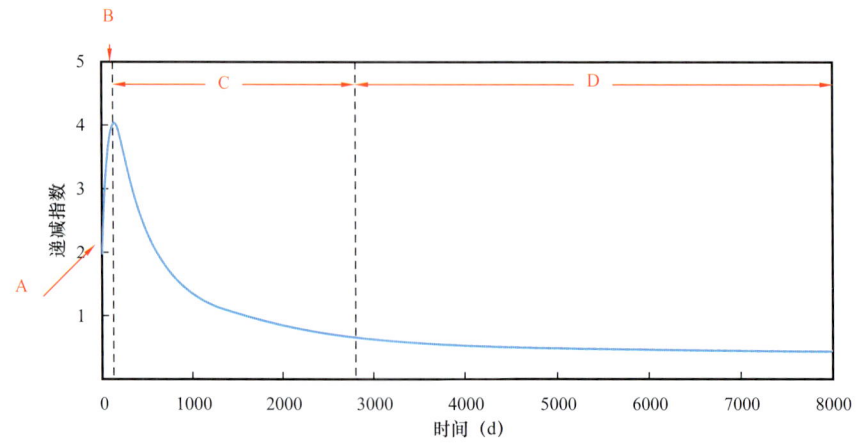

图 7-12　致密气藏气井（有限边界）不同阶段递减指数变化规律

但储层参数不同，产量递减指数大小不一。根据不同渗透率、裂缝半长、裂缝导流能力、生产压差下的递减指数变化特征，绘制递减指数变化曲线图版，进行参数敏感性分析，如图 7-13 至图 7-16 所示。

渗透率影响气井每个渗流阶段时间的长短，也直接影响了气井进入边界控制流的时间，渗透率越高，气井达到边界控制流时间越短；反之，渗透率越低，气井达到边界控制流时间越长。不同渗透率的气井进入边界控制流后递减指数也不一样，递减指数分布在 0~1 之间。

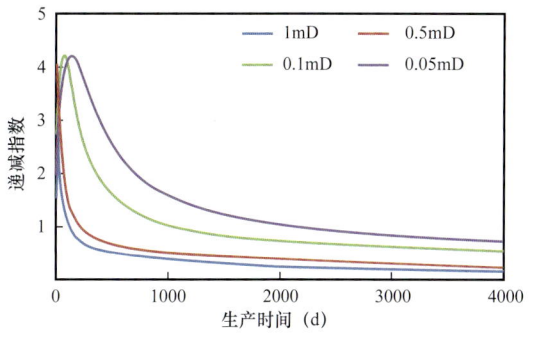

图 7-13　不同渗透率下递减指数变化曲线

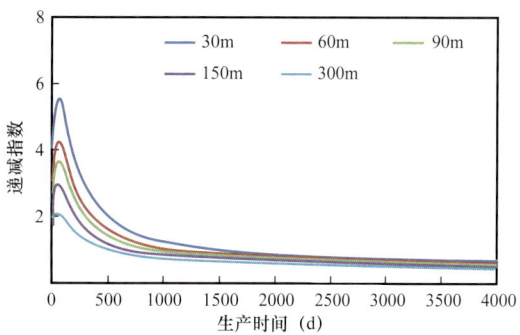

图 7-14　不同裂缝半长下递减指数变化曲线

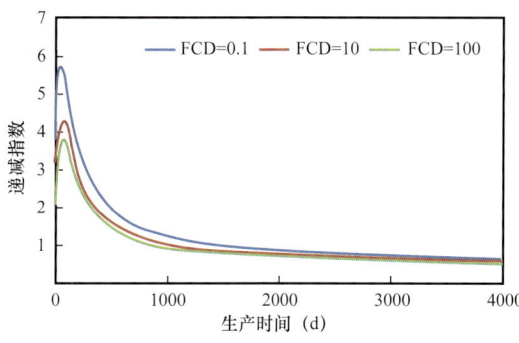

图 7-15　不同裂缝导流能力下递减指数变化曲线

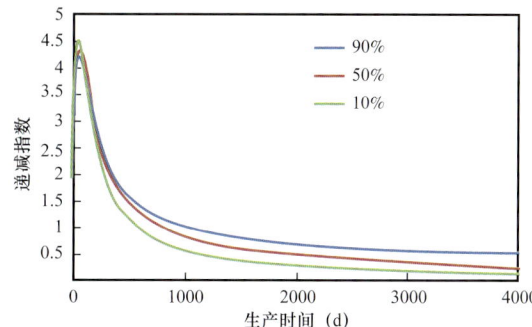

图 7-16　不同生产压差下递减指数变化曲线

裂缝半长和裂缝导流能力只影响了进入边界控制流之前的生产阶段递减指数大小。裂缝半长越长、裂缝导流能力越好，递减指数值越小；裂缝参数变化对后期进入边界控制流后产量递减指数变化基本没有影响。说明压裂缝只是改变了近井地带渗流条件，影响生产初期的产量大小及其变化情况。

在不同生产压差下，产量递减指数变化特征在进入边界控制流后也表现出了一定差异，进入边界流后递减指数分布在 0~1 之间。

综合分析认为，在气井进入边界控制流阶段后，对递减指数影响较大的因素是渗透率和生产压差。

二、变生产制度条件下递减指数变化规律

实际上，矿场生产中由于频繁开关井会导致产量数据上下起伏，稳定性变差，进而对气井产量递减规律产生较大影响，增加了递减规律分析的难度。为了降低工作制度频繁变化造成的影响，应用拟压力标准化产量递减分析方法，评价苏里格气田气井在变生产制度条件下的递减特征，进一步认识苏里格气田产量变化规律。

在 Arps 递减分析方法基础上，将产量用拟压力进行标准化，时间用物质平衡时间代替，定义为标准化递减指数与标准化递减率。即：

拟压力标准化产量 $\quad q_e = \dfrac{q(t)}{m(p_i)-m(p)}$ （7-8）

物质平衡时间 $\quad t_e = \dfrac{Q(t)}{q(t)}$ （7-9）

代入原 Arps 产量递减公式：$q = q_0(1+D_0 nt)^{-1/n}$。

通过拟压力标准化方法，即可分析致密砂岩气藏不同类型气井标准化产量减指数 n 的变化规律。

总体上，经过拟压力标准化后产量递减指数随物质平衡时间变化规律显示，变生产制度条件下致密砂岩气藏气井产量递减指数变化同样表现为四个阶段（图 7-17 至图 7-21）：（1）井筒储集 +（裂缝/地层）线性流阶段；（2）线性流—拟径向流过渡段；（3）拟径向流—边界控制流过渡段；（4）边界控制流动段。初始点 A 对应井筒储集 +（裂缝/地层）线性流阶段，一般值为 1 左右；B 段表示渗流由线性流过渡到拟径向流，此段明显特征为递减指数由初始值上升到最大值 2；C 段对应拟径向流—边界控制流过渡段，递减指数由 2 开始降低；D 段则对应边界控制流动段，递减指数基本分布在 0～1 之间，主要集中在 0.5 左右，多数气井属于双曲递减类型。

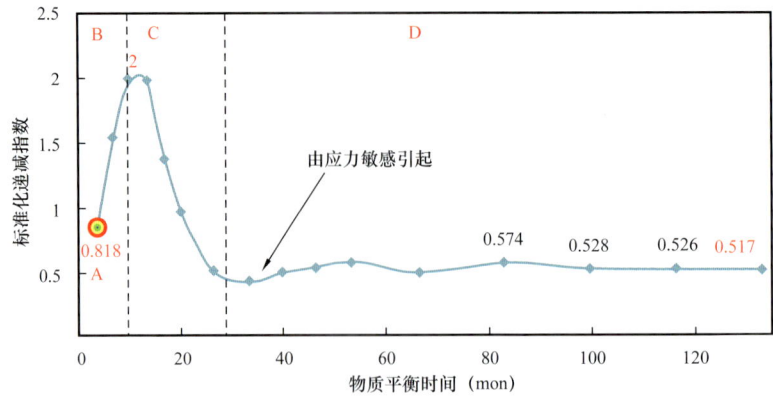

图 7-17　SC-3-10 井递减指数变化趋势

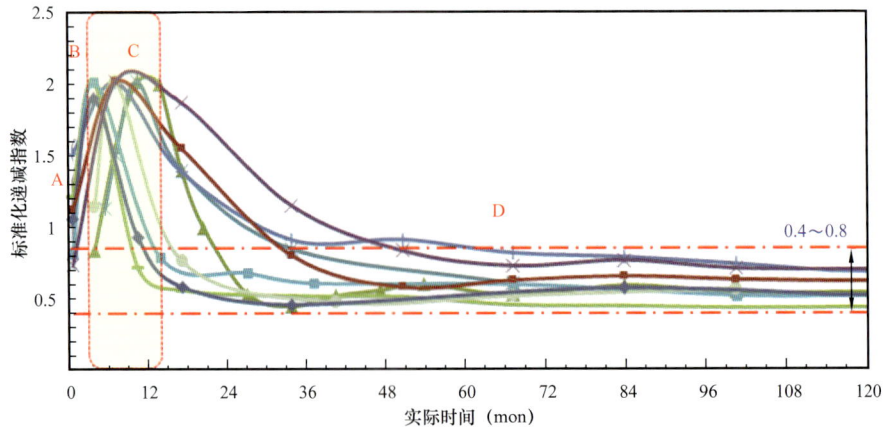

图 7-18　Ⅰ类直井递减指数变化趋势

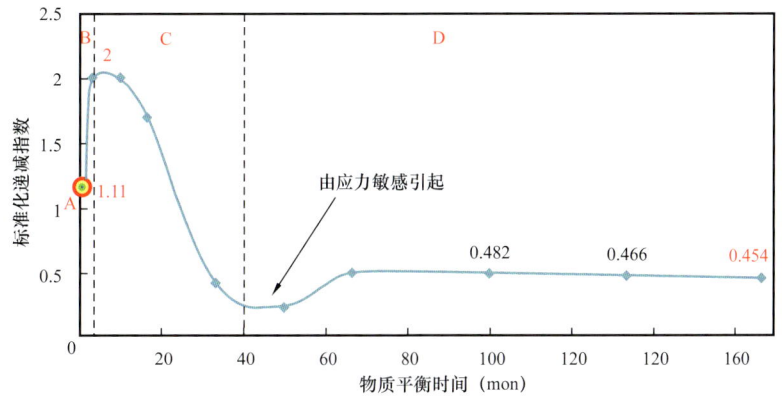

图 7-19　SC-7-9 井递减指数变化趋势

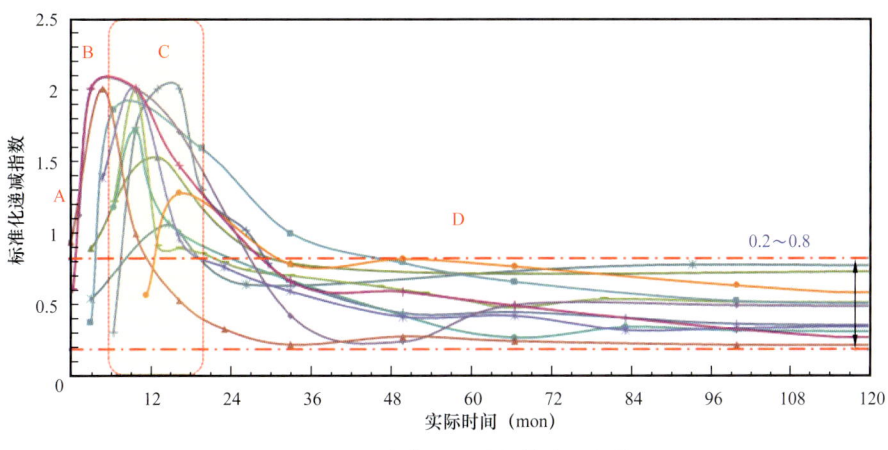

图 7-20　Ⅱ类直井递减指数变化趋势

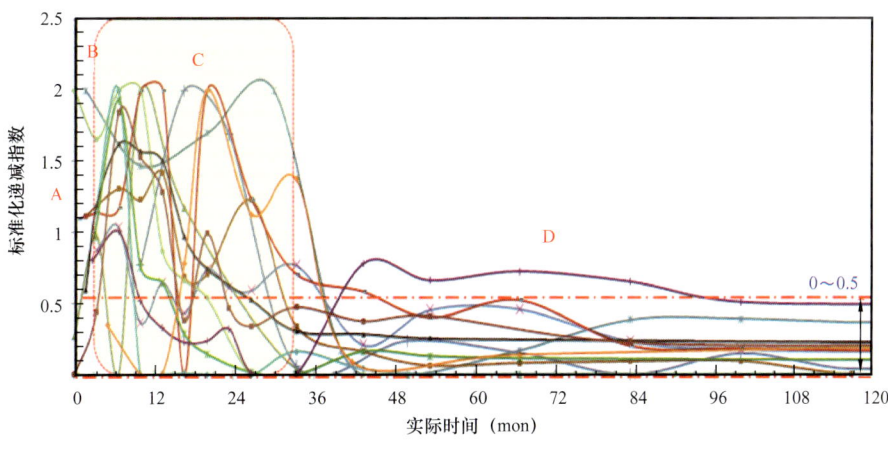

图 7-21　Ⅲ类直井递减指数变化趋势

1. Ⅰ类直井

以 SC-3-10 井为例,初始点 A 对应井筒储集 +（裂缝/地层）线性流阶段,初始递减指数为 0.818,经过 300d 左右物质平衡时间后标准化递减指数上升到 2.0,由裂缝线性流过渡到地层拟径向流，在之后的流动阶段中递减指数由 2.0 逐渐下降，经过 600d 左右物质平衡时间到达边界控制流动阶段，递减指数变化趋于稳定，略大于 0.5。

统计分析Ⅰ类直井的标准化递减指数随物质平衡时间变化特征，并将物质平衡时间折算为实际时间，结果如图 7-18 所示。标准化递减指数 n 的初值大部分在 0.8～1.2 之间，150～300d 升高至 2.0 后迅速降落；进入拟稳态后递减指数稳定在 0.5 左右（0.4～0.8 之间）。其中，递减指数在 0.4～0.5 之间的井占 22%，在 0.5～0.6 之间的井占 45%，在 0.6～0.7 之间的井占 33%。

2. Ⅱ类直井

以 SC-7-9 井为例，初始递减指数为 1.11，经过 200d 左右物质平衡时间后递减指数上升到 2.0，流动由裂缝线性流过渡到地层拟径向流，在之后的流动阶段中递减指数由 2.0 逐渐下降，在 700d 左右物质平衡时间后到达边界控制流动阶段，稳定后递减指数略小于 0.5（0.454）。

统计Ⅱ类直井的标准化递减指数随物质平衡时间变化特征，并将物质平衡时间折算为实际时间，结果如图 7-20 所示，标准化递减指数 n 的初值大部分在 0.5～1.5 之间，250～400d 升高至 2.0 后迅速降落；进入拟稳态后递减指数稳定在 0.5 左右（0.2～0.8 之间）。其中，递减指数在 0.2～0.4 之间的井占 45%，在 0.4～0.6 之间的井占 37%，在 0.6～0.8 之间的井占 18%。

3. Ⅲ类直井

以 SC-7-15 井为例，该井初始递减指数为 1.097，经过 350d 左右物质平衡时间后递减指数上升到 2.0，流动由裂缝线性流过渡到地层拟径向流。之后递减指数由 2.0 逐渐下降，在 700d 左右物质平衡时间后到达边界控制流动阶段，稳定后递减指数为 0.165。

统计Ⅲ类直井的标准化递减指数随物质平衡时间变化特征，并将物质平衡时间折算为实际时间，结果如图 7-21 所示，标准化递减指数 n 的初值在整个 0～2.0 区间内，150～800d 不等升高至 2.0 后迅速降落；进入拟稳态即边界控制流阶段后递减指数趋于稳定，一般小于 0.5（在 0～0.5 之间）。其中，递减指数在 0.2～0.55 之间的井占 39%，小于 0.2 的井占 61%。Ⅲ类直井后期出现了部分指数递减（$n=0$）的情况。

相对于Ⅰ类、Ⅱ类直井，Ⅲ类直井的储层物性相对较差，达到拟稳态流动阶段所需时间更长。但是仍有部分Ⅲ类井提前进入边界控制流，且前期流动阶段杂乱不稳定，主要是这些井在生产过程中经历频繁的间歇开关井，对气井的渗流状态产生影响。

各类井的标准化递减指数随物质平衡时间变化表明：（1）不同类型井的标准化递减指数与物质平衡时间的关系均符合理论拟压力标准化产量递减规律，即渗流过程分为井筒储集+（裂缝/地层）线性流阶段 A、线性流—拟径向流过渡段 B、拟径向流—边界控制流过渡段 C 和边界控制流动段 D；（2）由于单井峰值出现时间不同，统计各类井的平均递减指数峰值均小于 2，小于 2 的程度反映前期生产不稳定性和持续时间的长短；（3）各类井到达边界控制流动阶段的时间和递减指数最终稳定值不同，但不同类型井递减形式大多是递减指数为 0.5 左右的双曲递减，仅有少数井物性较差，生产条件多变的Ⅲ类井例外。

图 7-22 是 164 口气井进入边界控制流后的递减指数统计情况，其中 5 口井递减指数为 0，属于指数递减；159 口气井递减指数分布在 0~1 之间，属于双曲递减，其中在 0.4~0.6 之间的有 101 口（61.6%），在 0.3~0.7 之间的有 132 口（80.5%）。

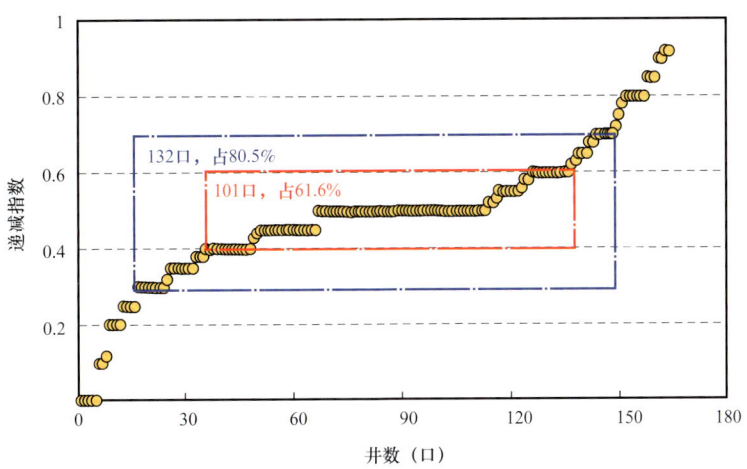

图 7-22　164 口气井递减指数散点图

理论模型和气井实例计算均表明，苏里格气田气井在进入边界控制流阶段后符合双曲递减，可以采用双曲模型对气井未来生产动态进行预测与分析。

第三节　边界控制流时间计算

边界控制流是指在一个封闭油气藏内生产的油气井，当压力波及到周围所有的边界后，以固定的井底流压生产，随着地层能量的衰竭，产量不断下降，封闭区域内的压力也将不断降低。苏里格气田气井产量递减指数变化规律分析表明：气井在进入边界控制流后，递减指数介于 0~1 之间。因此，采用 Arps 方法进行产量递减分析的关键是确定气井流动到达边界控制流的时间。边界控制流的时间可根据 Craft 和 Hawkins 公式修正后初步计算，再应用试井曲线和 Blasingame 特征曲线综合验证后确定。

一、Craft 和 Hawkins 公式修正

Craft 和 Hawkins（1945）指出，油气藏开始受到边界控制流影响的时间和油藏半径有关，并且与扩散常数成反比，其边界控制流时间的计算公式为：

$$t_{\mathrm{pss}} = \frac{40\phi\mu c_{\mathrm{t}} r_{\mathrm{e}}^2}{K} \quad (7-10)$$

式中　t_{pss}——边界控制流时间，d；

ϕ——孔隙度，%；

μ——黏度，mPa·s；

c_{t}——综合压缩系数，psi^{-1}；

r_{e}——油气藏半径，ft；

K——渗透率，mD。

式（7-10）只是一个近似计算公式，其计算结果应视为定性结果，且单位以英制单位为主，与单井数值模型计算得到的边界控制流时间有一定出入，可通过增加实际边界控制流时间校正系数，对公式计算结果进行校正，并将参数单位换为矿场常用单位制。校正后的公式如式（7-11）所示。

$$t_{pss} = \frac{1.275\phi\mu c_t r_e^2}{K} \quad (7-11)$$

经过边界控制流时间公式的校正，可获得适用于不同类型储层和不同类型井的边界控制流时间公式。根据此公式可以近似计算气井进入边界控制流时间，确定应用 Arps 递减分析方法的起始时间点。

二、试井分析法

压裂直井典型的渗流过程一般包括井筒储集阶段、表皮影响阶段（若存在表皮）、裂缝—地层双线性流阶段、地层线性流阶段、过渡流阶段、拟径向流阶段、边界控制流阶段（图 7-23）。其中各流动阶段的出现与否及其延续时间主要与储层及裂缝性质有关。

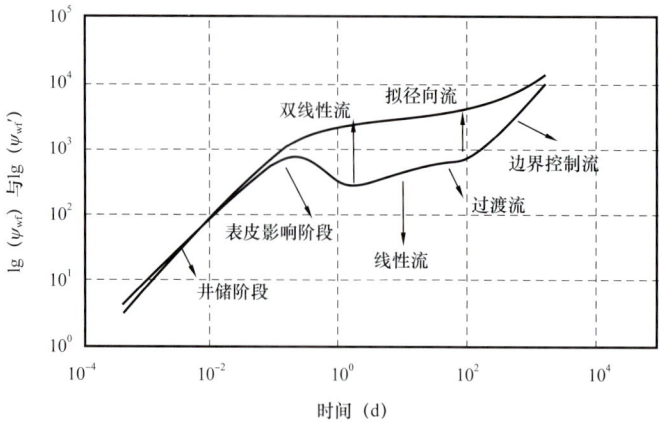

图 7-23 压裂直井典型渗流曲线

不同的边界条件、气藏特性及不同的流动状态在双对数曲线中有不同的特征反映。通过压降试井双对数特征曲线，能快速确定不同类型气井达到边界控制流的时间。依据气田不同类型直井的物性参数建立数值模型，获取压降段双对数曲线，如图 7-24 至图 7-26 所示，对比典型特征曲线，可求取 I 类、II 类、III 类井到达边界控制流的时间，见表 7-4。

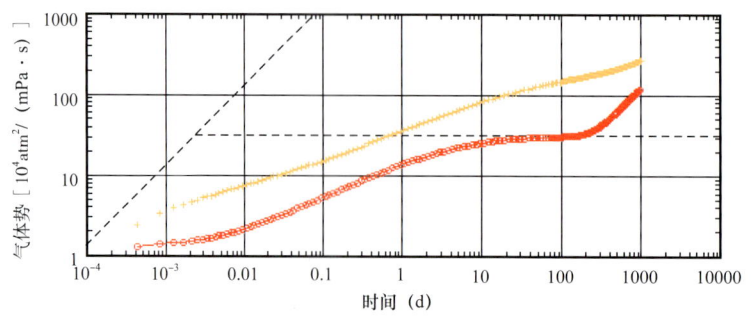

图 7-24 I 类直井压降试井双对数曲线

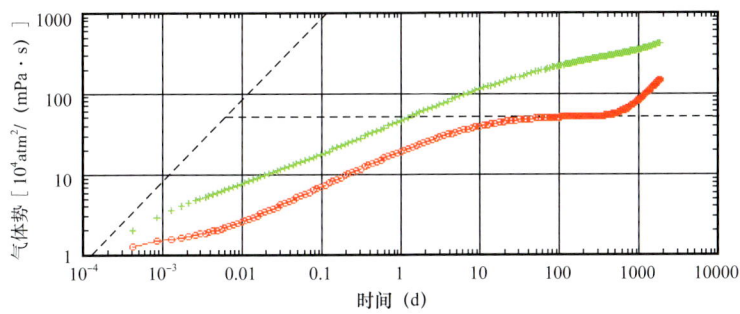

图 7-25　Ⅱ类直井压降试井双对数曲线

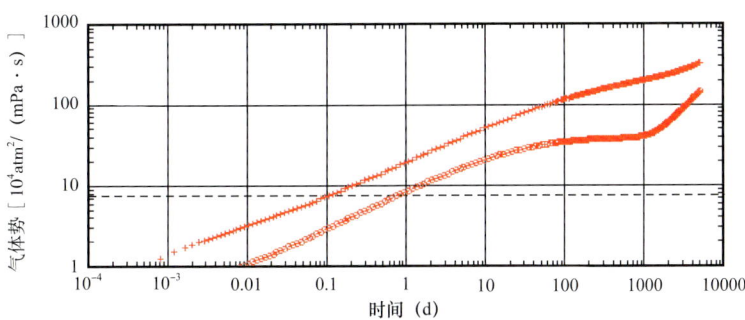

图 7-26　Ⅲ类直井压降试井双对数曲线

表 7-4　不同类型直井到达边界控制流时间统计表

不同类型井	达到边界控制流时间（d）
Ⅰ类井	200~360
Ⅱ类井	500~820
Ⅲ类井	860~1200

三、Blasingame 特征曲线法

应用气井生产历史数据，拟合 Blasingame 特征曲线图版，规整化产量与产量积分导数曲线的交点，经无量纲物质平衡时间关系式转化为日历时间，即为该气井到达边界控制流时间（图 7-27，图 7-28）。

Blasingame 气井无量纲物质平衡时间：

$$t_{caDd} = \frac{t_{caD}}{\frac{1}{2}\left(r_{eD}^2 - 1\right)\left(\ln r_{eD} - \frac{1}{2}\right)} \tag{7-12}$$

式中　t_{caDd}——Blasingame 气井无量纲物质平衡拟时间；

t_{caD}——气井无量纲物质平衡时间；

r_{eD}——无量纲井控半径。

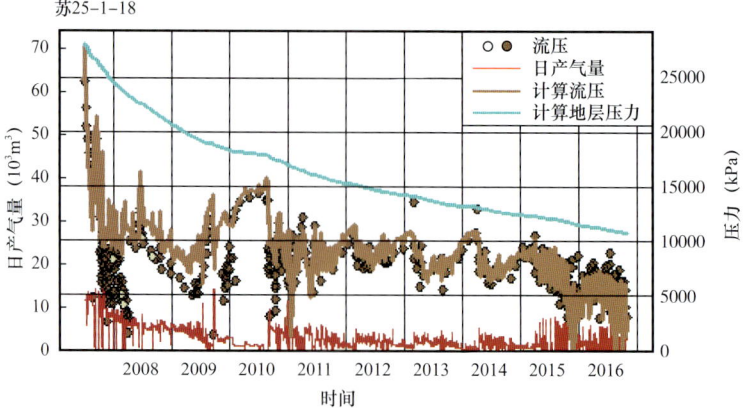

图 7-27 单井生产历史拟合曲线

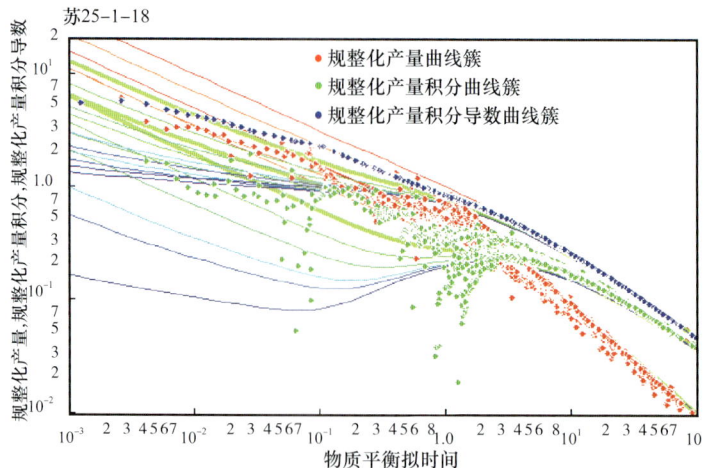

图 7-28 单井 Blasgingame 特征曲线

气井无量纲物质平衡时间：

$$t_{caD} = \frac{K}{\phi \mu C_t A} t_{ca} \quad (7-13)$$

式中 t_{ca}——气井物质平衡拟时间，d；

K——地层渗透率，mD；

ϕ——地层孔隙度；

μ——气体黏度，mPa·s；

C_t——地层综合压缩系数，1/MPa；

A——面积，m²。

气井物质平衡时间：

$$t_{ca} = \frac{(\mu C_t)_i}{q} \int_0^t \frac{q}{\mu C_t} dt = \frac{GC_{ti}}{q}(P_{pi} - P_p) \quad (7-14)$$

式中 μ_i——气体原始状态下的黏度，mPa·s；

C_{ti}——地层原始状态下的综合压缩系数，1/MPa；

G——地质储量，$10^8 m^3$；

P_{pi}——原始地层压力下的规整化拟压力，MPa；

P_p——规整化拟压力，MPa；

q——日产量，$10^4 m^3/d$。

利用物质平衡时间求解日历时间 t。

应用产量不稳定分析软件 RTA 计算 99 口不同类型气井达到边界控制流的时间，其中Ⅰ类井 32 口，Ⅱ类井 41 口，Ⅲ类井 26 口。计算结果见表 7-5。

表 7-5 不同类型井到达边界控制流时间统计

不同类型井	达到边界控制流时间（d）		
	平均值	最小值	最大值
Ⅰ类井	461	168	753
Ⅱ类井	965	564	1244
Ⅲ类井	1368	720	1899

根据计算结果：Ⅰ类、Ⅱ类、Ⅲ类井的边界控制流时间分别为 461d、965d、1368d。Ⅰ类、Ⅱ类、Ⅲ类气井达到边界控制流的时间有交叉，主要与这三类气井物性参数控制面积和渗透率大小有关。

对于苏里格气田而言，影响气井达到边界控制流时间的因素主要有单井控制范围和渗透率。可根据产量不稳定分析软件计算并进行敏感性评价，建立不同类型直井到达边界控制流时间图版（图 7-29 至图 7-31）。

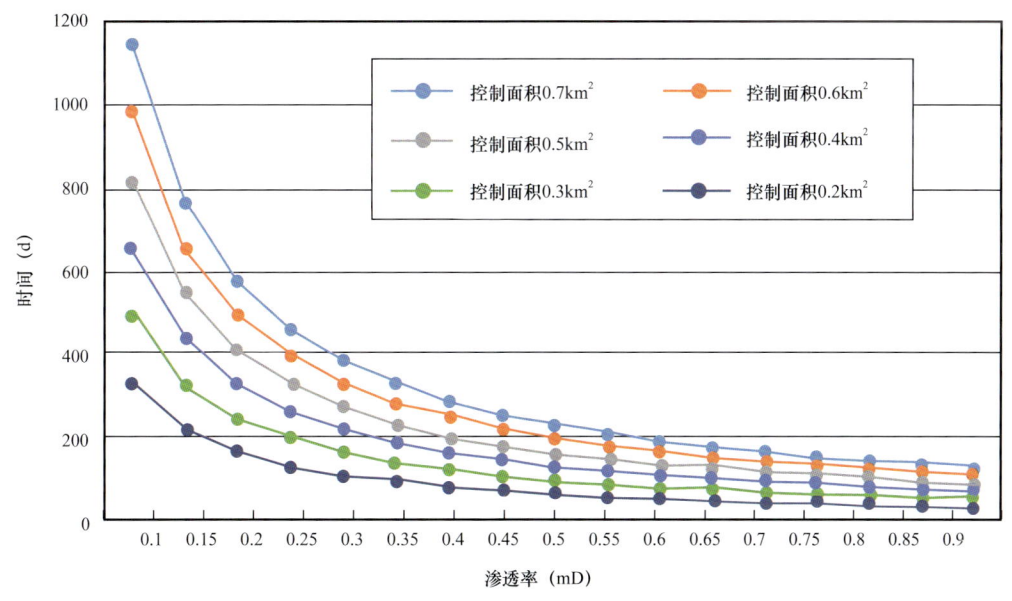

图 7-29 Ⅰ类井到达边界控制流时间图版

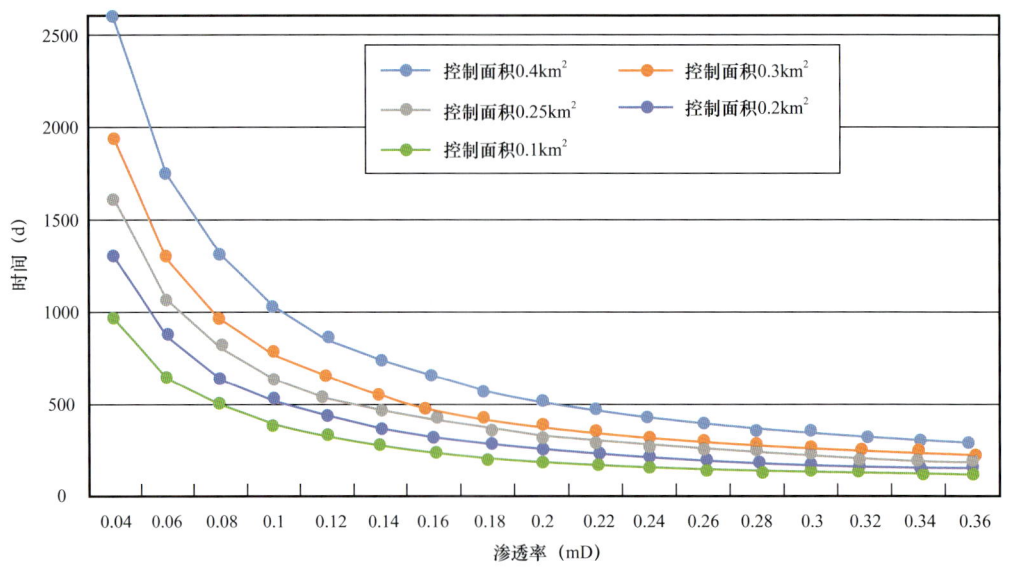

图 7-30　Ⅱ类井到达边界控制流时间图版

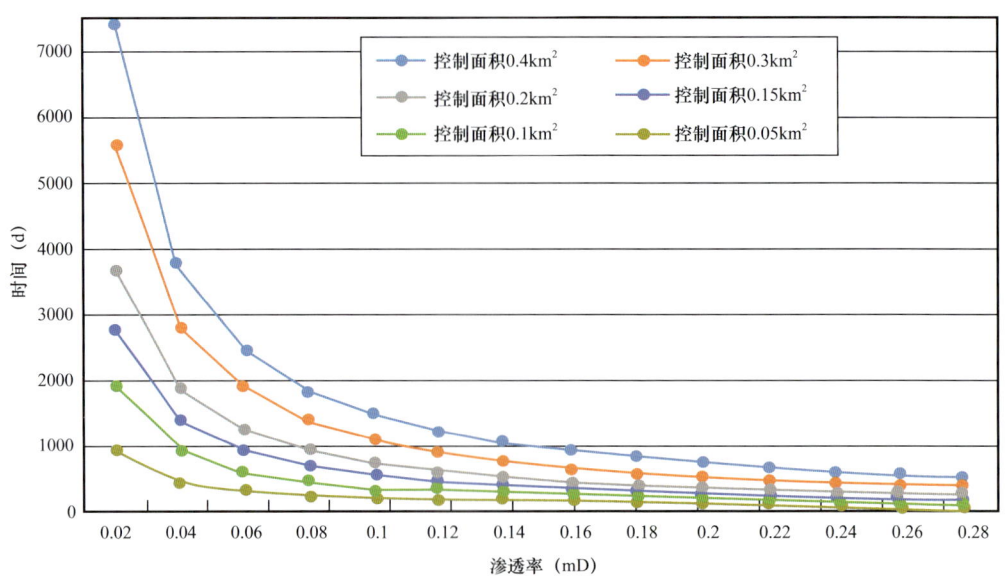

图 7-31　Ⅲ类井到达边界控制流时间图版

第四节　边界控制流产量递减分析

一、气井产量递减分析

1. 递减模型优选

气井生产进入边界控制流阶段，利用衰竭递减模型对边界控制流阶段生产数据进行拟合分析，一般可分别选用 1 倍、3 倍、5 倍和 10 倍边界控制流时间的生产数据，进行产量递减拟合分析（图7-32）。同时为了进一步验证衰竭递减模型的可信度，可应用指数、调和和双曲三种递减模型同步进行拟合对比分析。

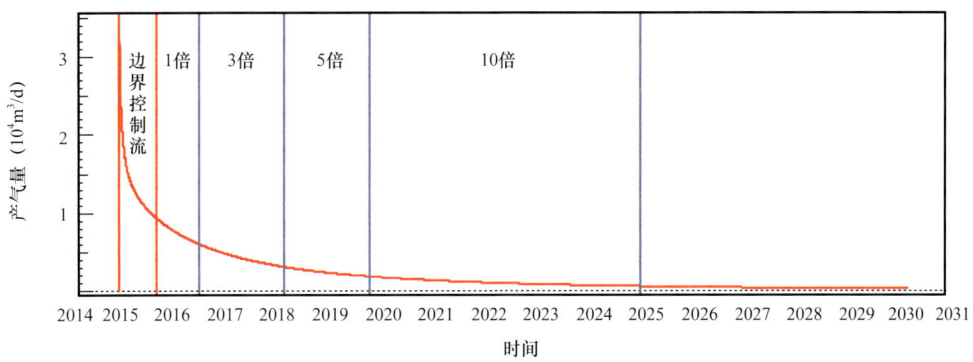

图 7-32　模型拟合数据体的选取

以模型拟合曲线的吻合程度和模型预测的可采储量与数值模型的理论计算值之间的相对误差作为模型拟合效果的评价标准。曲线拟合程度较高且模型预测的可采储量与数值模型理论值之间误差小于10%（表7-6至表7-8）。

总体而言，应用衰竭、指数、双曲和调和四种模型进行拟合分析，随着生产时间的延长，参与拟合分析的样本数增多，拟合曲线吻合程度趋于变好，但衰竭模型曲线拟合程度和可采储量预测误差均好于其他三种模型的分析结果，预测可采储量误差小于10%，并随着生产数据量的增多，相对误差逐渐减小，曲线拟合可信度越高。

表 7-6　Ⅰ类直井产量递减模型拟合效果

递减模型	边界控制流时间倍数	1倍	3倍	5倍	10倍
指数递减	曲线吻合程度	好	好	好	中
	预测可采储量（$10^6 m^3$）	30.7	33.5	35.2	37.1
	预测值相对误差（%）	28.6	22.1	18.1	13.7
双曲递减	曲线吻合程度	好	好	中	好
	预测可采储量（$10^6 m^3$）	32.7	37.4	39.5	62.2
	预测值相对误差（%）	24.0	13.0	8.1	44.7
调和递减	曲线吻合程度	好	中	中	无法拟合
	预测可采储量（$10^6 m^3$）	88.8	75.7	67.2	
	预测值相对误差（%）	106.5	76.0	56.3	
衰竭递减	曲线吻合程度	好	好	好	中
	预测可采储量（$10^6 m^3$）	44.9	45	44.7	44
	预测值相对误差（%）	4.4	4.7	4.0	2.3

表 7-7　Ⅱ类直井产量递减模型拟合效果

递减模型	边界控制流时间倍数	1倍	3倍	5倍	10倍
指数递减	曲线吻合程度	好	好	好	中
	预测可采储量（$10^6 m^3$）	18	19.3	20.3	21.7
	预测值相对误差（%）	29.4	24.3	20.4	14.9
双曲递减	曲线吻合程度	好	好	好	好
	预测可采储量（$10^6 m^3$）	19.2	21.9	37.5	38
	预测值相对误差（%）	24.7	14.1	47.1	49.0
调和递减	曲线吻合程度	好	好	中	差
	预测可采储量（$10^6 m^3$）	47.2	40.6	36.5	33.9
	预测值相对误差（%）	85.1	59.2	43.1	32.9
衰竭递减	曲线吻合程度	好	好	好	好
	预测可采储量（$10^6 m^3$）	27.6	27.2	27	26.6
	预测值相对误差（%）	8.2	6.7	5.9	4.3

表 7-8　Ⅲ类直井产量递减模型拟合效果

递减模型	边界控制流时间倍数	1倍	3倍	5倍	10倍
指数递减	曲线吻合程度	好	好	中	差
	预测可采储量（$10^6 m^3$）	10.3	10.9	11.7	12.5
	预测值相对误差（%）	29.0	24.8	19.3	13.8
双曲递减	曲线吻合程度	好	好	好	好
	预测可采储量（$10^6 m^3$）	11.1	12.3	20.8	22
	预测值相对误差（%）	23.4	15.2	43.4	51.7
调和递减	曲线吻合程度	好	中	差	差
	预测可采储量（$10^6 m^3$）	21.3	19.3	16.9	18.3
	预测值相对误差（%）	46.9	33.1	16.6	26.2
衰竭递减	曲线吻合程度	好	好	好	好
	预测可采储量（$10^6 m^3$）	15.5	15.4	15.3	15.2
	预测值相对误差（%）	6.9	6.2	5.5	4.8

2. 实例应用

对气井进入边界控制流后的生产数据采用衰竭递减模型进行拟合分析，典型井拟合曲线如图 7-33 至图 7-35 所示，拟合效果较好，符合程度达 86%。由此可以得到不同类型直井的递减拟合曲线和递减率变化曲线。如图 7-36 至图 7-39 所示。

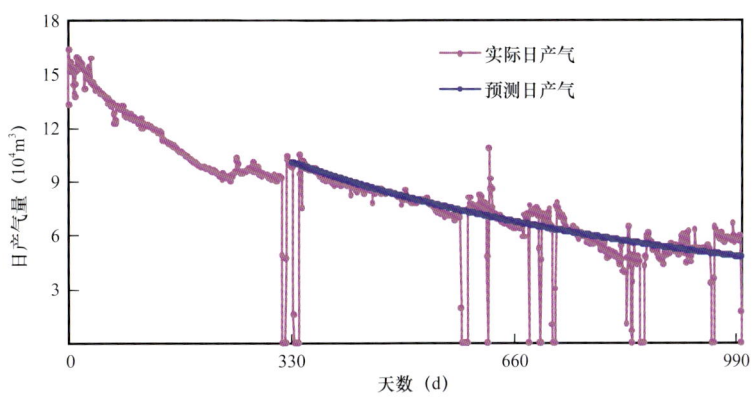

图 7-33　Ⅰ类典型井——SNA 井生产数据拟合效果

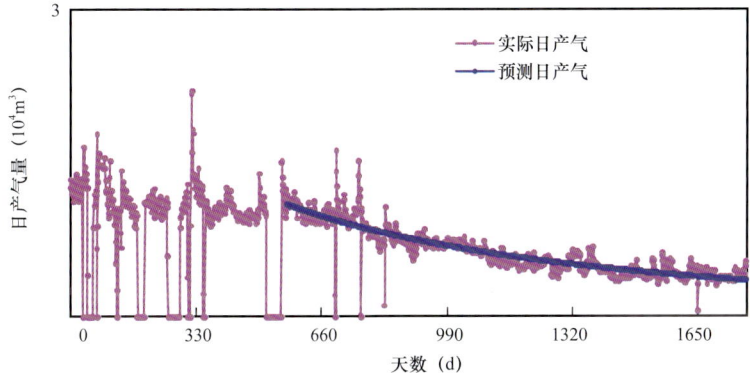

图 7-34　Ⅱ类典型井——SA-9-28 井生产数据拟合效果

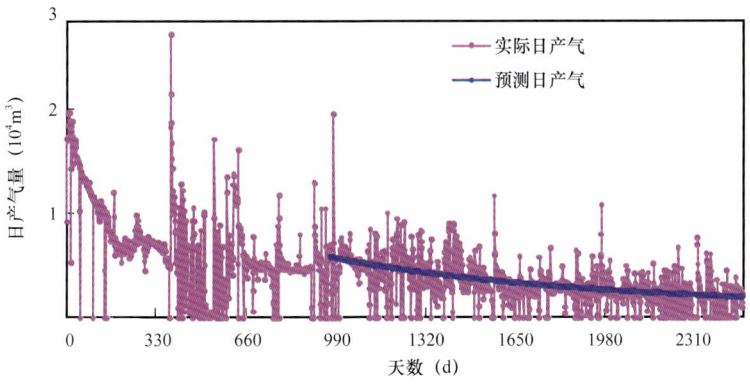

图 7-35　Ⅲ类典型井——SAJ 井生产数据拟合效果

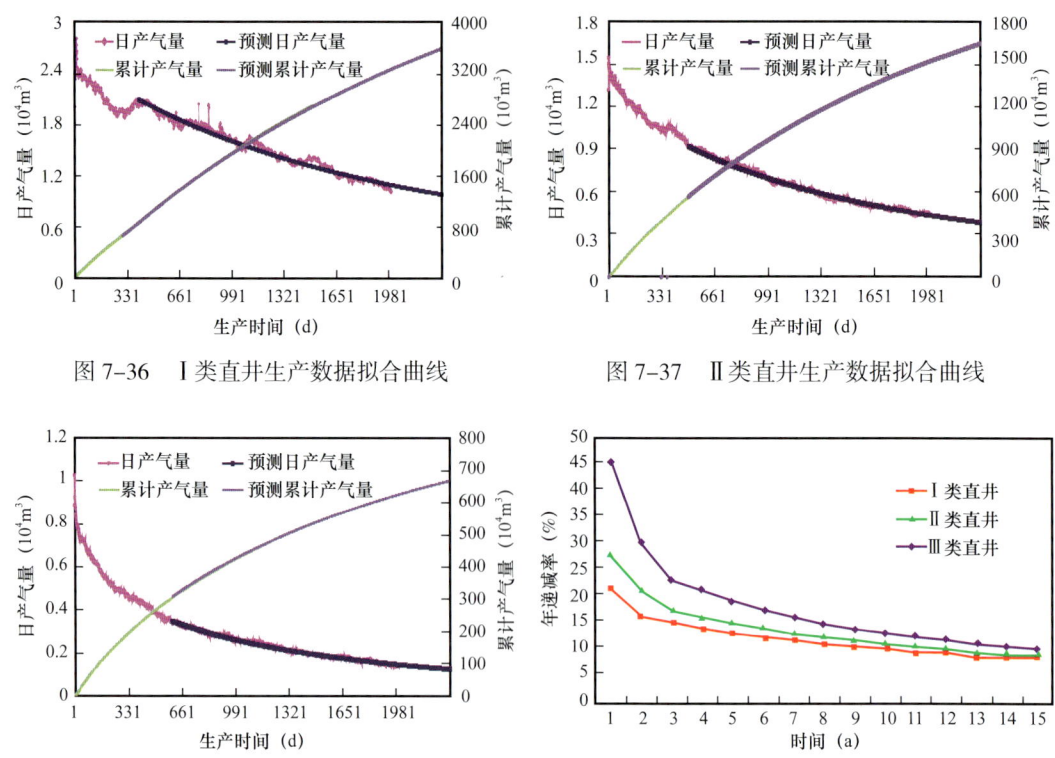

图 7-36 Ⅰ类直井生产数据拟合曲线

图 7-37 Ⅱ类直井生产数据拟合曲线

图 7-38 Ⅲ类直井生产数据拟合曲线

图 7-39 直井递减率变化曲线

二、气田（区块）综合递减分析

气田（区块）产量递减是气田生产动态跟踪的关键指标。苏里格气田采用井间接替稳产方式，截至 2019 年底年产 $230 \times 10^8 \mathrm{m}^3$ 已持续稳产 6 年，年度产量递减分析对气田稳产至关重要。本书在单井递减分析的基础上，结合气田（区块）生产特征，进行气田（区块）产量综合递减分析，计算气田或区块年度递减率，用于气田年度产能标定、生产任务安排和确定弥补产建工作量。

1. 产量递减率和产能递减率

矿场实际生产过程中，常从产量递减和产能递减两个方面来描述气田生产能力的变化情况。

1）产量递减率

$$A = \frac{q_0 \sum T - Q_t}{q_0 \sum T} \quad (7-15)$$

式中　A——阶段产量递减率；

　　　Q_t——阶段（0～t 月）老井累计油气产量，$10^4 \mathrm{m}^3$；

　　　q_0——开始发生递减时的初始日产水平，$10^4 \mathrm{m}^3/\mathrm{d}$；

　　　T——0～t 月的日历天数，d。

A 若为年产量递减率，则 q_0 为本年初日产水平，Q_t 为年度老井产量。

年产量递减率反映的是年度气井累计产气量相对于年初生产能力的递减，它与年度内每个时间点的生产能力变化密切相关，是气田递减过程的综合表现。

2）产能递减率

$$D = \frac{q_0 - q_t}{q_0} \quad (7-16)$$

式中 D——阶段产能递减率；

q_0——开始发生递减时的初始日产水平，$10^4 \text{m}^3/\text{d}$；

q_t——递减发生后第 t 月的日产水平，$10^4 \text{m}^3/\text{d}$。

D 若为年产能递减率，则 q_0 为本年初日产水平，q_t 为本年末日产水平。

年产能递减率反映的是年度末的生产能力相对年初生产能力的递减程度，其只与年度两个端点日产水平有关，而与中间变化过程无关。

如图 7-40 所示，在一个开发阶段内，若上年末已投产老井产量从 A 点递减到 E 点，形成一条产量递减曲线，曲线上每个点代表相应时间对应的老井日产水平。矩形面积代表阶段产气量，黄色面积代表老井阶段产气量，红色面积代表新井阶段产气量。

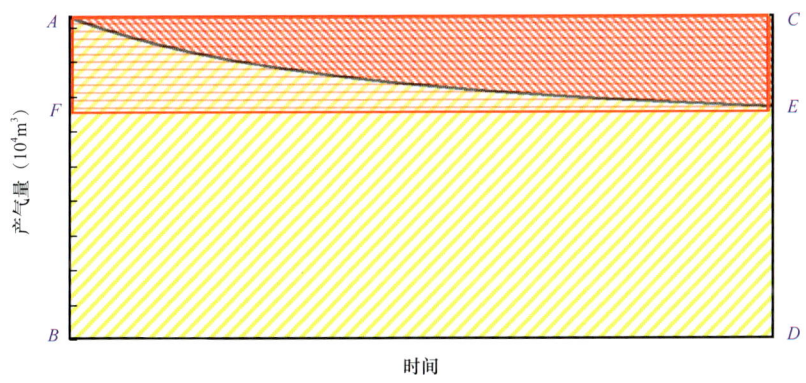

图 7-40 产能递减与产量递减应用原理示意图

实际上，年产能递减率和年产量递减率有着密切的联系，但含义的应用各不相同。年产量递减率反映了年度内应补充的新井产量，而年产能递减率则反映了稳产所需的新井产能。

2. 区块递减率确定方法

气井产量递减类型决定气田的递减类型，苏里格气田气井进入边界控制流后，递减类型属于衰竭式递减。因此，可应用衰竭式递减模型计算分年投产井产能递减率，再根据分年产量比例加权平均求取区块综合递减率。

根据衰竭式递减的递减率变化公式：

$$D = \frac{1}{\frac{1}{D_i} + 0.5t} \quad (7-17)$$

假设：第一年投产 n_1 口井，第二年投产 n_2 口井，第三年投产 n_3 口井…第 N 年投产 n_n 口井，第 $N+1$ 年所有投产井均进入递减期，可以计算第 $N+2$ 年时历年投产井的年递减率分别为 D_{i1}、D_{i2}、D_{i3}、…、D_{in}：

$$D_{i1} = \frac{Q_{n1(N+1)} - Q_{n1(N+2)}}{Q_{n1(N+1)}} \tag{7-18}$$

$$D_{in} = \frac{Q_{nn(N+1)} - Q_{nn(N+2)}}{Q_{nn(N+1)}} \tag{7-19}$$

计算第 $N+2$ 年时历年投产井的比例分别为：

$$\eta_1 = \frac{n_1}{\sum_{j=1}^{n} n_j} \quad \eta_n = \frac{n_n}{\sum_{j=1}^{n} n_j} \tag{7-20}$$

该区块第 $N+2$ 年的递减率为：

$$D = D_{i1}\eta_1 + D_{i2}\eta_2 + D_{i3}\eta_3 + \cdots + D_{in}\eta_n = \sum_{j=1}^{n} D_{ij}\eta_j \tag{7-21}$$

第 $N+N$ 年第一年投产井递减率为：

$$D_{n_1} = \frac{1}{\frac{1}{D_{i1}} + 0.5(N-2)} \tag{7-22}$$

第二年投产井递减率为：

$$D_{n_2} = \frac{1}{\frac{1}{D_{i2}} + 0.5(N-2)} \tag{7-23}$$

第 N 年投产井递减率为：

$$D_{n_n} = \frac{1}{\frac{1}{D_{in}} + 0.5(N-2)} \tag{7-24}$$

则第 $N+N$ 年该区块投产井递减率为：

$$D = D_{n_1}\eta_1 + D_{n_2}\eta_2 + D_{n_3}\eta_3 + \cdots + D_{nn}\eta_n = \sum_{j=1}^{n} D_{nj}\eta_j \tag{7-25}$$

3. 方法应用

由于苏里格气田早期采用"井间串接、井口无计量"的特殊开采模式，单井产量难以落实，劈分的产量数据无法真实反映气井的真实生产能力，产量递减分析结果可靠性变差。

同时，苏里格气田生产井数多（已超过 10000 口），日产量小于 $0.5 \times 10^4 \text{m}^3$ 的低产气井占气田总生产井数的 60% 以上，加之大部分气井积液或产水，气井自身能量难于维持持续开井，采取间歇方式生产，频繁开关井导致产量波动较大，直接影响递减分析的结果。另外，根据下游市场需求，气井产量受冬夏峰谷差异的影响，产量波动大，给产量递减分析带来困难。

为了避免或尽量消除各类因素对日产气量的影响，选择以集气站产量为基础以消除单井产量劈分、开井时率、排水采气措施等多种因素导致日产量数据波动对递减分析结果造成的影响。因此，根据各集气站产量剖面按照区块产量递减率计算流程（图 7-41）进行计算与分析，即可得到区块不同时间年产量综合递减率。

据此根据苏里格气田分年投产井产量拟合结果，如图 7-42 至图 7-45 所示，采用产量加权平均，即可得到气田综合递减率（表 7-9）。

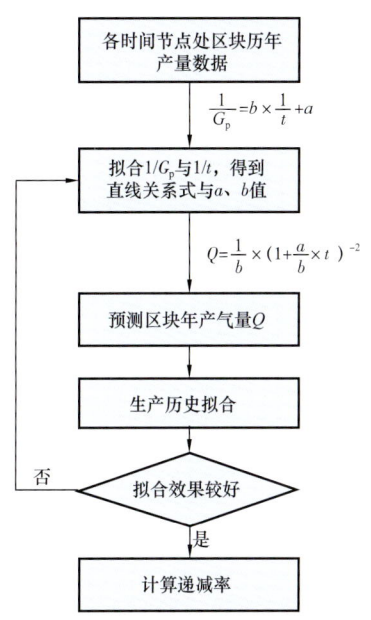

图 7-41 区块产量递减率计算流程图

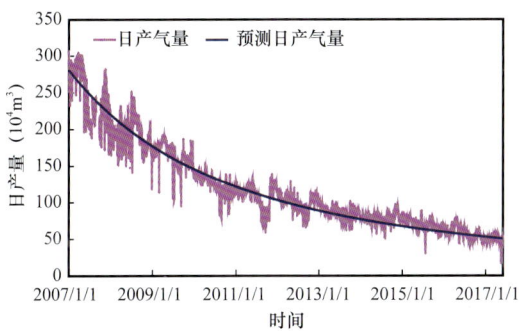

图 7-42 2002—2006 年投产井产气量拟合曲线

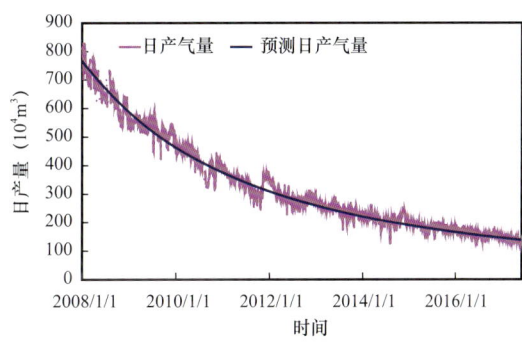

图 7-43 2007 年投产井产气量预测曲线

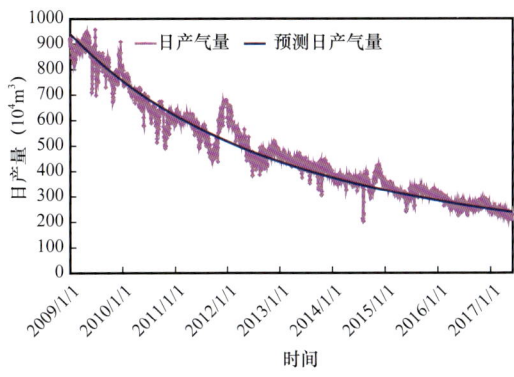

图 7-44 2008 年投产井产气量拟合曲线

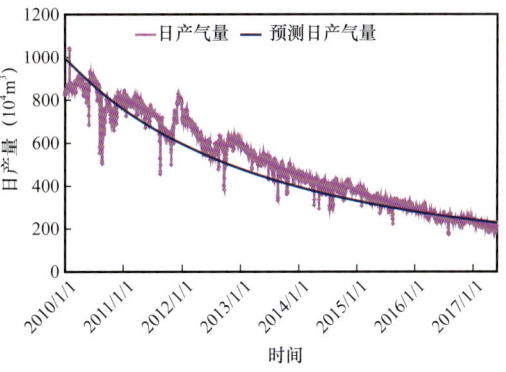

图 7-45 2009 年投产井产气量预测曲线

表 7-9 苏里格气田历年投产井递减率预测结果表

	2007年	2008年	2009年	2010年	2011年	2012年	2013年	2014年	2015年	2016年	2017年	2017年产量比例（%）
2006年及以前投产井历年递减率	21.5	19.5	17.8	16.3	15.1	14.0	13.1	12.3	11.6	11.0	10.4	2.19
2007年投产井历年递减率		23.4	21.0	19.0	17.4	16.0	14.8	13.8	12.9	12.1	11.4	6.02
2008年投产井历年递减率			19.6	18.0	16.5	15.2	14.2	13.2	12.4	11.7	11.0	10.39
2009年投产井历年递减率				23.7	21.3	19.3	17.6	16.2	15.0	13.9	13.0	10.02
2010年投产井历年递减率					28.1	24.8	22.1	19.9	18.1	16.6	15.3	5.25
2011年投产井历年递减率						31.5	27.4	24.1	21.5	19.4	17.7	4.88
2012年投产井历年递减率							29.3	25.7	22.8	20.5	18.6	8.25
2013年投产井历年递减率								26.9	23.8	21.3	19.2	11.97
2014年投产井历年递减率									32.9	28.4	24.9	8.54
2015年投产井历年递减率										34.9	29.9	9.76
2016年投产井历年递减率											28.4	22.73
气田综合递减率	21.5	22.5	19.9	20.5	20.7	21.2	21.3	20.8	20.9	20.8	20.4	

第五节 产量递减控制技术对策

苏里格气田储层致密、非均质性强、气水关系复杂，气井生产中表现出产量低、递减快、低压低产时间长等特征。随着开发程度的不断深入，要维持气田年产 $230\times10^8\text{m}^3$ 长期稳产，其生产井数日益增多，低产井数快速增加，气井管理难度日益增大，因而以充分发挥气井潜能为目的的气井精细化管理对延缓气田产量递减、维持长期稳产、提高气井最终累计采气量和气田采收率至关重要。

一、气井生产阶段划分

苏里格气田气井在生产过程中井口压力呈现两段式特征。气井投产初期主要表现为裂缝及裂缝—地层双线性流动状态，处于不稳定流动阶段，压降漏斗尚未传播到边界，反映气井生产早期压力产量变化特征。一般而言，常规气藏线性流动应该在几天或几个月内结束，但大多数致密气生产数据显示，受压裂裂缝的影响，气井的线性流动时间很长，线性流动时间长短主要取决于储层的几何形态或者储层物性（Stright 等，1983），如图 7-46a 所示；在地层线性流结束后，由于产量压力快速递减后进入以拟径向流动和径向流动为主的拟稳定渗流动阶段，气井进入低压低产生产期，如图 7-46b 所示。

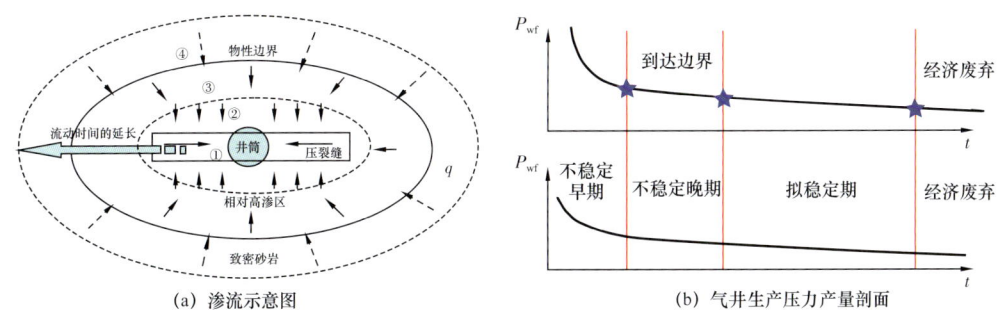

(a) 渗流示意图　　　　　　　　　(b) 气井生产压力产量剖面

图 7-46　致密砂岩气藏压裂气井流动示意图

根据致密气藏渗流特征和苏里格气田气井生产规律，结合现场气井精细化管理需要，将气井生产过程划分为投产初期、自然连续生产、措施连续生产、间歇生产和废弃五个阶段，以期制定气井全生命周期精细管理和气田递减控制技术对策（图 7-47，表 7-10）。

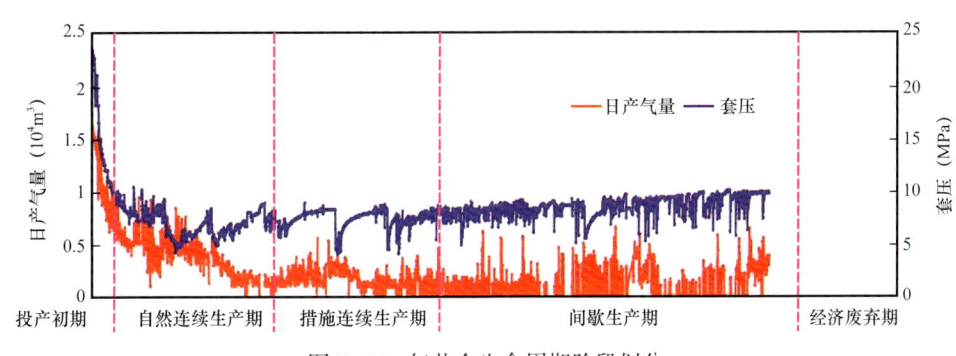

图 7-47　气井全生命周期阶段划分

表 7-10　苏里格气田气井全生命周期生产阶段划分

生产阶段	划分标准	生产特点
投产初期	压降速率＞0.02MPa/d	井口压力、产量快速下降
自然连续生产期	压降速率≤0.02MPa/d	连续生产，压降速率稳定，产量下降缓慢
措施连续生产期	采取措施初始时间节点	气井积液、节流器影响生产
间歇生产期	井口压力＜3MPa，或产量低于1000m³/d	开井时率大幅下降，需间歇开关井
经济废弃期	达到经济废弃条件	产能极低、净开井时率极低

二、全生命周期产量递减控制技术对策

1. 投产初期优化配产，有效控制气井产量递减

一般而言，致密砂岩储层由于低孔低渗、强非均质性、次生孔隙发育且喉道细小、气水关系复杂等特征，加之大型压裂改造措施，导致致密储层流体渗流特征异常复杂，生产上通常表现为气井压力波及范围小、下降速度快，自然产能低、递减率高。要保证气井长期有效开采，制订合理生产制度对于提高单井累计产量、降低气田递减尤为重要。

— 211 —

苏里格致密砂岩储层放大压差和控制压差开采动态物理模拟试验及早期投产的 28 口老井生产表明，放大压差生产采气速度快，采气时间短，但累计产气量和采收率相对较低；控制压差生产能有效利用地层能量，单位压降采气量和最终采收率也更高。对于气水同产气井，储层水体对气相渗流能力影响显著，气体通过释压膨胀，挤压水体流动，在压力梯度的影响下，气相渗流能力降低，水相渗流能力升高，此时，需综合考虑控压程度和气井携液能力，设置合理的产量，以达到气井的平稳生产和较高的采收率。动态优化配产需综合考虑物质平衡原理、气井产能评价、井筒温压分布及连续携液理论，在气井投产初期配产气量高于临界携液流量，充分发挥气井的携液潜能，延长气井连续生产时间，提升气井生产时率，降低开采成本的同时提高气井最终累计采气量。

2. 优化排水采气措施，延长气井连续生产时间

致密气藏气井通常产量低、携液能力差，地层水相对活跃，几乎没有真正意义的纯气富集区。气井生产过程均不同程度产水且产水量不断上升，多数气井不具备依靠自身能量排除井底积液的能力。截至 2018 年底，苏里格气田积液井数比例超过 60%。为确保最大限度发挥气井产能，延长气井有效生产期，提高气井最终累计产气量，苏里格气田开展了大量研究及应用试验，形成了适合气田地质及工艺特点的排水采气技术系列。在产水井助排方面，形成了以泡沫排水为主，速度管柱、柱塞气举为辅的排水采气工艺；在积液停产井复产方面，形成了压缩机气举、高压氮气气举排水采气复产工艺。其中，泡沫排水采气工艺通过将井底积液转化为低密度易携带的泡沫状流体，提高气流携液能力，达到将液体排出井筒的目的，适用于产气量大于 0.5×10^4 m³/d 的积液气井，具有设备简单、施工容易、不影响气井正常生产等优势；速度管柱排水采气工艺通过在井口悬挂小管径连续油管作为生产管柱，提高气体流速，增强携液生产能力，依靠气井自身能量将液体带出井筒，适用于产气量大于 0.3×10^4 m³/d 的积液气井，具有一次性施工、无须后续维护的优势；柱塞气举排水采气将柱塞作为气液之间的机械界面，利用气井自身能量推动柱塞在油管内进行周期性举液，能够有效阻止气体上窜和液体回落，适用于产气量大于 0.15×10^4 m³/d 的积液气井，具有排液效率高、自动化程度高、安全环保等优势；压缩机气举排水采气利用天然气的压能排出井筒内液体，气举过程中，压缩机不断将产自油管的天然气沿油套环空注入气井，注入的天然气随后沿油管向上从井筒采出，经过分离器分离处理后再由压缩机压入井筒，循环往复排出井筒积液；高压氮气气举是将高压氮气从油管（或套管）注入，将井内积液通过套管（或油管）排出，从而达到气井复产的目的。

3. 优化低产井间开制度，充分发挥气井生产潜能

气井在生产中后期进入低压、低产阶段后，连续开井生产使得进站压力降低至系统压力而无法正常生产，或气井积液措施后仍无法生产，需要关井进行压力恢复至一定程度再以某一产量开井生产。间歇关井不但能促使井底压力恢复而增大生产压差，提高开井产量和携液生产能力，提升气井利用率；而且通过合理安排间歇井轮流开井，保证集气站内生产气量相对稳定；更为重要的是保障在系统压力条件以上或经济极限产量以上有效动用外围储量，提高气藏储量动用程度。

气井间歇生产成因分析是间开气井管理的前提。苏里格气田间歇生产气井低产原因主要有自然递减、储层物性较差和气井积液三种，自然递减是指气井投产初期产量相对较

高,随生产时间延长而逐步递减至无法连续生产,气井积液迹象不明显,主要发生在生产中后期;储层本身物性差而导致的间歇生产气井,一般在生产早期即需要间歇生产;第三种是由于气井产液量较大且无法完全排出,导致井筒积液,影响产能发挥,无法连续生产所致。

间歇生产制度优化是发挥此类气井潜力的关键。制定气井间歇生产制度,首先需明确间歇生产气井关井井口压力恢复速率的变化规律及其影响因素,其中关井前的产量和地层系数是主要因素,综合考虑关井时间、关井压力恢复速率及开井后的产量增幅,可建立不同类型间歇生产气井最优关井时间图版,指导气田间开气井精细化管理。

4. 老井措施挖潜,进一步提高储量动用程度

老井挖潜技术措施主要包括老井新层系动用、老井侧钻水平井、老井同层重复改造三种。其中老井新层系动用通过开展老井含气层位复查,由当前盒8段、山1段的主力层段向上向下拓展,评价未动用层位潜力,实施遗漏层改造增产;老井侧钻水平井主要针对气田有利区块的Ⅱ类、Ⅲ类气井,评价气井况,对满足侧钻条件的气井开展三维井间储层精细描述,分析与生产井间储层的连续性,评价外围剩余储量及其分布情况,应用数值模拟技术预测侧钻水平段的累计产量,对符合经济有效开发条件的气井进行剩余气挖潜,提高井间遗留储量的有效动用;老井同层重复改造的对象主要是在动态、静态评价方面有较大差异的气井,分析原射孔层位压裂及完井施工情况,同时对比气井周围及邻井储层泄压情况,评价重复改造的可行性,动用因工程因素导致的剩余储量,同时复查漏失层位。

5. 降低废弃条件,进一步提高气井最终累计采气量

气井废弃产量是气田开发的一项重要经济和技术指标,是评价气田最终采收率的主要参数。废弃产量的确定取决于气价的高低和成本费用,致密气藏气井投产后短时间内进入递减期,产量不断下降,需结合地层、井筒及外输管线压力系统匹配关系,以定压生产方式进行更大幅度的递减生产,直至生产井的年现金流入与现金流出持平,即达到盈亏平衡点时,对应产量即为气井废弃产量,气井最终废弃条件对气井最终累计采气量、气田采收率具有较大影响。苏里格气田废弃产量从 0.14×10^4 m^3/d 降至 0.10×10^4 m^3/d,单井累计采气量可增加 150×10^4 m^3,提高采收率2%左右;另外通过增压措施(甚至多级增压)可以有效降低井口压力,增加生产压差,降低废弃地层压力,研究表明苏里格气田废弃地层压力每降低 1.0MPa,气田采收率提高 0.9%。总之,通过降低井口压力,进而降低废弃地层压力和气井废弃产量,是延长气井生命周期、降低气田产量递减、提高气井最终累计产量和气田采收率的有效途径。

参考文献

李跃刚，徐文，肖峰，等．2014．基于动态特征的开发井网优化——以苏里格致密强非均质性砂岩气田为例．天然气工业，34（11）：56-61．

刘莉莉，徐文，石石，等．2015．苏里格气田致密砂岩气藏有效储层建模方法．油气地质与采收率，22（3）：51-55．

路中奇，赵忠军，李跃刚，等．2015．苏里格气田东部致密砂岩储层的沉积—成岩约束．科学技术与工程，15（3）：52-59．

罗瑞兰．2006．深层气藏介质变形渗流机理及气藏工程应用研究．北京：中国石油大学（北京）．

宋付权．2002．变形介质低渗油藏的产能分析．特种油气藏，9（4）：33-35．

孙龙德，宋文杰，江同文．2004．克拉2气田储层应力敏感性及其对产能影响的实验研究．中国科学：D辑，34（增刊Ⅰ）：134-142．

王秀娟，赵永胜，文武，等．2003．低渗透储层应力敏感性与产能物性下限．石油与天然气地质，24（3）：162-165．

徐文，高爽惠．1999．数值模拟中网格方向的确定．石油勘探与开发，26（1）：78-80+7-8+17．

杨华，付金华，刘新社，等．2012．苏里格大型致密砂岩气藏形成条件及勘探技术．石油学报，33（1）：27-36．

翟雪娇，李继强，张吉，等．2018．辫状河致密砂岩储层构型单元定量表征方法．吉林大学学报，48（5）：1342-1352．

张琰，崔迎春．2001．低渗气藏应力敏感性及评价方法的研究．现代地质，25（4）：453-457．

张琰，崔迎春．1999．砂砾性低渗透气藏应力敏感性的试验研究．石油钻采工艺，21（6）：1-6．

赵忠军，刘烨，王凤琴，等．2016．基于支持向量机的辫状河测井沉积微相识别．测井技术，40（5）：637-642．

赵忠军．2015．苏里格气田东区致密砂岩气藏孔渗特征的实验研究．西安石油学报．30（4）：12-17．

陈元千．1991．油气藏工程计算方法．北京：石油工业出版社．

单敬福，张彬，赵忠军，等．2015．厚层辫状河道期次厘定与多期砂体叠置规律．中南大学学报．46（10）：237-248．

付大其．2009．低渗气藏储层渗流机理研究．大庆：大庆石油学院．

葛家理．2003．现代油藏渗流力学原理（上册）．北京：石油工业出版社．

郭沫贞，肖林鹏，张生兵，等．2008．低渗透砂岩油层相对渗透率曲线特征、影响因素及其对开发的影响．沉积学报，26（3）：445-451．

郝春山，李治平，杨满平，等．2003．变形介质的变形机理及物性特征研究．西南石油学院学报，25（4）：19-21．

康丽侠，李玉强．2013．相渗曲线在精细油藏描述中的应用．石油化工应用，32（7）：34-37，48．

李传亮．1998．多孔介质应力关系方程．应用基础与工程科学学报，6（2）：145-148．

李传亮．2000．多孔介质的有效应力及其应用研究．合肥：中国科技大学．

李登伟，张烈辉，周克明，等．2008．可视化微观孔隙模型中气水两相渗流机理．中国石油大学学报（自然科学版），32（3）：80-83．

李元觉，徐文，唐乐平．1998．长庆气田开发方案优化设计．天然气工业，18（5）：29-32．

李跃刚，肖峰，徐文，等．2015．基于气水相对渗透率曲线的产水气井开采效果评价——以苏里格气田致密砂岩气藏为例. 天然气工业, 35 (12): 27-34.

刘建军, 刘先贵. 2001. 有效压力对低渗透多孔介质孔隙度、渗透率的影响. 地质力学学报, 7 (1): 41-44.

吕渐江, 唐海, 吕栋梁, 等. 2008. 利用相渗曲线研究低渗气藏水锁效应的新方法. 天然气勘探与开发, 31 (3): 49-52, 86.

罗瑞兰, 谷江锐. 2009. 苏里格气田苏 14 区块——桃 2 井区储层产能评价及开发潜力研究. 廊坊中石油科学技术研究院.

罗瑞兰, 郭振华. 2010. 苏里格东区储层渗流特征与生产动态分析. 中国石油勘探开发研究院廊坊分院.

罗瑞兰, 雷群, 范继武, 等. 2010. 低渗致密气藏压裂气井动储量预测新方法. 天然气工业, 30 (8): 28-31.

罗瑞兰. 2011. 苏里格气田水平井产能评价与试井分析. 中国石油勘探开发研究院廊坊分院.

罗顺社, 彭宇慧, 魏新善, 等. 2005. 苏里格气田致密砂岩气水相渗曲线特征与分类. 西安石油大学学报 (自然科学版), 30 (6): 55-61.

马永平. 2013. 苏里格气田致密砂岩储层微观孔隙结构研究. 西安: 西北大学.

秦积舜, 张新红. 2001. 变应力条件下低渗透储层近井地带渗流模型. 石油钻采工艺, 23 (5): 41-44.

秦积舜. 2002. 变围压条件下低渗砂岩储层渗透率变化规律研究. 西安石油学院学报, 17 (4): 28-31.

屈雪峰, 雷启鸿, 周雯鸽, 等. 2012. 油水两相共渗区面积作为特低渗透油藏储层评价参数的论证. 石油天然气学报, 34 (8): 134-138, 168.

舟启全, 李士伦. 1997. 流固耦合油藏数值模拟中物性参数动态模型研究. 石油勘探与开发, 24 (3): 61-65.

阮敏, 王连刚. 2002. 低渗油田开发与压敏效应. 石油学报, 23 (3): 73-76.

孙小平, 徐文, 黄有根, 等. 2005. 榆林气田山 2 段气藏描述技术及应用. 天然气工业, 25 (4): 53-56.

王鸣华. 1997. 气藏工程. 北京: 石油工业出版社.

魏虎. 2011. 低渗致密砂岩气藏储层微观结构及对产能影响分析. 西安: 西北大学.

向阳, 向丹, 杜文博. 2002. 致密砂岩气藏应力敏感的全模拟试验研究. 成都理工学院学报, 29 (6): 617-619.

徐文, 韩兴刚, 刘海锋. 2005. 正交试验法在油气田开发方案优化设计中的应用. 天然气工业. 25 (4): 116-118.

徐文, 卢涛, 陈凤喜. 2005. 鄂尔多斯盆地靖边气田奥陶系碳酸盐岩气藏"似孔隙介质"参数场判识与建立方法. 石油勘探与开发. 32 (2): 101-103.

徐文, 孙小平. 2005. 辫状河三角洲沉积体单井地质模型优选研究. 天然气工业, 25 (4): 45-46.

阳晓燕, 黄凯, 马超, 等. 2012. 不同油藏条件下相渗曲线分析. 科学技术与工程. 2012, 12 (14): 3340-3343.

杨满平. 2004. 油气储层多孔介质的变形理论及应用研究. 成都: 西南石油学院.

张居增, 李健, 苏坚, 等. 2005. 一个简易的变形介质气藏数值模拟方法. 天然气地球科学, 16 (2): 221-223.

张伟, 韩兴刚, 徐文, 等. 2016. 苏东气井产水原因分析及控水生产研究. 特种油气藏, 23 (5): 103-105.

张新红, 秦积舜. 2001. 低渗岩心物性参数与应力关系的试验研究. 石油大学学报 (自然科学版), 25 (4): 56-57.

朱中谦, 王振彪, 李汝勇, 等. 2003. 异常高压气藏岩石变形特征及其对开发的影响. 天然气地球科学, 14（1）: 60-64.

Blasingame T A, Johnston J L, Lee W J. 1989. Type-Curve Analysis Using the Pressure Integral Method. SPE18799.

Blasingame T A, McCray T L, Lee W J. 1991. Decline Curve Analysis for Variable Pressure Drop/Variable Flow rate Systems. SPE21513.

F O Jones, W W Owens. 1980. A Laboratory Study of Low-Permeability Gas Sands. SPE7551.

Fetkovich M J, Fetkovich E J, Fetkovich M D. 1996. Useful Concepts for Decline Curve Forecasting, Reserve Estimation, and Analysis. SPE28628.

Fetkovich M J, Vienot M E, Bradley M D, et al. 1987. Decline Curve Analysis Using Type Curves-Case Histories. SPEFE: 637-656.

Fetkovich M J. 1980. Decline Curve Analysis using Type Curves. JPT: 1065.

Fung L S K. 1992. Reservoir Simulation with a Control-Volume Finite-Element Method. SPE21224: 349-357.

Geertsma J. 1957. The Effect of Fluid Pressure Decline on Volumetric Changes of Porous Rocks. AIME, 210: 331-340.

M Y Zhang, A K. Ambastha. 1994. New Insights in Pressure-Transient Analysis for Stress-Sensitive Resrvoirs. SPE 28420.

N R Warpinski, L W Teufel. 1992. Determination of the Effective Stress Law for Permeability and Determination in Low-Permeability Rock. SPE 20572.

O A Pedrosa. 1986. Transient Response in Stress-Sensitive Formations. SPE15115.

Palacio J C, Blasingame T A. 1993. Decline-Curve Analysis Using Type Curves-Analysis of Gas Well Production Data. SPE25909.

S C Jones. 1988. Two-Point Determinations of Permeability and PV vs Net Confining Stress. SPE15380: 235-241.

Terzaghi K. 1943. Theoretical Soil Mechanics. New York: Wiley.

Agarwal R G, Gardner D C, Kleinsteiber S W. 1998. Analyzing Well Production Data Using Combined Type Curve and Decline Curve Concepts. SPE49222.

Arps J J. 1945. Analysis of Decline Curves. AIME, 160: 228.

Biot M A, Willis D G. 1957. The Elastic Coefficients of The Theory of Consolidation. ASME J Appl Mech, 24: 594-601.

Fatt I. 1958. Pore Volume Compressibilities of Sandstone Reservoirs Rocks. AAPG, 42（8）: 1924-1957.

Fatt I. Davis D H. 1952. Reduction in Permeability with overburden Pressure. JPT, 4（12）: 34-41.

Hall H. N. 1953. Compressibility of Reservoir Rocks. JPT, 5（1）: 16.

Jose G. 1997. Numerical Simulation of Coupled Fuid-flow/Geomechanical Behavior of Tight Gas Reservoirs with Stress Sensitive Permeability. SPE 39055: 1-15.

M Gutterrez, R W Lewis, I Master. 2001. Petroleum Reservoir Simulation Coupling Fluid Flow and Geomechanics. SPE 72095: 164-171.

M. Latchie A S, Hemstick R A, Joung L W. 1952. The effective compressibility of Reservoir Rock and Its Effect on Permeability. JPT, 10（6）: 49-51.